よくわかる ゲノム医学

ヒトゲノムの基本から個別化医療まで

改訂第2版

服部成介,水島-菅野純子［著］　菅野純夫［監修］

【注意事項】本書の情報について

　本書に記載されている内容は，発行時点における最新の情報に基づき，正確を期するよう，執筆者，監修・編者ならびに出版社はそれぞれ最善の努力を払っております．しかし科学・医学・医療の進歩により，定義や概念，技術の操作方法や診療の方針が変更となり，本書をご使用になる時点においては記載された内容が正確かつ完全ではなくなる場合がございます．また，本書に記載されている企業名や商品名，URL等の情報が予告なく変更される場合もございますのでご了承ください．

まえがき
—— 改訂にあたって ——

　『よくわかるゲノム医学』の初版を上梓してから早くも4年が経過した．この間に次世代シークエンサーは急速に普及し，ゲノム医学におけるあらゆる分野の研究手法を文字通り一変させた．その結果，瞠目すべき研究成果が次々と報告されている．こうした新しい知見を取り入れつつ，また図版もオールカラーとして一新し，親しみやすい教科書として本書の改訂を企画した．

　本書は，ヒトゲノムを中心としたゲノム医学をはじめて学ぶための教科書として執筆したものである．したがって，改訂においてもゲノム医学の理解のために必要な内容は保ちつつ，最新の知見も取り入れるように努めた．

　筆者は私立大学の薬学部で「ゲノム医学」の講義を担当しており，実際に本書を用いて講義を行なっている．初版では説明しにくく感じたところもあり，また試験を実施して学生の理解が不充分であるところや，より深く学びたい分野も把握できたので，こうした点も改めるようにした．

　前半の1～5章は，ヒトゲノムとその多様性，メンデル遺伝学，疾患遺伝子の同定法について述べた章であり，ゲノム医学の理解のための基礎的な章であるが，多数の個人ゲノムの解析，エキソーム解析や大規模ゲノムワイド関連解析の結果など，データは最新のものに更新した．後半の6～12章は，ゲノム医学の応用である．がんゲノムの多症例解析によりみつかった新たな遺伝子変異や，トランスクリプトミクス，プロテオミクスの最近の成果を加筆した．また，CRISPR-Cas9システム，miRNAやmRNAを対象とした核酸創薬など，新たなテクノロジーに基づく成果やその応用も取り入れた．さらに，がんの分子標的薬，DTC遺伝学的検査，遺伝子組換え医薬品，個人に合わせた予防医学など，医療に関連が深い新たな項目を追加した．

　改訂に際して，羊土社編集部の望月恭彰氏，間馬彬大氏には，限られたスペースでは言い尽くせないほどお世話になった．両氏は，読者の視点を十二分に意識され，説明が不充分な点を洗い出し，用語や文体の統一，句読点の位置に至るまで詳細に検討してくださり，最も理解しやすい適切な表現となるように仕上げてくださった．大変深く感謝している．また，貴重な資料を提供していただいた研究者の方々やメーカー各位にも感謝したい．

　初版の「まえがき」でも書いたことであるが，私たちのゲノムはかけがえのない唯一無二のものである．自分自身のゲノムについて正しく理解することは，自分以外の人々のゲノムを尊重することにもつながるであろう．その上で，ゲノム医学のさまざまな問題を考えることが望まれる．本書がその一助となれば幸いである．

2015年11月

著者・監修者を代表して
服部成介

初版のまえがき

　現代は，個人ゲノムの時代といわれる．2003年にヒトゲノムが解読され，2007年には次世代シークエンサーを使用したワトソン博士の個人ゲノムが報告された．さらには，疾患関連遺伝子の探索を個人ゲノム配列決定をもとに行なおうというプロジェクトが大々的に動きはじめている．そこにはゲノム情報を基盤にした医学を組み立てようという意欲が感じられる．このような時代にあって大切なことは，私たちが自分自身のゲノムについて充分に理解するということではないだろうか．RNAやタンパク質の働きを含め，ヒトゲノムをきちんと理解することで，はじめて疾患と私たちのかかわりという具体的な問題へと発展して行くと思う．

　私たちのゲノムは，この世に同じものが存在しないかけがえのないものである．生命と異なることは，ゲノムが次世代に受け継がれていくことだけである．ゲノムの違いによって，個人個人の体質や個性も異なっている．このことを尊重した上で，個人に合わせた医療や遺伝病を考えるべきであろう．重要なことであるだけに，正しい理解が望まれる．

　本書は，8章「エピジェネティクスと遺伝子発現」を水島-菅野純子氏が，残りを私が担当し，菅野純夫氏に専門家の立場から監修をお願いした．正直に申せば，私は「ゲノム医学」を執筆できるような専門家ではない．しかし，私立大学薬学部で大学生にさまざまな講義を行なっている立場を生かし，専門的な知識のない方々への入門書として，ともに学びながら執筆することは可能であると考えた．この立場から，あくまでもゲノム医学を理解する上で必要な事柄を，わかりやすく記述することに重点を置いた．

　したがって，本書の内容はゲノム医学のこれまでの進歩の中で重要な事項に絞り，研究の進め方も知っていただくために，原著論文の内容も生かして書くように努めた．そのため，本来であれば当然引用されるべき研究も，簡明さのために省いたものも多い．また，研究に精通していないことから，改善が必要なところも多々あるかと思う．読者の方々からのご指摘をいただければ幸いである．

　羊土社編集部の山下志乃舞氏，吉田雅博氏には，本書の企画段階からとてもお世話になった．両氏は読者の立場にたって，わかりにくい記述の修正や見出しの整理など，出版のプロとしてとても読みやすい教科書に仕上げて下さった．また，多くの貴重な資料を提供していただいた研究者の方々やメーカー各位にも感謝したい．

　本書を手に取る方は，はじめてゲノムを学ぶ方が多いと思う．ゲノム医学研究の面白さにふれ，またご自身のゲノムについて理解を深める上で，本書が少しでも役立つことを期待したい．

2011年10月

著者・監修者を代表して
服部成介

よくわかる ゲノム医学 改訂第2版
ヒトゲノムの基本から個別化医療まで

CONTENTS

- まえがき —改訂にあたって— ……… 3
- 初版のまえがき ……… 5

1章 ヒトゲノムのなりたち

1. ゲノムとは何か ……… 12
2. セントラルドグマ—遺伝子からタンパク質へ ……… 12
3. 遺伝子の構造 ……… 15
4. ヒトゲノムの解読 ……… 17
5. ヒトゲノムの概要 ……… 20
6. 分節重複 ……… 24
7. 1つの遺伝子が複数のタンパク質を作るメカニズム ……… 26
8. 同じゲノムから異なる組織ができる仕組み ……… 27
9. ヒトゲノムの多様性 ……… 27
10. 次世代シークエンサーのインパクト ……… 28

2章 ヒトゲノムの多様性

1. ヒトゲノムの多様性の要因 ……… 31
2. 一塩基多型 ……… 33
3. 一塩基変異の影響 ……… 34
4. 一塩基多型の解析法 ……… 36
5. ワトソン博士のゲノム解読 ……… 37
6. 構造多型 ……… 38
7. コピー数多型の解析法 ……… 40
8. 遺伝子コピー数変異と疾患 ……… 42
9. コピー数多型と一般的な疾患および形質 ……… 45
10. 今後の展開 ……… 46

CONTENTS

3章 遺伝学の初歩

1. 減数分裂と配偶子 …………………………………… 49
2. 優劣の法則 …………………………………………… 50
3. 分離の法則 …………………………………………… 53
4. 独立の法則 …………………………………………… 55
5. 遺伝子の連鎖 ………………………………………… 57
6. メンデルの実験 ……………………………………… 61
7. 集団遺伝学の基礎 …………………………………… 61

4章 疾患遺伝子の探し方

1. 疾患と発症要因 ……………………………………… 65
2. 単一遺伝子疾患 ……………………………………… 66
3. 常染色体優性疾患と劣性疾患 ……………………… 66
4. 伴性遺伝性疾患 ……………………………………… 69
5. 単一遺伝子疾患における疾患遺伝子の同定法 …… 70
6. 連鎖解析 ……………………………………………… 72
7. ゲノム多型とその解析法 …………………………… 74
8. SNPの大規模収集プロジェクトとその解析法 …… 75
9. エキソーム解析 ……………………………………… 76
10. 多因子疾患に関与する遺伝子の関連解析 ………… 77
11. GWASによる感受性遺伝子の同定とその問題点 … 78
    解説 GWASにおけるSNPのアレル頻度の偏りと統計学的な信頼度 …… 82

5章 さまざまな疾患の遺伝子

1. ハンチントン病における遺伝子変異 ……………… 84
2. トリプレットリピート病と表現促進現象 ………… 89
3. 筋ジストロフィーにおける遺伝子変異 …………… 89
4. エキソーム解析による疾患遺伝子の同定 ………… 94
5. SNPの網羅的解析による疾患感受性遺伝子の同定 … 95
6. GWASで発見された糖尿病感受性遺伝子 ………… 99
7. 日本人の民族的特殊性 ……………………………… 99
8. 感受性遺伝子リスクアレル数と発症リスク ……… 100

6章　がんと遺伝子変異

1. 遺伝子変異としてのがん ……………………………………… 103
2. 腫瘍レトロウイルスとがん遺伝子の発見 ……………………… 103
3. NIH3T3細胞を用いたヒトがん遺伝子の単離 ………………… 106
4. 前がん遺伝子産物の機能 ……………………………………… 108
5. 前がん遺伝子産物の変異による活性化 ……………………… 109
6. がん抑制遺伝子 ……………………………………………… 112
7. がん抑制遺伝子産物の機能 …………………………………… 113
8. 多段階発がん ………………………………………………… 114
9. 新たながん遺伝子，がん抑制遺伝子の発見 ………………… 115

7章　RNAとタンパク質の大規模解析

1. ゲノム，トランスクリプトーム，プロテオーム ……………… 118
2. cDNAの網羅的同定プロジェクト …………………………… 119
3. DNAマイクロアレイ ………………………………………… 119
4. 次世代シークエンサーによるトランスクリプトームの解析 … 121
5. 転写と翻訳における高度な多様性 …………………………… 121
6. スプライシングのメカニズム ………………………………… 124
7. ノンコーディングRNA（ncRNA）…………………………… 127
8. miRNA（microRNA）………………………………………… 127
9. X染色体の不活性化とRNA …………………………………… 130
10. プロテオーム解析 …………………………………………… 131
11. PMF法によるタンパク質の同定 …………………………… 131
12. 質量分析によるアミノ酸配列の決定 ………………………… 132
13. LC-MSによるプロテオーム解析 …………………………… 132
14. 翻訳後修飾の多様性 ………………………………………… 134

8章　エピジェネティクスと遺伝子発現

1. DNA配列だけでは人生は決まらない ………………………… 139
2. エピジェネティクスとは何か ………………………………… 140
3. エピジェネティックな変化の種類 …………………………… 141
4. DNAがメチル化されると転写が抑制される ………………… 143
5. ヒストン修飾とクロマチンリモデリング …………………… 147
6. 次世代シークエンサーが推し進めるエピゲノム研究 ……… 150

| 7 | CRISPR-Cas9を用いたエピゲノム解析の大躍進 | 151 |
| 8 | エピジェネティックな治療薬とCRISPR-Cas9 | 152 |

9章 個人に合わせた医療

1	薬物の代謝	154
2	シトクロムP450の遺伝子多型と代謝速度の違い	156
3	グルクロン酸抱合酵素UGT1A1	159
4	C型肝炎のインターフェロン治療奏功率とSNP	162
5	薬の副作用と遺伝子多型	163
6	がんの治療における分子標的薬	163
7	個人に合わせた医療の将来	167

10章 遺伝子検査と遺伝子治療

1	遺伝子検査	170
2	遺伝子治療	173
3	レトロウイルスベクター	175
4	レトロウイルスベクターを用いた遺伝子治療	178
5	アデノウイルスベクター	180
6	アデノウイルスベクターを用いた腫瘍の遺伝子治療	182
7	がん細胞のDNA合成を障害するベクター	184
8	アデノ随伴ウイルスを用いたウイルスベクター	184

11章 遺伝子工学

1	遺伝子改変マウス	188
2	トランスジェニックマウス	188
3	可逆的な遺伝子発現を可能とするマウス	190
4	ノックアウトマウス	191
5	コンディショナルノックアウトマウス	194
6	ヒト疾患モデルマウス	195
7	CRISPR-Cas9システムを用いた遺伝子改変技術	196
8	マウスへのヒト染色体の導入	199
9	マウス以外の動植物への遺伝子導入	199
10	クローン動物	201

12章 ゲノム創薬と予防医学

1. ゲノム創薬とは ... 205
2. がんの診断マーカー ... 205
3. がんの発症とmiRNA ... 207
4. RNA技術に基づく創薬 ... 210
5. エキソンスキップによる筋ジストロフィー治療 ... 213
6. ゲノム情報に基づく予防医学 ... 214

- ■ あとがき ... 223
- ■ 索引 ... 224

Column

- ゲノムサイズあれこれ ... 30
- 進化の仕組み 〜遺伝子重複〜 ... 48
- メンデルが用いた変異体の原因遺伝子 ... 64
- 今や時間の問題だ ... 102
- ゲノムDNAを合成する ... 138
- 一卵性双生児の違いを生むエピジェネティクス ... 140
- DNAのメチル化と精神疾患 ... 153
- 分子標的薬と薬価 ... 169
- ネアンデルタール人のゲノム解読 ... 187
- 2つの卵子から雌が誕生！ ... 204

■ 正誤表・更新情報
https://www.yodosha.co.jp/textbook/book/4843/index.html

本書発行後に変更，更新，追加された情報や，訂正箇所のある場合は，上記のページ中ほどの「正誤表・更新情報」を随時更新しお知らせします．

■ お問い合わせ
https://www.yodosha.co.jp/textbook/inquiry/other.html

本書に関するご意見・ご感想や，弊社の教科書に関するお問い合わせは上記のリンク先からお願いします．

よくわかる
ゲノム医学

改訂第2版

ヒトゲノムの基本から個別化医療まで

1章 ヒトゲノムのなりたち

ゲノムは生物の設計図である．ヒトゲノムの解読は，国際共同研究チームとアメリカのセレラジェノミクス社との熾烈な競争下で展開され，2001年にその概要版が公開された．さらに国際共同研究チームは，解読精度を高めた配列を2003年に公表した．ゲノム解読の結果，ヒトゲノムは約31億塩基対の配列であり，タンパク質をコードする遺伝子がおおよそ20,000個存在することが示された．

1 ゲノムとは何か

ゲノム（genome）という言葉をよく耳にするようになった．ゲノムとは，ある生物がもっている遺伝情報のすべてを指す言葉である．ヒトゲノムは約31億塩基対のDNAにコードされる情報をもっている（図1）．ヒト体細胞はゲノムを2セットもっており，2倍体である．これに対し，配偶子（ヒトの場合は精子および卵子）はゲノムを1セットのみもっており，体細胞のゲノムの半分しかもっていないので1倍体（半数体）とよばれる．精子と卵子が受精することによってゲノムは2セットとなり，発生が進む．ヒトの体細胞は2倍体であるが，生物によっては，それ以上のゲノムセットをもつものも存在する．ジャガイモは4倍体であるし，ある種のコムギは6倍体である．

ヒト体細胞には22対の常染色体と1対の性染色体（男性はXY，女性はXX）が存在する．精子は，22本の常染色体とXまたはY染色体のいずれかを，卵子は22本の常染色体とX染色体をもっている．ヒトゲノムは，これら染色体DNAの4種類の塩基〔アデニン（A），グアニン（G），シトシン（C），チミン（T）〕配列を合わせたものである．DNAの塩基配列はmRNAに転写され，さらにmRNAはタンパク質合成の鋳型として機能することにより，タンパク質のアミノ酸配列を規定する．

ワトソン（James D. Watson, 1928〜）とクリック（Francis H. C. Crick, 1916〜2004）がDNAの二重らせんモデルを提唱したのは1953年であるが，それから約50年後の2001年にヒトゲノムがおおよそ解読され概要版として発表された[1,2]．さらに精度を上げて2003年に解読がほぼ終了し，完成版として報告された[3]．ヒトゲノムが解読された結果，さまざまなことがわかった．特にゲノムが個人個人で異なることは，大きなインパクトを与えた．本章では，ヒトゲノムの構成についてみていくことにしよう．

2 セントラルドグマ —遺伝子からタンパク質へ

ここで遺伝子の転写からタンパク質が合成

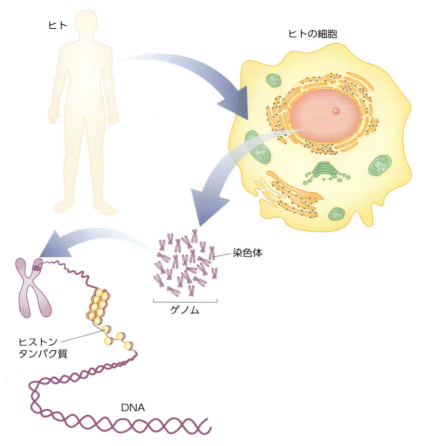

図1 個体→細胞→染色体（ゲノム）→DNA

ヒトを構成する約60兆個の細胞のそれぞれの核内には，ゲノムを構成する染色体が存在する．DNAは，ヒストンタンパク質と結合し，さらに折りたたまれて染色体となる（『ゲノムでわかることできること』（水島−菅野純子／著），羊土社，2001をもとに作成）．

されるまでを簡単にまとめてみたい．DNAは自己複製することによって，子孫にその情報を伝えることができる．DNA上でA，G，C，Tの4文字によって書かれた遺伝子の塩基配列は，RNAポリメラーゼによってmRNAへと転写される．合成されたmRNAはリボソーム上でタンパク質合成を指令し，タンパク質のアミノ酸配列を規定する．DNAの自己複製と，DNA → RNA → タンパク質という情報の流れは，すべての生物で共通でありセントラルドグマとよばれている（図2）．

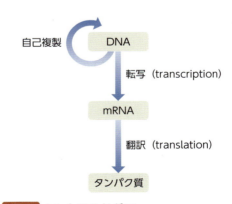

図2 セントラルドグマ

DNAは自己複製することにより，子孫に遺伝情報を伝える．DNA上の塩基配列は，RNAポリメラーゼによって転写され，タンパク質合成（翻訳）を指令する．この原則は，すべての生物で共通であり，セントラルドグマとよばれる．

A)

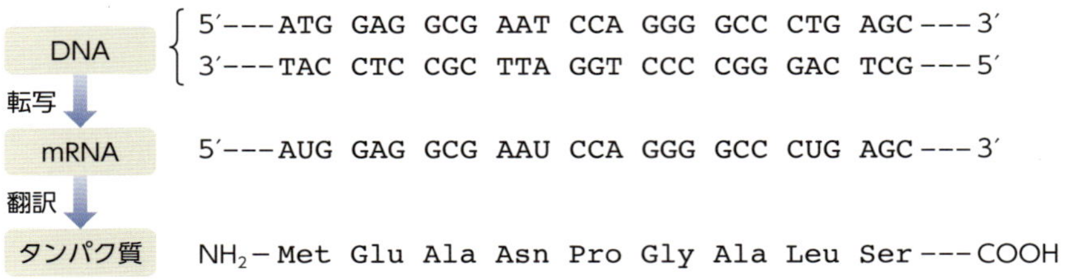

```
DNA   5'---ATG GAG GCG AAT CCA GGG GCC CTG AGC---3'
      3'---TAC CTC CGC TTA GGT CCC CGG GAC TCG---5'
転写 ↓
mRNA  5'---AUG GAG GCG AAU CCA GGG GCC CUG AGC---3'
翻訳 ↓
タンパク質 NH₂-Met Glu Ala Asn Pro Gly Ala Leu Ser---COOH
```

B)

	U	C	A	G
U	UUU Phe / UUC Phe / UUA Leu / UUG Leu	UCU Ser / UCC Ser / UCA Ser / UCG Ser	UAU Tyr / UAC Tyr / UAA Stop / UAG Stop	UGU Cys / UGC Cys / UGA Stop / UGG Trp
C	CUU Leu / CUC Leu / CUA Leu / CUG Leu	CCU Pro / CCC Pro / CCA Pro / CCG Pro	CAU His / CAC His / CAA Gln / CAG Gln	CGU Arg / CGC Arg / CGA Arg / CGG Arg
A	AUU Ile / AUC Ile / AUA Ile / AUG Met	ACU Thr / ACC Thr / ACA Thr / ACG Thr	AAU Asn / AAC Asn / AAA Lys / AAG Lys	AGU Ser / AGC Ser / AGA Arg / AGG Arg
G	GUU Val / GUC Val / GUA Val / GUG Val	GCU Ala / GCC Ala / GCA Ala / GCG Ala	GAU Asp / GAC Asp / GAA Glu / GAG Glu	GGU Gly / GGC Gly / GGA Gly / GGG Gly

■：開始コドン　■：終止コドン

図3　mRNA合成とタンパク質合成

A）下側のDNA鎖が鋳型となりmRNAが合成されている．その結果，mRNAの塩基配列は上側のDNAの塩基配列と同じとなる．RNAを構成する塩基は，A，G，CはDNAと共通であるが，Tの代わりにU（ウラシル）が用いられる．ついで，リボソーム上でmRNAの情報にしたがってタンパク質が合成される時には，コドン表（B）にしたがってアミノ酸が連結されていく．タンパク質合成の始まりは，AUGコドン（開始コドン）が規定するメチオニン（Met）であり，最後にどのアミノ酸にも対応していない終止（Stop）コドンに達すると，タンパク質合成終了のシグナルとなる．

DNA塩基配列をRNAに転写する

　RNAを構成する塩基は，A，G，CはDNAと共通であるが，Tの代わりにU（ウラシル）が用いられる．転写と翻訳を表した図3Aでは，mRNAの塩基配列はDNA二本鎖の上側（コード鎖）の配列と同じである．実際のmRNA合成は，下側のDNA鎖を鋳型として行なわれる．二本鎖をほどき，鋳型のDNA鎖に対して，AにはU，GにはC，CにはGという具合に相補的な塩基をRNAポリメラーゼが次々とつなげていくことにより，mRNAが合成されていく．したがって，合成されるmRNAの塩基配列は鋳型鎖と相補的であり，上側のDNA鎖と全く同じ配列となる．つまり，塩基の種類が1つだけ異なるが，DNAの塩基配列はそのままmRNAに転写される．

　その後，リボソーム上でmRNAの塩基配列にしたがってタンパク質が合成される．mRNAの塩基配列は，A，G，C，Uの4塩基からなり，タンパク質は20種類のアミノ酸からでき

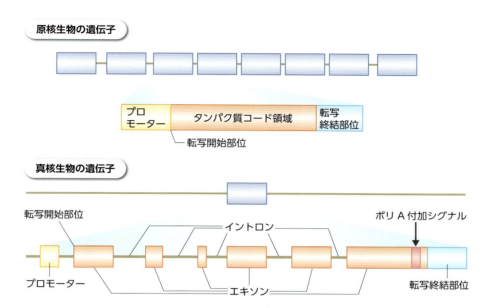

図4　原核生物と真核生物の遺伝子構造
遺伝子は，転写開始部位と転写頻度を規定するプロモーター，タンパク質コード領域，転写終結部位から構成される．プロモーター以降の構造は，原核生物と真核生物では異なる．原核生物では，この情報は連続して1つの領域内に収められているが，真核生物では，最終的にmRNA配列を構成するエキソンとスプライシングによって除去されるイントロンとが交互に並んでいる．真核生物では，転写終結部位の前の最終エキソンにポリA付加シグナルが存在する．

ている．そこで，塩基配列をアミノ酸に対応させる規則が必要となる．この時，翻訳のために使われる辞書がコドン表とよばれるものである（図3B）．この辞書では，mRNAの3文字で1つのアミノ酸を規定しており，3文字の組合せをコドンとよぶ．タンパク質合成の開始は，AUGコドン（開始コドン）が規定するメチオニン（Met）であり[※1]，それ以後は3文字のコドンごとに対応するアミノ酸が連結されていき，最後にどのアミノ酸にも対応していない終止（Stop）コドンに達すると，タンパク質合成終了のシグナルとなる．

この辞書は，大腸菌でもヒトでもコムギでも，完全に同一である．それゆえ，ヒトのインターフェロンのような希少なタンパク質を，そのmRNAに相補的なcDNAを大腸菌内で発現させることにより，大量に合成することができる．これは辞書が共通だからできることである．長い進化の歴史の中でも，すべての生物で変わらなかった辞書といえる．

3　遺伝子の構造

遺伝子の5′端には，RNAポリメラーゼによる転写を開始する部位と頻度を規定するプロモーターが存在する（図4）．リボソームを構成するタンパク質やタンパク質生合成にか

※1　翻訳開始のアミノ酸は必ずメチオニンだが，開始コドンは必ずしもAUGでないことが明らかになってきている．詳しくは7章5参照．

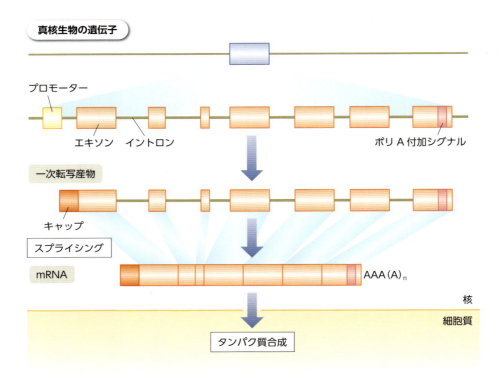

図5　真核生物におけるmRNA合成
RNAポリメラーゼは，エキソンとイントロンの両者を含む一次転写産物をDNAから転写する．転写開始後すぐに5'端にキャップ構造が付加される．スプライシングにより，イントロンが除去され，3'端にはポリA配列が付加され，mRNAとなる．mRNAは細胞質に移行してリボソーム上でのタンパク質生合成を指令する．キャップ構造とポリA配列はmRNAの翻訳と安定性に重要である．

かわる因子は細胞内に大量に存在し，たくさんのmRNAを転写して合成していかねばならないので，そのプロモーターは，RNAポリメラーゼが結合しやすい配列となっている．

原核生物と真核生物の違い

プロモーターに続くタンパク質を規定する領域は，原核生物（前核生物）と真核生物では異なっている．原核生物では，この情報は連続して1つの領域内に収められているが，真核生物では，最終的にmRNA配列を構成するエキソンとスプライシングによって除去されるイントロンとが交互に並んでいる[※2]．最終エキソンにはポリA付加シグナルが存在し，続いて転写終結部位が存在する（図4）．

RNAポリメラーゼは，エキソンとイントロンの両者を含む一次転写産物をDNAから転写し，転写開始後すぐに5'端にキャップ構造が付加される（図5）．ついで，スプライシングによってイントロンが除かれ，3'端にはポリA配列が付加され，mRNAは細胞質に移行してリボソーム上でのタンパク質生合成を指

※2　少数ではあるが，イントロンがない遺伝子も存在する．

令する．キャップ構造とポリA配列はmRNAの翻訳と安定性に重要な構造である．

翻訳開始と終結

mRNAの翻訳は，5′端キャップ構造にリボソームが結合し，最初に遭遇するAUGコドンから開始する．その後は，コドンに対応したアミノアシルtRNAが順次リボソーム上に結合し，終止コドンに達するまでポリペプチド鎖が合成されていく．mRNAの5′端キャップ構造から最初のAUGコドンまでと終止コドンより下流の領域は，タンパク質として翻訳されないので，それぞれ5′非翻訳領域および3′非翻訳領域とよばれる．

このように遺伝子の塩基配列は，タンパク質のアミノ酸配列を規定している．ヒトの遺伝子については，研究の焦点となるものから順次個別に決定されていった．しかし，生物としてのヒトの全体像を把握し，発生の仕組み，疾患の原因となる染色体組換えや変異の意義を理解するためには，ヒトの設計図としてのゲノムの解読が不可欠である．このような背景から，ヒトゲノム解読の必要性への認識が深まっていった．

4 ヒトゲノムの解読

ヒトゲノム解読は国際協力プロジェクト

表1にヒトゲノム解読の系譜をまとめた．ヒトゲノム解読計画の提言がなされたのは，四半世紀以上前の1986年である．当時は，塩基配列の解析装置も成熟しておらず，壮大な計画であった．塩基配列解析装置（シークエンサー）が飛躍的にその能力を向上させるにつれて，ヒトゲノムプロジェクトは現実味を帯び，1991年に米欧日を中心とした国際協力プロジェクトとして正式に発足した．

膨大な量のヒトゲノムを決定するには，染色体を大まかに区分けし，さらに細分化して個々の断片をつなぎ合わせていく方針がとられた．そのためには，大きな断片がどういう順序で染色体上に配置しているかを決める地図作りが必要となる．日本を都道府県に分け，さらに市町村に細分化し，その中の情報を積み上げていく工程である．一見地道なこの作業は，その後の成果を決定的に左右する重要な要素であり，多くの努力を要した．ヒト染色体地図が1994年に完成したことを受け，いよいよ大規模な塩基配列解析が1995年に日本でスタートしている．1996年には，大西洋バミューダ島で，共同研究参加国の戦略会議が開催され，染色体別の解読，分担の割り振り，配列データの即時公開の原則などが合意された．

この配列データ即時公開の原則は特に重要な意義をもつ．国際共同チームによって解読された配列は，24時間以内にインターネット上で公開された．これは，「人類の設計図であるヒトゲノムは，人類共通の知的財産である」という考えに基づく．もし，解読された遺伝子が特許として特定の法人や企業に帰属していたら，今日の生命科学の発展は望めなかったであろうし，また極めて歪められたものになったに違いない．

米国セレラ社との競争

国際チームは，当初2005年に解読精度の高い完成版を公表することを計画していたが，この計画はアメリカのベンチャー企業セレラジェノミクス社のヒトゲノム解読への参入に

表1 ヒトゲノム計画と解析技術・他のゲノム解読の動き

年	月	ヒトゲノム計画の国内外での動き	解析技術開発・他ゲノム解読
1977			サンガー法の開発
1984		公的DNAデータバンク事業の開始	パルスフィールド電気泳動法の開発
1985			PCR法の開発
1986		ヒトゲノム計画の提言	スラブ式自動シークエンサーの開発
1987		DNA自動解析装置の開発提案	YACクローニング系の開発
1988		米国NIHヒトゲノム研究所設立	耐熱性酵素を用いたPCR法の開発
1989		HUGO（ヒトゲノム国際機構）設立	サイクルシークエンシング法の開発，配列タグ部位（STS）概念の確立
1990			自動プラスミド抽出機の開発，スラブ式自動シークエンサーの実用化，キャピラリー式自動シークエンサーの開発，BLASTソフトウェアの開発，放射線ハイブリッド（RH）地図の開発
1991		国際協力によるヒトゲノム計画の正式開始 東京大学医科学研究所ヒトゲノム解析センター開設	大量発現配列タグ（EST）解析の開始
1992		ヒト21番染色体制限酵素地図の完成	BACクローニング系の開発
1993		ヒトゲノムYAC物理地図の完成	
1994		ヒトゲノム遺伝地図の完成	
1995	10	日本にて大規模ヒトゲノム解読の開始	DNAチップ技術の開発，WGSによるインフルエンザ菌ゲノム解読
1996	02	第1回ヒトゲノム解読戦略（バミューダ）会議	
1997			出芽酵母，枯草菌，大腸菌ゲノム解読
1998	06 10 10	米国セレラ社がヒトゲノム単独解読計画を発表 理化学研究所ゲノム科学総合研究センター開設 国際チームがヒトゲノム完成計画を発表	線虫ゲノム解読 配列精度評価ソフトウェアPHRED/PHRAPの開発 キャピラリー式自動シークエンサーの実用化
1999	06 10 12	ヒトゲノム概要版解読の開始 ヒトMHC領域解読と論文発表 ヒト22番染色体解読と論文発表	
2000	05 06	ヒト21番染色体解読と論文発表 ヒトゲノム概要版解読完了宣言	ショウジョウバエゲノム解読 シロイヌナズナゲノム解読
2001	02 12	ヒトゲノム概要版配列論文発表 ヒト20番染色体解読と論文発表	
2002	08 12	第12回（最終）戦略会議を日本にて開催	チンパンジーBAC物理地図完成，イネ1番染色体および4番染色体解読，マラリア原虫ゲノム概要版解読，フグゲノム概要版解読，ホヤゲノム概要版解読 マウスゲノム概要版解読
2003	02 04 06 07 10	ヒト14番染色体解読と論文発表 ヒトゲノム完成版解読完了宣言 ヒトY染色体解読と論文発表 ヒト7番染色体解読と論文発表 ヒト6番染色体解読と論文発表	
2004	03 04 05 09 10	 ヒト9番染色体解読と論文発表 ヒト10番染色体解読と論文発表 ヒト5番染色体解読と論文発表 ヒトゲノム完成版論文発表	WGSによるサルガッソー海細菌群ゲノム解読 ラットゲノム概要版解読 チンパンジー22番染色体解読

文献4をもとに作成．

図6　ヒトゲノム概要版（公表）の記者会見
A）演壇に立つクリントン大統領（当時）．B）セレラ社CEOのベンター博士（左）と国際共同チーム代表のコリンズ博士（右）（いずれも肩書きは当時）（写真提供：ロシュ・ダイアグノスティックス株式会社の宋碩林氏）

よって変更を迫られることとなった．セレラ社は，染色体ごとに配列を積み上げて決定する方法ではなく，全ゲノムをランダムに切断し，短い配列を国際チームが公表している染色体地図と配列データを参照しながら，つなぎ合わせていく方針をとった．この方法は，競争相手の情報を活用しながら進める戦略上の有利さがあり，しかもセレラ社は自らが得たデータは非公開としていた．そこで，国際チームは対抗上の策として，22番，21番，20番，14番染色体の完全版と精度高く解読されたその他の領域（ゲノムの約30％），およびそれ以外のドラフト配列（70％）とを合わせる形で，2001年Nature誌にヒトゲノム概要版として発表した（図6）．セレラ社も，同時にScience誌に概要版を発表した．

しかし，概要版では大まかなヒトゲノムの構造はわかったものの，10％以上の未決定領域が存在すること，読み取り精度が低い領域がかなりの部分を占めたこと，ゲノム配列が連続していないギャップを含む領域が14万カ所以上あるなど，完全なものとは言いがたいものであった．国際チームはさらに解読精度を上げ，ギャップを埋め，2003年に完成版として公表し，ここに計画開始から12年の歳月をかけて，ヒトゲノムがほぼ解読された[※3]．一方，セレラ社は概要版の公表を機にゲノム解読から撤退した．

ヒトゲノムサイズと各国の貢献

現在までに解読された領域の総塩基数は，約31億塩基対（3.1 Gb[※4]：ギガベースと読む．ギガは10^9を表す）であり，DNAの構造上解読が困難な領域や，同じ配列が多数繰り返しているために配列をつなぎ合わせることが不可能な領域を加えると，ヒトゲノムはこれより若干大きいとされている．国際チームの構成は，アメリカ，イギリス，日本，フランス，ドイツ，中国の6カ国であった．アメリカ，イギリス，日本の解読量はそれぞれ65％，25％，

※3　完成版においてもまだギャップ領域や不完全なところがあり，2015年の段階でもヒトゲノムは更新され続けている．
※4　DNA二本鎖の長さの単位は塩基対（bp：base pair）であるが，慣習的に1,000 bpは1 kbpではなく1 kbと表される．10^6 bp，10^9 bpもそれぞれ1 Mb，1 Gbと表記される．1,000 bp以下の長さを表すには，bpが用いられる．

6％であり，合計96％となっている．この中で，日本の解読量は必ずしも多くはないが，ヒト染色体としては初めてとなる21番染色体全体の完全解読など，質の高い貢献を成し遂げたことが高く評価されている．投入された資金は全体でおおよそ4,000億円である（邦貨換算）．解読の精度は，99.999％以上であり，決定されたヒトゲノム中の誤りは，たった1,000カ所程度と推定される．

5 ヒトゲノムの概要

ヒトゲノムの構造

染色体には，細胞周期の間期において比較的ほどけた構造をとるユークロマチン（真性染色質）領域と，高度に凝集しているヘテロクロマチン（異質染色質）領域とがある．ヘテロクロマチン領域は，動原体周辺などに存在し，高度に繰り返した配列を含むことから，その塩基配列決定は困難である．遺伝子を転写するには，DNA二本鎖をほどく必要があり，このような凝縮した構造は転写には不向きであることから，ヘテロクロマチン領域にはごく少数の遺伝子しか存在しないと考えられている．2003年のヒトゲノム完成版では，ユークロマチン領域の99％が解読されている．

ヒトゲノムの総塩基数からヒトの1細胞あたりのDNAの長さが計算できる．ワトソンとクリックの二重らせんモデルによれば，10.5塩基対ごとにらせんが1周し，その長さは3.6 nm（$1 nm = 10^{-9}$ m）である．したがって，ゲノムの総延長は，

3.6×10^{-9} (m)/ $10.5 \times 3.1 \times 10^9 = 1.06$ m

となり1 m強となる．体細胞のゲノムは2セットあるので，細胞あたり総延長2 m以上のDNAが収納されていることになる．ちなみに細胞のサイズは大きなもので数十 μm（$1 \mu m = 10^{-6}$ m）であり，DNAが存在する核のサイズは数μmである．成人の細胞数はおおよそ60兆個とされているが，もしすべての細胞のDNAをつなぎ合わせると，計算上地球から太陽まで400回も往復できる距離になる．なんとも神秘的である．

ヒトゲノム中の遺伝子数

不思議なことに，ヒトゲノムの塩基配列が決定されたにもかかわらず，遺伝子の総数はまだ確定されていない．その理由は，同定された遺伝子には，生化学や遺伝学の研究から明らかにされた遺伝子の他に，塩基配列情報のみに基づいて推定された多数の遺伝子が含まれているからである．先に述べたように，タンパク質をコードする遺伝子には，転写開始を規定するプロモーターに続いて，エキソンとイントロンが交互に並び，さらにポリA付加シグナルが存在し，転写終結部位が続く．こうした構造には，それぞれ特徴的な配列が知られている．この特徴的な配列をもとに未知の遺伝子を推定するのだが，その基準が研究機関により異なっているので，推定遺伝子数はデータベースごとに違う数字となっている．

2001年のゲノム概要版では，タンパク質をコードする遺伝子（coding gene）の総数は約30,000個と推定されていた．この他に，リボソームRNAやtRNAなど機能性RNAを産生する数百の遺伝子が同定されている．その後，完全長cDNAライブラリの解析結果（**7章**参照），プロテオミクス技術（**7章**参照）によるタンパク質解析から得られる情報や，他の哺乳動物ゲノムとの比較などから精査された結果，現在ではタンパク質をコードする遺伝子

表2 さまざまな生物のゲノムサイズと遺伝子数

	ゲノムサイズ （総塩基数）	遺伝子数
大腸菌	4,639,221	4,288
酵母	12,157,105	6,692
線虫	103,000,000	20,447
ショウジョウバエ	168,736,537	13,937
メダカ	869,000,000	19,699
ゼブラフィッシュ	1,410,000,000	26,459
フグ	393,000,000	18,523
ニワトリ	1,050,000,000	15,508
マウス	2,730,000,000	22,592
イヌ	2,410,000,000	19,586
ネコ	2,460,000,000	19,493
パンダ	2,300,000,000	19,343
ゾウ	3,200,000,000	20,033
チンパンジー	3,310,000,000	18,759
ヒト	3,100,000,000	20,364
シロイヌナズナ	120,000,000	27,416
イネ	374,000,000	35,679

これまでにゲノムが決定された代表的な生物のゲノムサイズと遺伝子数をまとめた．ゲノムサイズは，塩基配列がすべて確定している生物種を除き，高精度で解読された領域の総和を有効数字3桁で表示した．
2015年1月現在において，Ensemblのホームページ（http://www.ensembl.org）に掲載された情報に基づき作成した．遺伝子数はタンパク質をコードする遺伝子の数とした．

遺伝子を塩基配列のみから予測することは，現在の解析技術でも困難な課題であり，その数はデータベースにより大きく異なっている．また，今後も大きく変動すると考えられている．

生物のゲノムサイズと遺伝子の数

さまざまな生物のゲノムサイズとタンパク質をコードする遺伝子数を表2として示す．腸内細菌である大腸菌は，約460万塩基対のゲノムの中に，4,288個の遺伝子をもっている．大腸菌の総遺伝子数は，4,405個であるので，ほとんどがタンパク質をコードする遺伝子であることがわかる．これに対して，ヒトゲノムのサイズは大腸菌の700倍近くであるが，遺伝子数は5倍以下である．しかし，これらの遺伝子以外に，多数の機能性RNAの遺伝子が存在する．線虫，ショウジョウバエ，シロイヌナズナなどのモデル動植物の遺伝子数は，ヒトに近い数字であるが，そのゲノムサイズははるかに小さく，遺伝子が密に存在することがわかる．哺乳動物間では，ゲノムサイズ，遺伝子数ともにほぼ同じである．イネのゲノムサイズは小さいが，遺伝子数はヒトを上回っている．同じ魚類の中でも，ゲノムサイズの小さなトラフグは，ヒトゲノムの10分の1程度のサイズであるが，肺魚の仲間にはヒトゲノムの30倍程度のゲノムサイズをもつものも存在する．不思議なことに，生物学的な分類とゲノムサイズとは必ずしも相関しないようである．植物でも，コムギ，ユリなどは，ヒトゲノムよりはるかに大きなゲノムサイズをもっている（p.30 コラム参照）．

われわれヒトに最も近縁なチンパンジーのゲノムは2005年に概要版が解読され，ヒトゲノムと1.23％異なっていることがわかった．

の総数は20,000前後とされている（表2）．

また近年，機能性RNAの研究が著しく発展し，リボソームRNAやtRNA以外にも，microRNA（7章8参照）をはじめとする少なくとも数千種のRNA分子種が機能していることが明らかにされつつあり，こうした新たな機能性RNAを産生する領域も遺伝子として認められるようになった．現在では，タンパク質をコードする遺伝子と機能性RNAを産生する遺伝子（non-coding gene）を分けて規定することが一般的となっている．機能性RNAの

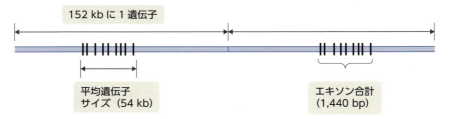

図7 平均的なヒト遺伝子像
ヒトゲノム152 kbに1つの遺伝子が存在する．その平均サイズは54 kbであり，平均しておおよそ9つのエキソンが存在する．エキソン配列の合計は1,440 bp程度であり，遺伝子の大部分はイントロンである．

ヒトゲノムとチンパンジーゲノムを比較すれば，ゲノムの違いが明らかとなり，われわれヒトをヒトたらしめている理由が明らかとなるはずである．なぜわれわれヒトのみが高度な言語能力をもち，科学技術を発展させることができたのかは，依然として解明されてはいないが，間違いなくその確固たる出発点ができたわけである．

平均的な遺伝子像

ヒトゲノムの総塩基数31億塩基対をタンパク質をコードする遺伝子の数20,364で割ると，約15万塩基対（152 kb）となる（図7）．平均として，約9個のエキソンとそれより1つ少ない数のイントロンが存在し，エキソンを合計したサイズは1,440 bp程度である．遺伝子の長さの平均は54 kbであり，中央値（メジアン）は23 kbである．最も大きな遺伝子の1つは，骨格筋で発現するジストロフィン遺伝子であり，そのサイズは約2,200 kbである．大腸菌ゲノムのサイズが，4,600 kbであることからも，その大きさがわかる．同じ骨格筋で発現する *Titin* 遺伝子のエキソンの数はなんと363個あり，そのタンパク質は3,300 kDaという途方もなく巨大なものである．

しかし，すべての遺伝子領域を足し合わせても，ヒトゲノムの中で遺伝子が占める領域はゲノム全体の3分の1程度であり，遺伝子以外の領域がゲノムのほとんどを占めている．遺伝子領域の中でも，タンパク質の配列を規定するエキソンの割合はもっと少なく，ゲノムの約1％にすぎず，非翻訳領域を合わせても1.5％未満である．実際の遺伝子の例として，比較的小さな，赤血球のβグロビン遺伝子の模式図と塩基配列を図8として示す[5]．

ゲノムの3分の2を占める遺伝子以外の配列

ヒトゲノムの半分近くは，多数の同じ配列がゲノム上に散在して存在し，ゲノム上を動くトランスポゾンに類似の構造をもつもので，散在反復配列とよばれている．その長さによって6～8 kbの長さのもの（LINE：long interspersed element）と100～300 bpのもの（SINE：short interspersed element）の2種類がある．LINEはおおよそ90万コピー，SINEは130万コピーというおびただしい数が存在するが，LINEの大部分は不完全長で平均の長さは約900 bpである．散在反復配列以外では，ごく短い塩基配列が隣接して多数繰り返す領域や（縦列反復配列），大きな断片の重複した領域などもある．こうした散在反復配列や繰り返し配列は，ゲノム全体の半分以上を占める．ヒトゲノム中の遺伝子領域（エキソンおよび

A)

```
    ①      ⓐ     ②              ⓑ                    ③
  142 bp 130 bp 223 bp          850 bp              261 bp
```

B)
```
    1 gagccacacc ctagggttgg ccaatctact cccaggagca gggagggcag gagccagggc
   61 tgggcataaa agtcagggca gagccatcta ttgcttacat ttgcttctga cacaactgtg
  121 ttcactagca aacctcaaaca gacaccATGg TGCACCTGAC TCCTGAGGAG AAGTCTGCCG
                                    M  V H L T    P E E       K S A V
  181 TTACTGCCCT GTGGGGCAAG GTGAACGTGG ATGAAGTTGG TGGTGAGGCC CTGGGCAGgt
       T A L W G K  V N V D   E V G   G E A     L G R
  241 tggtatcaag gttacaagac aggtttaagg agaccaatag aaactgggca tgtggagaca
  301 gagaagactc ttgggtttct gataggcact gactctctct gcctattggt ctattttccc
  361 acccttagGC TGCTGGTGGT CTACCCTTGG ACCCAGAGGT TCTTTGAGTC CTTTGGGGAT
              L  L V V Y     P W T Q R    F E S     F G D
  421 CTGTCCACTC CTGATGCTGT TATGGGCAAC CCTAAGGTGA AGGCTCATGG CAAGAAAGTG
       L S T P   D A V M     G N P K V    K A H G   K K V
  481 CTCGGTGCCT TTAGTGATGG CCTGGCTCAC CTGGACAACC TCAAGGGCAC CTTTGCCACA
       L G A F   S D G L     A H L D N    L K G T   F A T
  541 CTGAGTGAGC TGCACTGTGA CAAGCTGCAC GTGGATCCTG AGAACTTCAG Ggtgagtcta
       L S E L   H C D K     L H V D P    E N F R
  601 tgggaccctt gatgttttct ttcccttct tttctatggt taagttcatg tcataggaag
  661 gggagaagta acagggtaca gtttagaatg ggaaacagac gaatgattgc atcagtgtgg
  721 aagtctcagg atcgttttag tttctttat ttgctgttca taacaattgt ttctttttgt
  781 ttaattcttg ctttctttt ttttcttctc cgcaattttt actattatac ttaatgcctt
  841 aacattgtgt ataacaaaag gaaatatctc tgagatacat taagtaactt aaaaaaaaac
  901 tttacacagt ctgcctagta cattactatt tggaatatat gtgtgcttat ttgcatattc
  961 ataatctccc tactttattt tctttattt ttaattgata cataatcatt atacatattt
 1021 atgggttaaa gtgtaatgtt ttaatatgtg tacacatatt gaccaaatca gggtaatttt
 1081 gcatttgtaa ttttaaaaaa tgctttcttc ttttaatata ctttttgtt tatcttattt
 1141 ctaatacttt ccctaatctc tttctttcag gcaataatg atacaatgta tcatgcctct
 1201 ttgcaccatt ctaaagaata acagtgataa tttctgggtt aaggcaatag caatatttct
 1261 gcatataaat atttctgcat ataaattgta actgatgtaa gaggtttcat attgctaata
 1321 gcagctacaa tccagctacc attctgcttt tattttatgg ttgggataag gctggattat
 1381 tctgagtcca agctaggccc ttttgctaat catgttcata cctcttatct tcctcccaca
 1441 gCTCCTGGGC AACGTGCTGG TCTGTGTGCT GGCCCATCAC TTTGGCAAAG AATTCACCCC
       L L G N    V L V C V    L A H H   F G K    E F T P
 1501 ACCAGTGCAG GCTGCCTATC AGAAAGTGGT GGCTGGTGTG GCTAATGCCC TGGCCCACAA
       P V Q    A A Y Q    K V V    A G V    A N A L A H K
 1561 GTATCACTAA gctcgctttc ttgctgtcca aatttctatta aaggttcctt tgttccctaa
       Y H *
 1621 gtccaactac taaactgggg gatattatga agggccttga gcatctggat tctgcctaat
 1681 aaaaaacatt tattttcatt gcaatgatgt atttaaatta tttctgaata ttttactaaa
```

図8 ヒトβグロビン遺伝子の構造

A) ヒトβグロビン遺伝子のエキソンおよびイントロンを含む一次転写産物の構造を模式的に示す．①，②，③はエキソンであり，ⓐおよびⓑはイントロンである．数字は塩基配列の長さを示す．B) ヒトβグロビン遺伝子の一次構造．DNA配列の中で，転写活性化因子が結合する部位（塩基番号21～25）および基本転写因子TATA結合因子の認識部位（同66～71）を青の網掛けで示した．最終行のaataaa配列はポリA付加シグナルを示す．アンダーラインをつけた配列はmRNAとなるエキソン配列である．タンパク質をコードする領域は大文字のATGCで表し，タンパク質合成の開始AUGコドン（遺伝子ではATG）と終止コドンUAA（TAA）を赤の網掛けで，またタンパク質のアミノ酸配列は1文字表記で表してある．

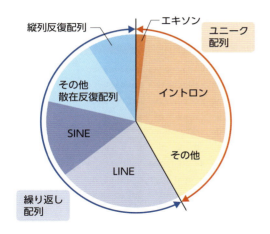

図9　ヒトゲノムの構成
ヒトゲノムの半分以上は繰り返し配列で占められており，ユニーク配列はゲノムの半分以下である．ゲノムの約3分の1が遺伝子領域であるが，エキソンが占める割合は，ゲノムの1.5％未満である．

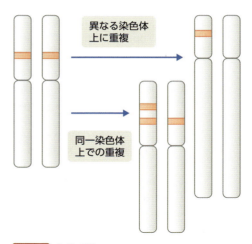

図10　分節重複
ヒトゲノム上には，5 kb以上にわたって90％以上の相同性を示す領域があり，分節重複という．分節重複は，同一染色体上の200 kb以上離れた領域にも，異なる染色体上にも存在する．

イントロン）とこれらの配列の割合を図9として示す．繰り返しとなるが，最終的にmRNAとして機能する領域がいかに少ないかがよく表されている．

　ヒトゲノムの遺伝子以外の領域の機能はよくわかっていない．しかし，近年の研究では遺伝子以外の領域のかなりの部分からもRNAが転写されることがわかってきている．恐らく何らかの機能をもっていると推定されるが，その解明は今後の研究を待たねばならない．

6　分節重複

　ヒトゲノムを詳しく調べた結果，染色体上の離れた場所に極めて相同性の高い配列が存在することがわかった．その長さは5 kb以上であり，その塩基配列は90％以上が同一である．これらの配列は，異なる染色体上に存在する場合と，同一染色体上にあっても200 kb以上離れている領域に存在する場合とがある（図10）．まるで，特定の配列がゲノムの上をジャンプして移動したような印象を受ける．この現象のメカニズムはまだよくわかっていない．こうしたゲノム上に重複した配列がみられる現象を，分節重複（segmental duplication）という．分節重複を生じた領域の配列の比較から，400種類程度のユニット（duplicon）が存在すると考えられる．

分節重複はヒトゲノムの4～5％を占める

　分節重複の結果生じた配列は，ヒトゲノムの4～5％程度を占めるとされている[※5]．こ

※5　研究グループ間でこの値は異なっている．その理由は，分節重複を定義する基準（長さ，重複配列間の距離，配列の相同性）が研究グループ間で異なるためである．

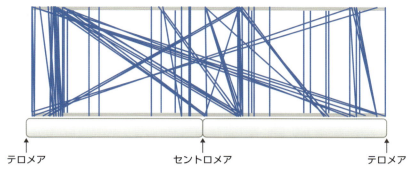

図11　1番染色体上の分節重複

ヒト1番染色体上の分節重複が生じた領域を示す．線で結んだ領域は，互いに分節重複の関係にあることを示す．垂直に伸びた直線は，近傍に重複を生じたものであり，結ぶと1本の直線にみえてしまう．1番染色体の2.1％は，こうした同一染色体内での重複の結果生じたものである．図に示されていないが，他の染色体との分節重複を示す領域は，1番染色体の1.2％を占めている．染色体の模式図を合わせて示す．

の値は，20番，21番，22番染色体を合わせたものに近く，非常に大きな割合を占めることがわかる．

分節重複した配列は，同一染色体上に存在するものが1,530カ所（合計の長さは80 Mbでありヒトゲノムの約2.6％に相当する），異なる染色体上に存在する配列が1,630カ所（合計44 Mb，ヒトゲノムの1.4％）とされている[6]．図11は，ヒト1番染色体上の同一染色体内での分節重複を示している．特にセントロメアおよびテロメア周辺の領域で，高度な分節重複がみられる．1番染色体の2.1％は，同一染色体内での重複の結果生じたものであり，1.2％は他の染色体との分節重複を示す領域である．

ヒトおよびチンパンジーゲノムにおける高度な分節重複

分節重複の中で，特に長さが20 kb以上のものに限ると，霊長類の中でもヒトおよびチンパンジーのゲノムにその割合が高く，類人猿でもオランウータンや旧世界ザルであるマカク属のサルでは，その率は比較的低い[7]．分節重複が生じた分子機構は不明であるが，分節重複の切断点周辺が短い繰り返し配列であるSINEに富んでいることから，SINE配列が何らかの役割を果たした可能性が指摘されている[7]．

分節重複は，ゲノム解読の精度が高いことが解析のために必須であるので，多くの動物種間で比較することはできないが，ラットやイヌでは，ゲノムの中に占める割合は低いとされている．マウスのC57BL/6Jという系統では，ゲノム中の6％と比較的高い割合を占めるが，その大部分（88％）は染色体上のごく近傍での重複とされている．同じ基準でみたごく近傍での分節重複は，ヒトゲノムでは分節重複の33％にすぎない．ヒトゲノムにみられるこのような高度で複雑な分節重複が，ゲノムのダイナミックな再編をもたらし，進化の上で重要な役割を果たしたという可能性も提唱されている[7]．分節重複がプラスに働いた可能性とともに，分節重複間で染色体の欠失が生じることが多くの疾患で認められている．分節重複間の欠失は多くの遺伝子を含む長い領域の欠失を生じ，疾患の原因となっている．

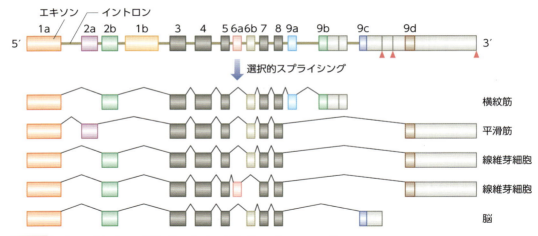

図12 αトロポミオシン遺伝子における選択的スプライシング
αトロポミオシン遺伝子のエキソン/イントロン構造と選択的スプライシングにより生じるmRNA分子種を示した．遺伝子構造の▲印はポリA付加シグナルを示す．それぞれの分子種の右の組織名は，その分子種が主に発現している組織を示す．

7 1つの遺伝子が複数のタンパク質を作るメカニズム

選択的スプライシングの生み出す多様性

　ヒトゲノムの中の遺伝子数は大腸菌の数倍しかないが，実際にはずっと多くの種類のタンパク質が作られている．多様性を生み出すメカニズムの1つが選択的スプライシングとよばれるものである．

　スプライシングは，エキソンとイントロンを含む一次転写産物からイントロンを除去するプロセスであるが，そのパターンにバリエーションがあることが多くの遺伝子で知られている．図12は，αトロポミオシン遺伝子から選択的スプライシングによって機能が異なる5つのmRNAができることを示している．これらの分子種が発現する主な組織を右に示しているが，それぞれのmRNAは組織特異的な発現パターンを示す．また，発生時期によってもスプライシングのパターンが変化することが知られている．

　哺乳動物では，ほとんどの遺伝子で選択的スプライシングによって2種類以上のmRNAが合成されることが示されている．このことは，遺伝子の数よりも多くのタンパク質が産生されることを示している．したがって，エキソンを組合わせてmRNAを作るという一見無駄にみえる真核細胞の仕組みは，多様性を生み出すメカニズムでもある．スプライシングの制御機構については，**7章**で詳しくふれる．

翻訳後修飾が生み出す多様性

　真核生物では，原核生物より高度で複雑なタンパク質の修飾が起きることがわかっている．細胞外に分泌されるタンパク質や細胞膜上のタンパク質は，その大部分が糖鎖の付加を受ける．同じタンパク質でも，糖鎖修飾は均一ではなくまた臓器によってもその程度が異なることが知られている．糖鎖修飾の違いによって，タンパク質の機能や局在が調節さ

れている．タンパク質のリン酸化は，酵素活性の調節や，タンパク質の局在，分解，他のタンパク質との相互作用などを制御することが知られており，1つのタンパク質に多数のリン酸化部位が存在する．その結果，リン酸化の部位や程度によって機能が異なるタンパク質が生成される．

糖鎖付加やリン酸化以外にもアセチル化，メチル化，硫酸化，脂質付加，ユビキチン化，SUMO化〔small ubiquitin-related (like) modifier〕などさまざまな修飾を受けることから，極めて多種類のタンパク質が存在すると考えられている．このようにタンパク質がリボソーム上で翻訳されたあと，種々の修飾を受けることを翻訳後修飾とよんでいる．

8 同じゲノムから異なる組織ができる仕組み

ヒトの体細胞ゲノムは，免疫系のT細胞およびB細胞系列の細胞を除いて，同じゲノムをもっている．成体の細胞の核移植で誕生したクローン動物ドリー（11章10参照）や，山中伸弥博士らが作製したiPS細胞（induced pluripotent stem cell）は，成体からの細胞のゲノムが受精卵と同様に個体発生をプログラムできることを示している．それではなぜ同じゲノムから異なる細胞ができるのだろうか．筋肉と眼は明らかに違っている．筋肉は筋収縮に必要なアクチンやミオシンに富んでいるが，眼にはレンズを形成するクリスタリンが豊富に存在する．ゲノムに存在する遺伝子が，すべて発現するのではなく，組織ごとに異なるパターンで発現する結果，さまざまな組織ができる．

仮想的に遺伝子数を100として考えてみよう（図13）．b1遺伝子は，眼と胃では発現しているが，他の組織では発現していない．h2遺伝子は，歯のみで発現する．この図では，発現しているか否かのデジタル的な情報のみ与えているが，個体内では高発現している組織から低レベルの組織までさまざまであろう．図のピクセル数も遺伝子の数にさらに翻訳後修飾を加えた数が想定されるので，精緻な描写が可能である．

9 ヒトゲノムの多様性

ヒトゲノムの解読からわかったことは，さらにある．ヒトゲノム概要版の段階で，すでに個人個人のゲノムが異なることが明らかとなった．ゲノム解読に供されたDNA試料は，複数の匿名化されたボランティアから採取されているが，同じ染色体上の領域でも1塩基が異なっていたり微小な挿入や欠失のみられる場所が多数みつかっていたのである．2008年4月にはDNA二重らせんモデルの提唱者であり，ヒトゲノムプロジェクトの推進者でもあるワトソン博士自身のゲノム解読が報告され（2章5参照），同年10月には個人ゲノムの解読結果が3報同時に報告されている．個人ゲノムの解読結果とヒトゲノム完成版の配列を比較すると，個人あたり300～400万カ所に1塩基置換が生じていることがわかった．その場所も個人個人によって異なっている．また，遺伝子のコピー数も，従来考えられていた1対のセットではなく，遺伝子重複によって個人個人でそのコピー数に差がある遺伝子が多数存在することも明らかにされてきている．ヒトゲノムの多様性については次章で詳しく学ぶ．

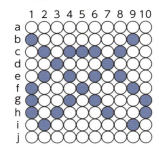
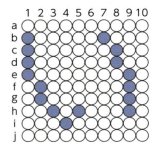
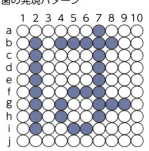
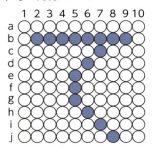

図13 転写される遺伝子は組織ごとに異なっている

仮想的に遺伝子100個の生物の組織ごとの発現パターンを例示した．眼（め），胃（い），歯（は），手（て）ではそれぞれ異なる遺伝子が発現することによって，特徴的な組織を構築している．

ヒトゲノムの多様性は，従来不明であった，疾患へのかかりやすさや体質というものを説明できるものとして，大いに注目されている．また，薬剤代謝なども個人ごとに異なることが明らかにされ，患者1人1人に即した薬剤の投与量を決めるなど，より進んだ医療の可能性を拓くものでもあった．個人に合わせた医療については，**9章**で学ぶ．

10 次世代シークエンサーのインパクト

次世代シークエンサーとは，従来型の数千倍以上の効率で塩基配列を決定することができる高速シークエンサーである．2005年にアメリカで開発され，ここ10年でその能力はさらにパワーアップした．次世代シークエンサーの登場は，ゲノム医学において質的な転換をもたらし，病気の診断，治療，創薬が劇的に変わりつつある．ゲノム医学においてパラダイムシフトが起きたと言われるゆえんである．この流れは，すべての医療や生命科学に波及しつつあり，従来の発想と方法は根本的な変革を迫られている．

ヒトゲノムが完全解読されたのは2003年であるが，これには約12年の歳月と4,000億円が費やされた．これに対し，ワトソン博士のゲノム解読には，たったの4.5カ月と約1億2,000万円を要しただけである．現在ではさらにコストダウンし，ランニングコストのみを考慮した場合には，10〜30万円と2日程度で1人のヒトゲノムを精度よく解読することが

可能である．個人の体質に最適化した個別化医療も，この機器の登場で現実味が加速してきている．次世代シークエンサーの能力を利用して，多くの個人ゲノムが解読されつつあるが，その他にもがん細胞における体細胞変異の網羅的解析，メタゲノム解析が可能となり，次々とデータが蓄積されている．また，遺伝子発現解析やエピゲノム解析が，マイクロアレイを用いる方法から次世代シークエンサーを用いる解析方法にシフトしてきている．さらに疾患関連遺伝子の探索のスピードアップにも大きく貢献し，生命科学への影響は，はかりしれないものがある．次世代シークエンサーを用いた新たな研究手法とその成果は，本書の各章を参照されたい．

■ 文献

1) Lander, E. S. et al.：Initial sequencing and analysis of the human genome. Nature, 409：860-921, 2001
2) Venter, J. C. et al.：The sequence of the human genome. Science, 291：1304-1351, 2001
3) International Human Genome Sequencing Consortium.：Finishing the euchromatic sequence of the human genome. Nature, 431：931-945, 2004
4) 服部正平：ヒトゲノム完成版の解析．蛋白質核酸酵素，50：162-168, 2005
5) Lawn, R. M. et al.：The nucleotide sequence of the human beta-globin gene. Cell, 21：647-651, 1980
6) Cheung, J. et al.：Genome-wide detection of segmental duplications and potential assembly errors in the human genome sequence. Genome Biol., 4：R25, 2003
7) Marques-Bonet, T. et al.：The origins and impact of primate segmental duplications. Trends Genet., 25：443-454, 2009

■ 参考図書

8) 『ヒトの分子遺伝学 第4版』(Tom Strachan, Andrew Read／著，村松正實 他／訳)，メディカル・サイエンス・インターナショナル，2011
9) 『Molecular Biology of the Cell 6th ed』(Bruce Alberts et al／著)，Garland Science, 2014

Column ゲノムサイズあれこれ

ゲノムサイズは，進化的な分類とあまり関係がなく，同じ分類に属する生物の中でも，ゲノムサイズは大きく変わる．ゲノム1セットあたりのDNA重量をpg（ピコグラム：1×10^{-12} g）単位で表したものをC-valueとよぶ．真核生物で最小のC-valueは，動物に寄生する原生生物の一種（*Encephalitozoon intestinalis*）のゲノムで0.0023 pgであり，最大のゲノムは，同じく原生生物でアメーバの一種（*Chaos chaos*）の1,400 pgである〔http://www.genomesize.com（ゲノムサイズのデータベース）より引用〕．最小と最大のゲノムの比は，なんと60万倍以上もある．ちなみに，出芽酵母ゲノムは，0.008 pg, ヒトゲノムは，3.3 pgであるので，*Chaos chaos*のゲノムは，ヒトゲノムと比べても500倍近くに達する巨大なものである．被子植物では，最小のC-valueは，食虫植物の一種ゲンリセア（*Genlisea margaretae*）の0.0648 pgであり，最大はユリ科キヌガサソウ（*Paris japonica*）の152.23 pgである[1]．日本産らしき学名がなんとなく誇らしげである．動物では，肺魚の一種（*Protopterus aethiopicus*）の132.83 pgが最大である．

文献
1) Bennett, M. D. and Leitch, I. J.: Nuclear DNA amounts in angiosperms : targets, trends and tomorrow. Ann. Bot., 107：467-590, 2011

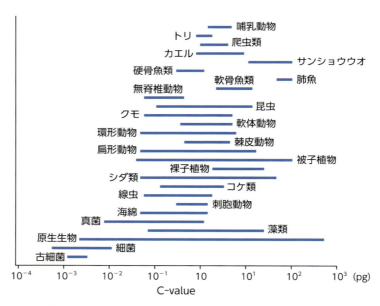

図 種々の生物ゲノムのC-value
いろいろな生物のゲノムを図に示した．ゲノムサイズのデータベース（http://www.genomesize.com）をもとに作成．

2章 ヒトゲノムの多様性

2003年にヒトゲノムがほぼ解読された．その後，異なるヒトゲノム間で染色体の同じ部位の塩基が異なる一塩基変異や，挿入や欠失を生じている領域も多数認められ，ヒトゲノムに多様性があることが明らかとなった．遺伝子は，2本の相同染色体に1コピーずつ存在すると思われていたが，個人によってコピー数に差があることも明らかとなった．個人のゲノムも相次いで解読され，ヒトゲノムの個人差も詳細に研究されるようになった．こうしたヒトゲノムの多様性は，個人の体質や疾患へのかかりやすさを規定していると考えられる．

1 ヒトゲノムの多様性の要因

2003年のヒトゲノム解読に続いて，ヒトゲノムの多様性が研究されるようになり，ヒトゲノムが個人個人で異なっていることが明らかとなった．ヒトゲノムの多様性として，一塩基変異，マイクロサテライトおよびミニサテライトの多型，短い配列の挿入と欠失，コピー数変異などがある（図1）．

一塩基変異は，染色体の同じ位置の1塩基が個人によって異なっていることをいう．英語では，single nucleotide variation（SNV）と表す．一塩基変異のうちで比較的高頻度のものを一塩基多型（single nucleotide polymorphism）といい，SNPという略語も一般的に使われる（スニップと読む．SNPsと複数形にしたものもよく用いられる）．SNVとSNPの厳密な区別はないが，ヒト集団の中でその頻度が1%以上のものをSNPとよぶことが多い．文脈によっては，SNVに個人に特有の変異という意味をもたせる場合もある．

図2に，SNPデータベース（http://www.ncbi.nlm.nih.gov/snp）の登録例を示す．このSNPは，3章で後述するお酒に対する強さを規定するアルデヒドデヒドロゲナーゼ遺伝子の多型を示したものである．図中央の［A/G］となっている部位の塩基が，個人によってAまたはGであることを示している．一塩基多型は，多くの場合2種類の塩基のどちらかであり，同一部位に3塩基以上が存在することは稀である．

ヒトゲノムには，多数の散在反復配列（LINEおよびSINE）と短い塩基配列が繰り返す領域が存在することを学んだ（1章5参照）．後者に含まれるマイクロサテライトDNA（1～5塩基の配列が繰り返す領域）およびミニサテライトDNA（数～数十塩基の配列が繰り返す領域）の繰り返し数にも，個人差が認められる．

一塩基多型，マイクロサテライト多型，ミニサテライト多型は，いずれも疾患遺伝子の

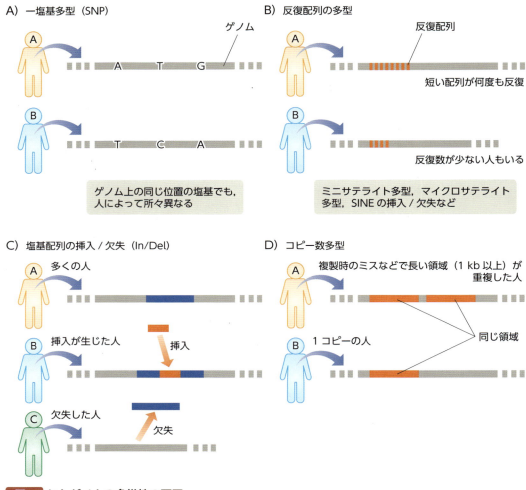

図1 ヒトゲノムの多様性の要因
ヒトゲノムには，個人によって異なる配列が多数認められる．その要因として，一塩基多型（SNP），反復配列の多型，挿入と欠失，コピー数多型などがある．

同定のための指標となる（4, 5章参照）．またミニサテライト多型は，法医学で親子鑑定や個人識別に用いられる（実験例は4章7参照）．マイクロサテライトおよびミニサテライトの多型は，塩基配列の挿入/欠失（insertionおよびdeletionという意味でIn/Delと表記される）と捉えることも可能である．また，In/Delには，散在反復配列SINEの挿入/欠失も頻繁に認められる．反復配列以外のIn/Delも知られている．こうしたIn/Delにも個人差がある．

コピー数変異（CNV：copy number variation）は，In/Delよりも長い領域（＞1 kb[※1]）が重複または欠失した結果，個人間でその領域のコピー数に違いが生じていることを指す．その結果，遺伝子のコピー数が個人間で異なることもある．一塩基多型と同様に，コピー

[※1] CNVとIn/Delをどの程度の長さで区切るかについては，研究者によって定義が異なる．

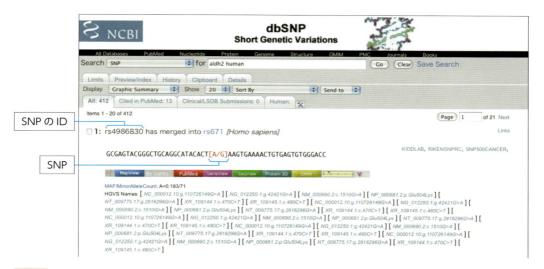

図2 SNPのデータベース（http://www.ncbi.nlm.nih.gov/snp）に登録されたヒトSNPの例
アルデヒドデヒドロゲナーゼ遺伝子の多型を示したものである．中央の［A/G］が一塩基多型の部位であり，AまたはGとなっている．rs＋数字はSNPのID番号を示している．

数変異の中で頻度が高いものをコピー数多型（CNP：copy number polymorphism）とよぶ．

2　一塩基多型

相同染色体間で同じ位置の塩基が異なることは，ヒトゲノムプロジェクトの当初から判明していた．国際共同研究チームが公表したヒトゲノム配列の約70％は，1人のDNAをもとに決定され，残りは複数のボランティアからのDNAで決定された．この中で，多数の一塩基変異が認められていたのである．その後，SNPを網羅的に収集する国際HapMapプロジェクト（4章8参照）の進展に伴い，その数は飛躍的に増加した．また，個人ゲノムが続々と解読されるようになり，個人間ではゲノムあたり約300〜400万カ所，すなわち1kbに1カ所以上が異なっていることが明らかにされている（2章5参照）※2．本書の初版執筆時である2011年には，一塩基多型の登録総数は3,800万カ所であったが，その数は3億7,500万カ所にも達している（2015年7月現在：http://www.ncbi.nlm.nih.gov/projects/SNP/snp_summary.cgi）．

一塩基変異は，次項でみるようにタンパク質の構造に影響をおよぼすこともあり，体質や疾患へのかかりやすさを規定する要因となる．また，ゲノム上に高密度に存在していることから，ゲノム全体を対象とした疾患遺伝子の探索において極めて有用なマーカーとなっている．

次世代シークエンサーの登場で，個人ゲノ

※2　個人間で異なっている部位は，2本の染色体ともに異なる場合と片側のみの場合がある．厳密には，倍数体のゲノム全体をくまなく解読して異なっているSNPなどの総数を推定することはできるが，そのためにはゲノムサイズの数十倍以上という膨大な量の塩基配列を決定する必要がある．そこで，現在では異なっている部位の総数は，半数体ゲノムあたりの数とされている．

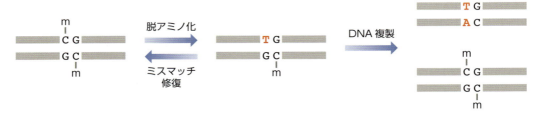

図3 一塩基変異が生じるメカニズム

一塩基変異が生じるメカニズムの一部を示す．メチル化されたシトシン（mはメチル基を示す）は，脱アミノ化されるとチミンとなる．T/Gミスマッチペアが修復される前に，DNAが複製されると，変異が固定される．この他にも，他の塩基のメチル化，酸化，脱アミノ化，DNA複製時の塩基取り込みミスなどが変異の原因となる．

ムの解読に要する時間とコストが大幅に低下したことを受けて，各大陸で民族がはっきりとしている1,092名のヒトゲノムが解読された[1]．この国際プロジェクトは，通称1000ゲノムプロジェクトとよばれている．その結果，全体で5％以上の頻度で存在する一塩基多型は，多くの民族に共通に認められることから，人類発祥の頃から存在する多型と考えられる．一方，その頻度が低い一塩基多型ほど，特定の民族にのみ認められる傾向がある．これらの一塩基多型は，人類が各民族に別れてから生じた多型であると考えられる．

また，親子のゲノムを比較することで，世代間における変異率が測定できる[2]．その結果，1塩基が変異する確率は，1億塩基あたりおおよそ1塩基であった．変異の76％は父親由来であり，その率は加齢とともに高まることも明らかにされている[2,3]．一塩基変異の形成要因は，塩基の脱アミノ化やメチル化による修飾を受け，DNA複製とともに変異が固定されることや，DNA複製時のエラーなどである．シトシンはメチル化されていることがあるが（**8章**参照），メチル化されたシトシンは脱アミノ化されてチミンとなり，修復されずにDNAが複製されると，A-T塩基対となり塩基配列は異なるものとなる（図3）．

3 一塩基変異の影響

一塩基変異はどのような影響をおよぼすのだろうか．1章でみたように，ヒトゲノムの中でタンパク質をコードする遺伝子が占める割合は，たかだか1/3程度である．遺伝子の外側に存在する一塩基変異は，遺伝子の機能や発現量を大きく変化させるような影響はないと考えられる[※3]．

また遺伝子の大部分はイントロンである．イントロンの一部は遺伝子の転写効率を調節し，エキソンとの境界にはスプライシングを規定する配列が存在する．しかし，それ以外の大部分のイントロン配列に存在する一塩基変異も遺伝子の機能に影響がないだろう．したがって，300万にも達する一塩基変異のうち，ほんの一部が遺伝子機能に影響すると考えられる．すなわち，遺伝子の転写効率を規

※3 ただし，遺伝子から数百kb離れた領域の配列も転写効率を調節する例が知られている．またノンコーディングRNA（7章7参照）の機能に影響を与える可能性はある．

図4 コドン表と変異の影響

A)

	U	C	A	G
U	UUU Phe UUC Phe UUA Leu UUG Leu	UCU Ser UCC Ser UCA Ser UCG Ser	UAU Tyr UAC Tyr UAA Stop UAG Stop	UGU Cys UGC Cys UGA Stop UGG Trp
C	CUU Leu CUC Leu CUA Leu CUG Leu	CCU Pro CCC Pro CCA Pro CCG Pro	CAU His CAC His CAA Gln CAG Gln	CGU Arg CGC Arg CGA Arg CGG Arg
A	AUU Ile AUC Ile AUA Ile AUG Met	ACU Thr ACC Thr ACA Thr ACG Thr	AAU Asn AAC Asn AAA Lys AAG Lys	AGU Ser AGC Ser AGA Arg AGG Arg
G	GUU Val GUC Val GUA Val GUG Val	GCU Ala GCC Ala GCA Ala GCG Ala	GAU Asp GAC Asp GAA Glu GAG Glu	GGU Gly GGC Gly GGA Gly GGG Gly

B)

一塩基変異
- サイレント変異 ➡ アミノ酸は不変
- ミスセンス変異 ➡ アミノ酸が変わる
- ナンセンス変異 ➡ 終止コドンに変わる

挿入や欠失による変異
- フレームシフト変異
  ➡ 読み取り枠が変わる

■：開始コドン
■：終止コドン

1塩基の違いにより，コードするアミノ酸がどう変わるかによって，変異のタイプが異なる．一塩基変異とは別に，短い配列の挿入や欠失によってmRNAの読み取り枠が変わる変異をフレームシフト変異という．

定するプロモーターおよびその他の調節領域，タンパク質をコードする領域，mRNAの翻訳効率や安定性を調節する領域，スプライシングのシグナルとなる配列などに存在する一塩基変異を考慮すればよい．

タンパク質コード領域の一塩基変異も必ずしも遺伝子機能に影響をおよぼすとは限らない．遺伝暗号表（図4Aとして再掲）をみると，コドンの3文字目が変わっても，縮重によってコードするアミノ酸が変わらないものが多数ある（図4B．サイレント変異という）．この一塩基変異も影響はほとんどないと考えられる．アミノ酸置換を伴うものは，ミスセンス変異とよばれる．このうち，アミノ酸の性質が類似しているグループ（塩基性アミノ酸，酸性アミノ酸，疎水性アミノ酸，芳香族アミノ酸のグループ）の中での置換は，タンパク質の構造を大きく変化させないだろうが，

図5 一塩基変異のコドンに対する影響

例として，セリンのコドンであるUCAを取り上げた．1文字目の多型はすべてミスセンス変異となり，2文字目はミスセンス変異またはナンセンス変異となる．3文字目の変異はサイレント変異である．

グループ間にまたがるものは影響がより大きいと考えられる．コドンによっては，終止コドンに変化する場合があり（ナンセンス変異），タンパク質合成が終了するため，この多型の影響は大きいと考えられる．

例として，セリンのコドンUCAに生じた一塩基変異の効果をみてみよう（図5）．最初の

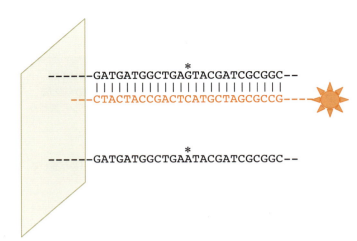

図6 SNPアレイ法の原理

ゲノムに---CTGA〔G/A〕TAC---というSNPがある（＊印）．2つの配列それぞれに対応したオリゴヌクレオチドをチップ上に乗せる．検体DNA（赤で示す）を断片化した後に蛍光標識し（☀），チップ上のオリゴヌクレオチドとハイブリダイズさせる．図では，上側の配列と相補鎖を形成し蛍光シグナルを与えるが，下側の配列はSNPの塩基が異なっているため相補鎖を形成しない．そのため，上のオリゴヌクレオチドがスポットされているところのみが蛍光シグナルを発する．

塩基が，Uから他のどの塩基に変わっても，対応するアミノ酸は変わる．2番目の塩基がAやGに変わるとUAAおよびUGAの終止コドンとなり，タンパク質合成は停止する．CからUに変わると，ロイシン（Leu）のコドンとなる．3文字目の塩基はどの塩基に変わってもアミノ酸は変わらない．

一塩基変異ではないが，mRNAの読み取り枠を変えるような挿入/欠失（In/Del）変異は，フレームシフト変異とよばれ，それ以降のアミノ酸配列がすべて異なるので，影響は大きい（図4B）．ミスセンス変異，ナンセンス変異，フレームシフト変異はいずれも疾患の原因となりうる変異である．しかし，ヒト集団の中で一定の頻度をもつ一塩基多型は，生存率を下げないからこそ維持されているものであり，遺伝子機能に与える影響はそれほど大きくないと考えられる．3文字の整数倍の挿入/欠失も，タンパク質の機能にとって重要な部位であれば，疾患の原因となることがある．

4 一塩基多型の解析法

図2に示したように，ほとんどの一塩基多型は2種類である．つまり，同じ配列の中で特定の塩基がAまたはGとなり，別の配列の一塩基多型ではCまたはTなどとなっている．一塩基多型を調べるには，2種類の配列に対応したオリゴヌクレオチドをチップ上に配置し，そのどちらに検体DNAが会合するかで判定する（図6）．

具体的には，検体DNAを断片化した後に蛍光色素で標識し，熱変性条件下で一本鎖に解離させる．ついで，生理的な条件下でチップと反応させると，相補的な配列をもつDNAはチップ上のオリゴヌクレオチドと会合する〔ハイブリダイゼーション（hybridization）という〕．この時，一塩基多型の部位でミスマッチを生じるオリゴヌクレオチドとは，ハイブリダイズしない条件下で反応を行なう．一塩基多型が網羅的に収集された結果，その数は膨大なものとなっており，市販されているチップでも，50万個以上の一塩基多型が同時に判定できるようになっている（図7）．この解析

図7　SNP解析用チップ

アフィメトリクス社のGeneChip® Human Mapping 250K Nsp Arrayの写真である．チップ上に約25万個のSNPに対応するオリゴヌクレオチドが配置されている（写真提供：アフィメトリクス・ジャパン株式会社）．

法をSNPアレイ法とよぶ．また，次世代シークエンサーの登場によってゲノム解読能が飛躍的に高まるにつれ，個人ゲノムを決定することによって，多数の一塩基多型が同定されるようになった．実際に，1000ゲノムプロジェクトを遂行する過程で，3,800万個ものSNPが同定されている．

5　ワトソン博士のゲノム解読

ヒトゲノムプロジェクトで解読されたゲノム配列は，複数の匿名ボランティアから採取したDNAを用いて決定されたものであるが，最初に決定されたヒトゲノムであるので，標準のヒトゲノムとされている．2008年に，二重らせんモデルの提唱者であるワトソン博士の個人ゲノム解読がNature誌に掲載された[4]．

同じ号の『News and Views』で，「Dr Watson's base pairs」というタイトルで，紹介記事が掲載されているが，その中でカラーのATGCの4文字で描かれたワトソン博士の似顔絵が印象的である[5]．前年には，セレラジェノミクス社でヒトゲノム解読チームを率いていたベンター博士（J. Craig Venter, 1946～）の個人ゲノム解読結果も報告された[6]．その後も，個人ゲノム解読結果が相次いで報告され，ヒトゲノムの多様性が明確に示された．

ワトソン博士のゲノムは，ヒトゲノムプロジェクトで解読された標準ヒトゲノムと，300万カ所以上で1塩基が変異しており，また20万カ所以上の挿入/欠失配列（次項）がみつかっている（**表1**）．ベンター博士のゲノムも，類似の数の一塩基変異，挿入/欠失を示している．ワトソン博士の個人ゲノムで認められる一塩基変異の中で，アミノ酸配列の変化をもたらすミスセンス変異は，10,654個であった．ヒトゲノムにコードされるアミノ酸の総数は，約1,000万個程度とされているので，全体の0.1％くらいのアミノ酸が変わっていることになる．

10,654個のミスセンス変異のうち，Human Gene Mutation Database（http://www.hgmd.cf.ac.uk/）に登録されているメンデル遺伝にしたがう常染色体劣性疾患（**4章3参照**）の原因となる変異が10個みつかった．このうち7個は，もう一方の遺伝子が正常であるため，発症には至らないと考えられた．残る3個の変異については，もう一方の遺伝子の配列は読まれていないが，ワトソン博士自身はこうした疾患には罹患していないため，野生型遺伝子とのヘテロ接合[※4]であると考えられる．

※4　2倍体ゲノムに野生型遺伝子と変異遺伝子が共存している状態．3章2参照．

表1　個人ゲノム解読結果

ゲノム	ワトソン博士	ベンター博士
一塩基変異数（新規のもの）	3,470,669（647,767）	3,213,401
アミノ酸置換を伴うもの	10,654	6,114
In/Dels（挿入/欠失）	222,718	851,575
Insertion（挿入）	65,677	ー
Deletion（欠失）	157,041	ー
タンパク質コード領域に存在するもの	345	863
コピー数変異（そのサイズ）	23（26 kb～1.6 Mb）	62

文献4と6をもとに，個人ゲノム解読の結果，標準ヒトゲノム配列と異なっているものをまとめた．

ワトソン博士のゲノム解読では，ゲノムサイズの7.5倍の塩基配列を決定しているが，この条件下では2倍体細胞ゲノム全体の20％以上は読まれていないと予測される．2倍体ゲノムの99％以上を解読するためには，ゲノムサイズの20倍以上の塩基配列解読が必要であり，ゲノム配列から疾患リスクを予測する場合には，細心の注意が必要である．

6　構造多型

一塩基変異以外の変異を構造多型（SV：structural variation）と総称する．この中には，マイクロサテライト，ミニサテライトの多型などの短い挿入/欠失（In/Del）や，染色体の組換えによって染色体が再編成され，重複，欠失，挿入を生じ，その領域のコピー数の変化が起きるものなどがある（図8A）．マイクロサテライトやミニサテライトの同じ配列の繰り返しは，DNAポリメラーゼの複製時のスリップを引き起こし，その繰り返し数が増加する（図8B）．しかし，繰り返し数が増えすぎると，同一配列間で欠失が生じる．

同一染色体上の隣接した位置に相同性の高い配列が存在すると，相同染色体の対合にずれが生じ，異なる位置で組換えが起きることがある（図8C）．この組換えを，非アレル間相同組換え（NAHR：non-allelic homologous recombination）という．染色体のずれた位置で組換えが生じるため，片方の染色体は組換え前より長くなり，もう一方の染色体は短くなる．その結果，いずれの染色体においてもコピー数変異を生じる．コピー数変異が生じた領域によってはさまざまな疾患の原因となることも明らかにされている．

非アレル間相同組換えには，分節重複で生じた配列や，LINEやSINEなどの散在反復配列が関与する．分節重複で生じた配列は，比較的長さも長く，配列間の相同性も高いので，非アレル間相同組換えが生じやすい領域となっている（1章6参照）．分節重複によって生じた配列が同一染色体の近傍に位置し（10 Mb以内），しかも相互の配列の相同性が高い場合（97％以上）に，組換えが生じやすい．特に，分節重複が集中してみられる領域では染色体構造が不安定となり，非アレル間相同組換えが生じやすくなることから，多くの疾

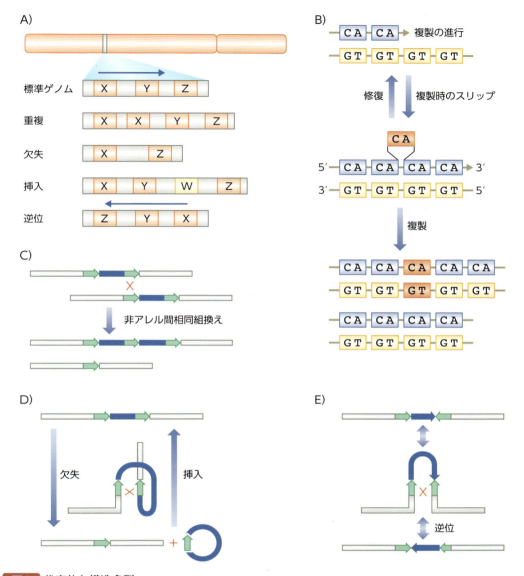

図8　代表的な構造多型

染色体には，Aに示したような種々の構造変化が生じる．B）同一の短い配列が繰り返されるマイクロサテライト配列では，DNA複製時にDNAポリメラーゼのスリップによる配列重複が生じることがある．この配列が修復される前に複製が起こると，挿入された配列は子孫に受け継がれる．C）相同な領域が近接して存在すると（➡），相同染色体の対合にずれが生じて組換えを起こすことがある．この現象を非アレル間相同組換えという．また，近接した相同配列は，Dに示した反応で挿入/欠失を引き起こし，Eに示した反応で逆位を生じる．

患に関与することが示されている．同一染色体上の相同な配列間で組換えが生じると，その間の配列の挿入/欠失が生じる（図8D）．相同な配列の配向によっては，その間に挟まれた領域の向きが逆向きとなる組換えも生じる（逆位．図8E）．

世代間におけるゲノムの比較から，マイクロサテライトの変異，トランスポゾン様配列の挿入/欠失，より長い領域のコピー数変異の頻度は，一世代を経るごとに，それぞれ20

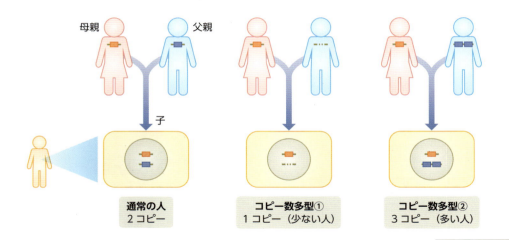

図9 コピー数の変化は次世代に伝わる

遺伝子領域に生じた重複/欠失は，遺伝子コピー数の増減をもたらし次世代へと伝えられる．その結果，ヒト集団の中で遺伝子コピー数の多型が生じる．

カ所，0.8カ所，0.6カ所程度と推定されている．非アレル間相同組換えによって重複した領域に遺伝子が含まれていると，その染色体をもつ配偶子を受けとった人の子孫は，ずっとその遺伝子が重複することになる（図9）．逆に，反対側の欠失が生じた染色体では，その遺伝子が失われる．遺伝子の重複は，進化的に有利であると考えられている（p.48 **コラム**参照）．

遺伝子よりも小さな領域が重複し，特定のエキソンが重複して，従来のタンパク質よりもエキソンを余分にもったタンパク質が生じることもある．酵母，線虫，ショウジョウバエ，ヒトの同じ配列をもつタンパク質の構造を比較すると，一般的にヒトのタンパク質の方が調節領域や他のタンパク質と相互作用する領域を多くもっており，より精密な制御を受けることが知られている．

7 コピー数多型の解析法

CGHアレイ法

コピー数多型を解析するには，オリゴヌクレオチドあるいはプラスミドDNAにクローン化したヒトゲノムの一部をチップ上に多数配置したものを用いる．

コピー数多型を調べたい検体DNAと，対照とするDNAをそれぞれ異なる波長の蛍光色素で標識する．2つのDNAを混合し，変性条件下で一本鎖に解離させ，チップ上のDNAと生理的条件下でハイブリダイズさせる．チップ上のDNAに結合した検体DNAと対照DNAの蛍光シグナルを，別々にスキャンして定量することにより，検体DNAと対照DNAの量比が判定できる．もし両試料で同じシグナル強度であれば遺伝子コピー数は等しく，片方の試料に染色体の欠失や重複があれば，

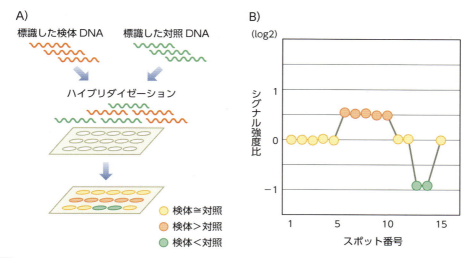

図10 CGHアレイ法によるコピー数多型解析
A）検体DNAと対照とするDNAをそれぞれ異なる蛍光色素で標識する．2つのDNAを混合し，チップと反応させ，ハイブリダイズさせる．チップ上のDNAに結合した検体DNAと対照DNAの蛍光シグナルを定量することにより，検体DNAと対照DNAの量比が判定できる．図では，擬似的に検体DNAの蛍光を赤色で，対照DNAを緑で表示している．B）定量した結果を，シグナル強度比の対数として模式的に示す．

異なったシグナル強度となる（図10）．この解析法をCGH（comparative genomic hybridization）アレイ法とよぶ（アレイCGH法ともいう）．

ヒトゲノムは多様であり，個人個人ですべて異なっていることから，対照とするDNAとしてどの検体を用いるかは重要な点である．複数のヒトDNAを対照として用いる，あるいは複数のヒトDNAを混合して対照とするなどの工夫がなされている．

SNPアレイ法

コピー数多型を解析するもう1つの方法は，一塩基多型解析用チップ（SNPアレイ）を用いるものである．コピー数多型同定用に開発されたチップも市販されている．解析は，個人個人のDNAを用いて行ない，その結果を相互に比較することでコピー数多型を検出する．

図11に文献7の解析結果の一部を示す．2つの解析システムは，ともに8番染色体の重複を検出している．データを見比べると，プラスミドの挿入配列を配置したCGHアレイでは，シグナル/ノイズ比（S/N比）が極めてよく，ノイズの少ないデータが得られることがわかる（図11A）．欠点として，チップ上に配置したゲノム配列が長いことから，短いコピー数多型の検出は困難であり，またコピー数多型の境界領域を特定することはできない．これに対して一塩基多型解析用チップでは，分解能の高いデータが得られ，コピー数多型の境界領域も明確に示されている．しかし，図11Bに示されているように，CGHアレイに比べてS/N比が若干劣るのがみてとれる．2つの解析法で同定したコピー数多型は，相当する領域をPCR（polymerase chain reaction）で増幅して定量することにより，確認することができる．

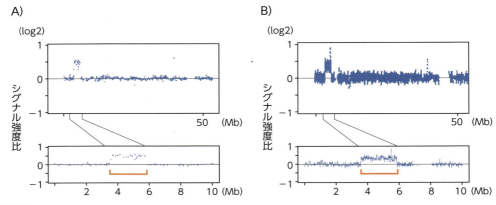

図11 コピー数多型の解析例

8番染色体の解析結果を示す．縦軸は，検体DNAと対照DNAとの蛍光強度比の対数を示している．AのデータはCGHアレイで，BのデータはSNPアレイで得られた結果を示す（文献7より引用）．

個人ゲノム解読によるコピー数多型の判定

このようなDNAハイブリダイゼーションを基本原理とした測定法の他に，個人ゲノムを解読することによってもコピー数の変化を調べることができる．解読した配列を標準となるヒトゲノム配列と比較して，特定の配列の欠失や挿入を検索するのである．しかし，30億塩基を超える2つのゲノムを比較することは容易な作業ではなく，スーパーコンピューターレベルの計算能力が要求される．また，欠失や挿入された配列を検索するアルゴリズムにより，結果に差が生じることがある．しかし，ゲノム解読から得られる情報は，コピー数多型の生じている領域を塩基単位で同定することができ，上記の2法よりもはるかに分解能が高い．それゆえ，2012年以降に得られたコピー数多型に関する情報は，ほとんどが個人ゲノム解読によるものである．

8 遺伝子コピー数変異と疾患

遺伝子のコピー数が変化すると疾患の原因となる場合のあることは以前から知られていた．ダウン症候群は，21番染色体が3本になるトリソミーの結果生じる．また，性染色体数の異常によってもさまざまな疾患が生じる．これらはいずれも遺伝子コピー数が異常になるためと考えられる．表2として，遺伝子コピー数の異常と疾患との関連が明らかなものを示した[8]．

*PMP22*遺伝子を含む領域のコピー数変異は，その増減がともに疾患と関連し，コピー数増加によってCMT病1型（Charcot-Marie-Tooth disease type 1[※5]），欠失によるコピー数の減少によって別の神経変性疾患HNPP（hereditary neuropathy with liability to pressure palsies[※6]）を生じる．*SOX3*遺伝子領域の重複は，X染色体連鎖下垂体前葉機能低下

※5　下腿と足の筋萎縮と感覚障害を特徴とする変性性末梢神経障害．
※6　感覚神経および運動神経の知覚異常を伴う神経変性による麻痺．

表2　コピー数変異と疾患

疾患	原因遺伝子	コピー数変異	主な症状
CMT病1型	PMP22	+	ミエリン形成異常，末梢神経障害
神経変性疾患HNPP	PMP22	−	感覚神経および運動神経の知覚異常を伴う神経変性による麻痺
X染色体連鎖下垂体前葉機能低下症	SOX3	+	男児における精神遅滞，低身長
常染色体優性白質ジストロフィー	LMNB1	+	ミエリン形成異常，脳白質異常
パーキンソン病	SNCA	+	黒質神経細胞変性による振戦，硬直
アルツハイマー病	APP	+	βアミロイドの蓄積による発症
ペリツェウス・メルツバッヘル病	PLP1	+	ミエリン形成異常，下肢の麻痺
レット症候群	MECP2	+	精神遅滞，痙攣，言語発達障害
全身性エリテマトーデス	FCGR3B	−	腎疾患への易罹患性
スミス・マゲニス症候群	RAI1	−	精神遅滞
脊髄性筋萎縮症	SMN1	−	脊髄運動神経細胞の病変による筋萎縮症
HIV易感染性	CCL3L1	−	ヒト免疫不全症ウイルス感染性の増加

遺伝子コピー数変異が原因である代表的な疾患をまとめた．コピー数変異の＋および−記号は，それぞれコピー数の増減を表す．

症[※7]の原因となる．この他にも，遺伝子重複によるコピー数の増加が多くの疾患に関与する．また，染色体の一部が欠損することによって，さまざまな疾患の原因となることも明らかにされている．

これらの疾患の多くについては，患者の両親に疾患の原因となる染色体異常は認められず，配偶子が形成される過程で生じた変異によるものと考えられる例が多い．こうした疾患は比較的症例の少ないものであり，染色体異常に伴う遺伝子数の増加や減少は，稀な事柄と考えられ，健常なヒト集団では遺伝子の数は一定であると考えられてきた．

コピー数多型は健常なヒトにも存在する

しかし2004年に，広範なヒト集団の中で，ヒトゲノムの一部の領域のコピー数が，重複や欠失によって変化しているとする報告がなされた[9, 10]．その結果，遺伝子のコピー数は個人によって異なっていることがはっきりと示された．さらに，多くの人が罹患する一般的な疾患の発症にも遺伝子コピー数の多型が関与することが示された．これらの結果から，ヒトゲノムの多様性を構成するものとして，コピー数多型が重要な要因と考えられるようになった．

2006年には，ヒトゲノムのほぼ全域についてコピー数多型を検索した結果が報告された[7]．対象は，ヒトゲノム上の一塩基多型（SNP）の網羅的検索を行なった国際HapMapプロジェクト（4章8参照）に用いた試料と同じ270名のDNAである．解析には，ヒトゲノムの93%をカバーする26,574個のプラスミド

※7　男児に発症し，低身長，軽度の精神遅滞を伴う．

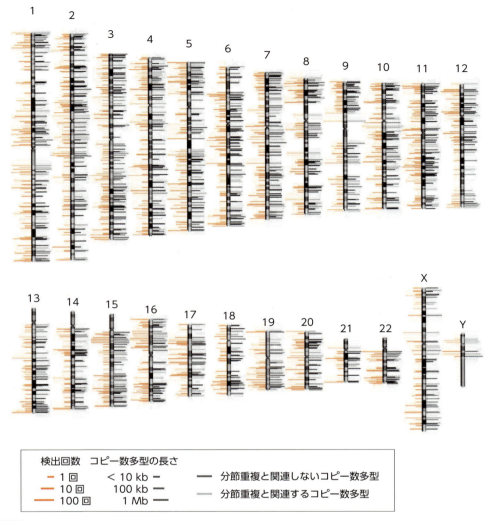

図12　ヒトのコピー数多型の概要
ヒト染色体上のコピー数多型の位置と長さ（染色体右側のバー），および270名中の検出回数（染色体左側のバー）を表示した．長さおよび回数は，いずれも対数表示である（文献7より転載）．

の挿入配列を用いたCGHアレイと474,642カ所の一塩基多型を検出するSNPアレイが用いられた．その結果，270人全体では，1,447カ所のコピー数多型がみつかり，その長さの合計約360 Mbはヒトゲノムの12％に相当することが判明した．解析結果の要約を図12に示す．染色体右側のグレーのバーはコピー数多型の位置と長さを，染色体左側の赤色バーは，270名中のコピー数多型の頻度（回数）を示している．このようにコピー数多型を示す領域は，染色体のほぼ全域にわたって分布していることがわかる．特にコピー数多型が多くみられる領域は，分節重複（1章6参照）が密に生じている領域であり，分節重複に伴ってさらに重複や欠失が生じる可能性が考えられる．

表3 1000ゲノムプロジェクトにより示されたヒトゲノムの多様性

検体数	1,092
解読塩基総数（Gb）	19,049
一塩基多型総数	38.0×10^6
新規一塩基多型	58%
一塩基多型数/1検体	3.6×10^6
In/Del総数	1.38×10^6
新規In/Del	62%
In/Del数/1検体	344×10^3
Large Deletion（>1 kb）	13.8×10^3
新規Large Deletion	54%
Large Deletion/1検体	717

その後，次世代シークエンサーによる多数のゲノム解読により，膨大な数のコピー数多型が発見されている．50 bp以上の染色体多型に関するデータベースがウェブ上で公開されており〔Database of Genomic Variants（http://projects.tcag.ca/variation/）〕，その数は約240万カ所に達している．この他，2,300カ所と少数ではあるが，コピー数の変化を伴わず，特定の領域が逆位を生じることも明らかにされている．

1000ゲノムプロジェクトからみたヒトゲノムの多様性

これまでに学んできたヒトゲノムの多型のまとめとして，1000ゲノムプロジェクトにより得られたヒトゲノムの多様性を表3に示した．1人1人のゲノムは平均として，標準ゲノムと360万カ所で一塩基多型を示し，34万カ所のIn/Delと717カ所の1 kb以上の大きな配列の欠失が認められている．このように，個人個人のゲノムは多様性に富むものである．

また，2010年には，すでに報告されたベンター博士のゲノム配列を新たなプログラムで再精査し，標準ヒトゲノムと比較してIn/Delおよびコピー数多型を解析した結果が報告されている[11]．さらに，同博士のDNAを用いて，複数のメーカーのCGHアレイおよびSNPアレイを併用してコピー数多型を解析した結果も併せて示されている．その結果，ゲノム全体の1.2％にIn/Delおよびコピー数多型が，0.3％の領域に逆位が生じていることが明らかにされた．これらを合わせると，なんとゲノムの1.5％もの領域が構造変化を生じていることになり，この総延長は一塩基多型総数（ゲノムの0.1％）よりもはるかに長いものである．この論文では同時に，複数のアプローチが異なる結果を生じることも示されており，ヒトゲノムの全体像を正確に把握することは，解析技術や分析ソフトが進んだ現在でも困難な課題であることも示している．

9 コピー数多型と一般的な疾患および形質

表2に示したような遺伝子のコピー数変異は，さまざまな疾患の発症要因となるが，比較的稀な疾患である．これに対し，健常な人のゲノムにも1％を超える領域でコピー数の変化を生じているが，こうしたコピー数の変化は，単独では重篤な疾患の要因とはなりにくいと考えられる．そこで，より一般的な疾患との関連性，特に疾患へのかかりやすさを規定している可能性が研究されるようになった．その結果，遺伝子のコピー数多型が疾患へのかかりやすさを規定する事例が，次々と報告されつつある．

例えばCCL3L1遺伝子のコピー数が減少するとヒト免疫不全症ウイルス（HIV：human

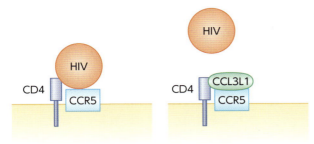

図13 *CCL3L1* 遺伝子コピー数と HIV 感染

ヒト免疫不全症ウイルス（HIV：human immunodeficiency virus）は，細胞膜上の受容体として，T細胞上のCD4およびCCR5タンパク質が必要である．CCR5はケモカイン受容体であるが，そのリガンドであるCCL3L1が結合していると（右図），HIV感染が成立しないと考えられる．したがって，*CCL3L1*遺伝子コピー数は，HIVの感染しやすさに影響する[12]．

immunodeficiency virus）に感染しやすくなることが報告された（図13）[12]．HIVは，T細胞の細胞膜上の受容体として，CD4およびCCR5が必要である．CCR5はケモカイン[※8]受容体であるが，そのリガンドであるCCL3L1が結合していると，HIV感染が成立しないと考えられる．そのため，*CCL3L1*遺伝子のコピー数減少によって，HIV感染が成立しやすくなる．リウマチ，肥満，糖尿病，統合失調症など比較的頻度が高い疾患にも，特定の遺伝子のコピー数多型が関与する．この他にも，数多くの疾患にコピー数多型がかかわっている．

興味深い形質として，唾液中のデンプン分解酵素であるアミラーゼをコードする*AMY1*遺伝子のコピー数が，デンプンを主食とする民族とそれ以外の民族とで異なっているという報告がある（図14）[13]．実際に唾液中のアミラーゼタンパク質レベルは，*AMY1*遺伝子のコピー数と相関がみられている．このようにヒトゲノム上の重複や欠失は，これまで考えられてきたように一部の染色体異常を伴う疾患に関与するだけではなく，一般的な疾患の発症やそのリスクに関与し，さらに幅広いヒトの形質にかかわっている可能性が示されつつある．

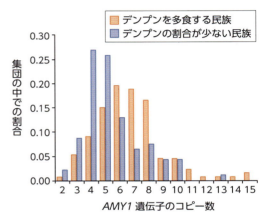

図14 アミラーゼ遺伝子コピー数と食事

倍数体ゲノムあたりの*AMY1*遺伝子コピー数を，デンプンを多食する民族とそうでない民族間で比較した．遺伝子コピー数は，デンプン多食民族の方が多いことがわかる（文献13をもとに作成）．

10 今後の展開

ワトソン博士のゲノム解読を報じたNature誌の『News』では，ヒトゲノムプロジェクト，ベンター博士のゲノム解読を合わせて，研究規模，期間，コストなどを比較している（表4）[14]．DNAシークエンサーの性能が飛躍的に高まるにつれ，ゲノム解読に要する期間とコストが猛烈な勢いで低下している．国際共同プロジェクトによる最初のヒトゲノム解読に

※8　白血球やリンパ球などを組織へ遊走させる活性をもつタンパク質の総称である．

表4 ヒトゲノム決定の費用と期間

	ヒトゲノムプロジェクト	ベンター博士	ワトソン博士
公表年	2003	2007	2008
研究期間	12年	4年	4.5カ月
研究者数	2,800名以上	31名	27名
研究経費	27億ドル	1億ドル	150万ドル
ゲノムカバー数	8〜10倍	7.5倍	7.4倍
研究機関数	16	5	2
参加国数	6	3	1

ヒトゲノムプロジェクト，ベンターおよびワトソン博士の個人ゲノム解読のための，費用，期間，研究者数などをまとめた（文献14をもとに作成）．

は，2,800名以上が関与し，12年という長い期間と27億ドルの経費を必要とした．その5年後のワトソン博士のゲノム解読には，たった27名，4.5カ月の期間，150万ドルの経費を要したのみである．現在では，1名，数日，10〜30万円程度にまで減じられてきている．まさに，驚くべきスピードでゲノム解読の低コスト化が進んでいる．今後，個人ゲノムの解読が進めば，さらにヒトゲノムの多様性に関して理解が深まるものと期待される．個人のゲノム解読の結果を正しく用いれば，健康な社会の実現へ一歩近づくのではないだろうか．一方で，ゲノム情報は最も重要な個人情報であり，その厳密な管理が要求される．

■ 文献

1) 1000 Genomes Project Consortium : An integrated map of genetic variation from 1,092 human genomes. Nature, 491 : 56-65, 2012
2) Kong, A. et al. : Rate of de novo mutations and the importance of father's age to disease risk. Nature, 488 : 471-475, 2012
3) Campbell, C. D. and Eichler E. E. : Properties and rates of germline mutations in humans. Trends Genet., 29 : 575-584, 2013
4) Wheeler, D. A. et al. : The complete genome of an individual by massive parallel DNA sequencing. Nature, 452 : 872-877, 2008
5) Olson, M. V. : Dr Watson's base pairs. Nature, 452 : 819-820, 2008
6) Levy, S. et al. : The diploid genome sequence of an individual human. PLoS Biol., 5 : e254, 2007
7) Redon, R. et al. : Global variation in copy number in the human genome. Nature, 444 : 444-454, 2006
8) Cohen, J. : DNA duplications and deletions help determine health. Science, 317 : 1315-1317, 2007
9) Sebat, J. et al. : Large-scale copy number polymorphism in the human genome. Science, 305 : 525-528, 2004
10) Iafrate, A. J. et al. : Detection of large-scale variation in the human genome. Nat. Genet., 36 : 949-951, 2004
11) Pang, A. W. et al. : Towards a comprehensive structural variation map of an individual human genome. Genome Biol., 11 : R52, 2010
12) Gonzalez, E. et al. : The influence of *CCL3L1* gene-containing segmental duplications on HIV-1/AIDS susceptibility. Science, 307 : 1434-1440, 2005
13) Perry, G. H. et al. : Diet and the evolution of human amylase gene copy number variation. Nat. Genet., 39 : 1256-1260, 2007
14) Wadman, M. : James Watson's genome sequenced at high speed. Nature, 452 : 788, 2008

■ 参考文献

15) 加藤洋人，石川俊平：Copy Number Variation（CNV）の意義．肝胆膵，67：15-24，2013
16) 辻省次：ゲノム医学の展望．実験医学，31：2446-2453，2013
17) 菅野純夫：次世代シークエンサーの登場とその未来．実験医学，31：2324-2327，2013

Column 進化の仕組み ～遺伝子重複～

ヒトゲノムから少し外れるが，遺伝子重複とその意義について考えてみたい．赤血球のヘモグロビンは酸素を運ぶ重要なタンパク質である．タンパク質部分は α グロビン遺伝子および β グロビン遺伝子から産生され，α グロビンと β グロビン各2分子の4量体に2分子のヘム鉄が結合したものがヘモグロビンである（図A）．ヒトの β グロビン遺伝子領域の構造を図B に示す．ヒトの β グロビン遺伝子座は11番染色体上の約70 kb という広い範囲にわたり，そこには複数の β 様グロビン遺伝子（5′側から ε，γ^G，γ^A，δ，β）が存在する．このうち ε 遺伝子は妊娠初期胚で，2つの γ 遺伝子は妊娠中・後期の胎児に発現し，δ および β 遺伝子は出生後に発現する．この切り替えは，胎内の酸素分圧と出生後の自発呼吸による急激な酸素分圧の上昇に対応したものである．

これらの遺伝子は，遺伝子重複によって生じたと考えられ，遺伝子の重複は進化にとってプラスに作用すると考えられる．もし遺伝子が1組しかないと，遺伝子変異によってタンパク質の構造が大きく変化すると，その影響は大きい．ところが遺伝子が2組存在すると，一方の遺伝子の機能は保ったままで従来の機能を果たし，もう一方の遺伝子の変異の自由度は格段に高まると考えられる．その結果，β 様グロビンタンパク質のように酸素を運ぶという同じ機能をもちながら，酸素分圧の変化に対応して変わることもあり，また従来の機能とは異なる機能をもつタンパク質が生じる可能性もあるだろう．

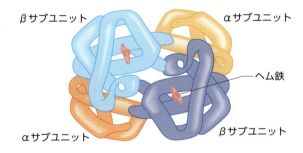

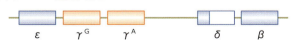

図　ヒトのヘモグロビンと β グロビン遺伝子領域

ヒトのヘモグロビンは，α および β サブユニットとヘム鉄をそれぞれ2分子含む．ヒトの β グロビン遺伝子座は11番染色体上の約70 kb という広い範囲にわたり，そこには複数の β 様グロビン遺伝子（5′側から ε，γ^G，γ^A，δ，β）が存在する．

3章 遺伝学の初歩

ヒトゲノムを理解し，特に疾患遺伝子の同定について考える時に，遺伝学の初歩的な理解は必須である．本章では，そのために必要なことがらを述べる．遺伝学の基礎を築き，いまなお根本原則となっている法則を発見したのはメンデルである（図1）．1865年に発表されたメンデルの法則には優劣の法則，分離の法則，独立の法則の3つがある．DNAが遺伝情報を担う本体であることが証明されたのはずっと後のことであるし，ワトソンとクリックの二重らせんモデルが論文として発表されたのは1953年である．あらためてメンデルの偉大さが想像できるが，本章ではメンデルの法則を現代の知識で考えてみよう．

1 減数分裂と配偶子

ヒトの細胞には，男女に共通な22対の常染色体とXY（男性）またはXX（女性）の性染色体が存在し，その合計は46本である．そのうち半数は精子に，残りの半数は卵子に由来する．体細胞は，ゲノム情報を2セットもっているので，図2のように2nと記述され，倍数体とよばれる．精子および卵子は，生殖のための細胞であり，こうした細胞を配偶子とよぶ．配偶子は，体細胞と異なる仕組みで作られる．

生殖細胞系列の細胞から配偶子が作られる時には，はじめに染色体が複製により倍加し，92本となる（4n）．その後，この細胞は染色体を複製することなく分裂を2回繰り返して，配偶子を形成する．その結果，配偶子がもっている染色体は，精子の場合は22本の常染色体＋XまたはY染色体，卵子は22本の常染色体＋X染色体となる．配偶子を作る際の分裂は，染色体数が体細胞に比べて半分に減少するので，減数分裂とよぶ．また，配偶子がもつゲノム情報は1セットであり，1倍体（半数

図1 メンデル（Gregor Johann Mendel, 1822～1884）

メンデルは，遺伝学で先駆的な理論を残した．その理論は，現在でもそのまま通用するものである．

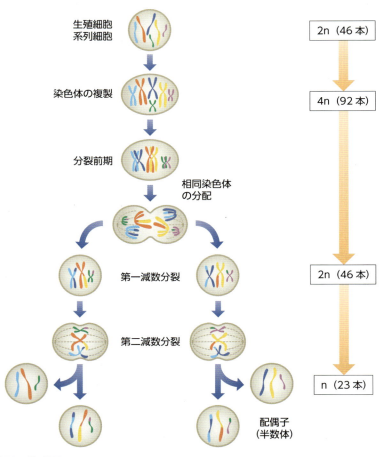

図2 減数分裂の模式図
減数分裂は，配偶子を作る時の特殊な細胞分裂である．生殖細胞系列の細胞が（染色体数2n），はじめに染色体の複製を行ない（4n），続いて染色体複製を伴わない細胞分裂を2回行なって，染色体数が半数（n）の配偶子を形成する．

体）とよばれる（n）．精子と卵子が受精することで染色体数は再び46本となり，受精卵は分裂を繰り返すことによって個体へと発生する（図3）．染色体の番号は形態学的な観察をもとに，大きな順に番号が振られている（図4）．なお，染色体が凝集した構造をとるのは分裂期の細胞においてのみであり，それ以外の細胞周期においては，光学顕微鏡で観察することはできない．

2 優劣の法則

メンデルの法則とよばれる3つの法則がある（表1）．優劣の法則（優性の法則ともいう），分離の法則，独立の法則である．はじめに，優劣の法則をヒトの血液型を例にとって考えてみる．日本人ではA型，O型，B型，AB型の割合は，それぞれ約40％，30％，20％，10％である．

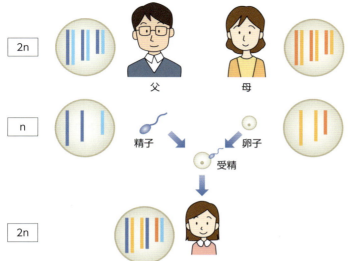

図3 配偶子の形成と受精

減数分裂によって半数体となった精子と卵子が受精することにより，染色体数は再び2nとなり，細胞分裂を繰り返して個体へと発生する．

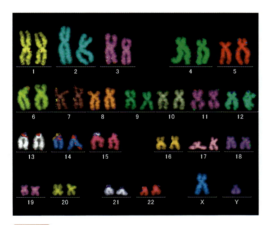

図4 ヒト染色体像（karyotype）

写真提供：宇野愛海博士

表1 メンデルの法則

優劣の法則	親世代のどちらかの形質が子世代で現れる
分離の法則	孫世代では，親世代の形質がともに現れ，その比が3：1となる
独立の法則	異なる染色体上の2つの形質は，互いに無関係に次世代に遺伝する

メンデルは，生物の遺伝の仕組みを研究し，メンデルの法則とよばれる3つのルールで説明できることを示した．

A型とO型の赤血球の違い

　最初は単純化する意味で，血液型はA型とO型しかないものとする．赤血球の細胞膜にはオリゴ糖鎖が存在し，A型とO型では大部分が共通の構造である（図5A）．A型では共通構造の末端にさらにN-アセチルガラクトサミンが付加されている．これはA型の人がもっているN-アセチルガラクトサミニルトランスフェラーゼという酵素の働きによる（図5B）．O型の人はこの酵素を産生する遺伝子に変異が生じて，機能的な酵素を産生できないので，オリゴ糖鎖の末端にN-アセチルガラクトサミンは付いていない．

　ヒトのABO式血液型を規定する遺伝子は，9番染色体の長腕の端にあり（図5C），体細胞には常染色体が1対あるので，遺伝子は2つ存在する．父親がA型遺伝子（N-アセチルガラクトサミニルトランスフェラーゼをコードする遺伝子）を2つもつA型であり，母親はO型遺伝子を2つもつO型であるとする．この夫婦の間に生まれる子どもは父親の9番染

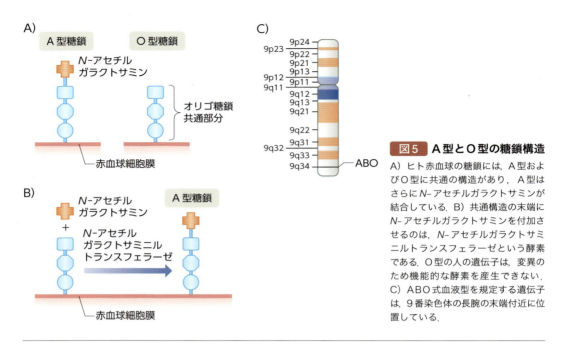

図5　A型とO型の糖鎖構造

A) ヒト赤血球の糖鎖には，A型およびO型に共通の構造があり，A型はさらに N-アセチルガラクトサミンが結合している．B) 共通構造の末端にN-アセチルガラクトサミンを付加させるのは，N-アセチルガラクトサミニルトランスフェラーゼという酵素である．O型の人の遺伝子は，変異のため機能的な酵素を産生できない．C) ABO式血液型を規定する遺伝子は，9番染色体の長腕の末端付近に位置している．

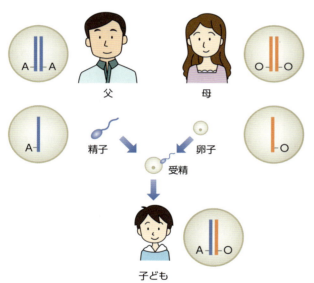

図6　優劣の法則（血液型の遺伝を例に）

A型遺伝子を2つもつ父親の精子には，いずれか一方のA型遺伝子が入り，母親の卵子にはO型遺伝子が入る．受精して生まれた子どもはA型およびO型遺伝子を併せもっているので，その赤血球の中には機能的な N-アセチルガラクトサミニルトランスフェラーゼが存在し，その結果すべての子どもの血液型はA型となる．このように親（F0世代）の形質の一方だけが子ども（F1世代）に現れることを優劣の法則とよぶ．

色体をいずれか1本，母親の9番染色体のどちらかを1本もっているので，父親に由来する染色体上には機能的な N-アセチルガラクトサミニルトランスフェラーゼをコードする遺伝子（A型遺伝子），もう一方の母親由来の染色体には機能を欠損した遺伝子（O型遺伝子）をもつことになる（図6）．その結果，赤血球内に N-アセチルガラクトサミニルトランスフェラーゼが存在するので，そのオリゴ糖鎖はA型となる．

優性形質としてのA型

この例では，親世代（遺伝学ではF0世代，あるいは親世代の意味でP世代とよぶ）のA

型あるいはO型という形質のどちらかの形質（この場合はA型）だけが，次世代（F1世代）である子どもに出現する．これが優劣の法則とよばれるものである．つまりA型の形質はO型の形質に比べて優性であるので，子どもはすべてA型となり，劣性であるO型の形質は出現しない．優性，劣性といっても，優れている，劣っている，ということではない．ただ異なるタイプの遺伝子が共存した場合にどちらの形質が表現されるかという点を表しただけのことである．

アレル（対立遺伝子）

A型とO型は，ともに9番染色体上の同一部位に存在する遺伝子によって規定されている．父親由来と母親由来の2本の相同染色体の同じ部位に存在する2つの遺伝子をそれぞれアレル（allele，対立遺伝子）とよぶ．日本語訳の「対立」という言葉からは，機能的に異なる遺伝子を想像しがちであるが，同一配列の完全に同じ遺伝子でもアレルという．むしろ，個々の遺伝子を指すと考えた方が理解しやすい．同一アレルを2つもつ場合をホモ接合といい，異なるアレルをもつ場合はヘテロ接合という．遺伝子型がA/AのA型の人はAアレルを2つもつホモ接合体であり，A/Oの人はAアレルとOアレルを1つずつもつヘテロ接合体である．

アレルに関連した用語に，変異と多型がある．どちらももともとの遺伝子と考えられる野生型遺伝子との違いを指す言葉であるが，両者に厳密な区別はない．一般的には，その生物の集団の中で，頻度が1%以下のものは変異といい，それ以上のものを多型ということが多い．

3 分離の法則

ヒトではあり得ないが，子ども同士で結婚して子どもを作ったと考えよう．図6に示した通り，子どもの遺伝子型はすべてA/Oであるので，その配偶子はAまたはOの遺伝子をもっている（図7A）．それぞれの組合せが受精して生まれてくる世代（F2世代）は，2本の染色体がともにAであるA/Aが1，A/O（O/A）が2，O/Oが1の比となるはずである（図7B）．A/OまたはO/Aの組合せは，先ほどみたように血液型はA型となるので，形質でみた場合にはA型とO型の比が3：1となる（図7C）．このように，F0世代の形質の一方のみがF1世代でみられたのに対し，F2世代では，優性のA型の形質と劣性のO型の形質が3：1の比で出現してくる．これが分離の法則である．

B型の遺伝子

血液型には他にB型の人もいるし，AB型の人もいる．B型の遺伝子はA型の遺伝子に変異が生じており，4つのアミノ酸が変化している．その結果，A型の酵素は共通のオリゴ糖鎖の末端にN-アセチルガラクトサミンを付加する酵素であるのに対し，B型の酵素はガラクトースを付加するガラクトシルトランスフェラーゼとなっている．それゆえ，B型赤血球のオリゴ糖鎖はA型ともO型とも異なっている（図8）．B型遺伝子も，O型の遺伝子に対して優性である．B型とO型の遺伝子を併せもつ人の赤血球には，ガラクトシルトランスフェラーゼが存在し，糖鎖の末端にガラクトースが付加されるので，形質はB型となるからである．AB型の人は，A型の遺伝

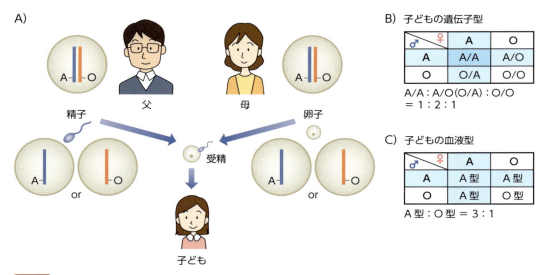

図7　分離の法則（血液型の遺伝を例に）
A）A型遺伝子とO型遺伝子を併せもっている父親と母親の配偶子は，A型遺伝子かO型遺伝子のいずれかをもっている．B）その結果，受精して生まれる子どもの遺伝子型は，A/A（2つの9番染色体がともにA型遺伝子），A/O（O/A）（どちらか一方がA型遺伝子），O/O（ともにO型遺伝子）が1:2:1の比となる．C）A/O（O/A）もその血液型はA型となることを考えると，A型：O型＝3:1となる．このようにF0世代の劣性形質が，F2世代で1/4の割合で現れることを，分離の法則とよぶ．

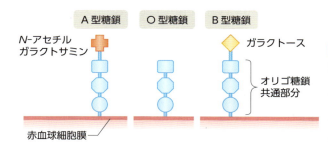

図8　ABO式血液型の糖鎖構造
B型の酵素は，A型酵素である N-アセチルガラクトサミニルトランスフェラーゼに4つのアミノ酸置換が生じて，ガラクトシルトランスフェラーゼとなり，末端に付加する糖がガラクトースに変わっている．その結果，B型糖鎖はA型ともO型とも異なる糖鎖構造をしている．

子とB型の遺伝子をそれぞれ1つずつもっており，その赤血球にはA型糖鎖とB型糖鎖とが混在している．このように，AB型の人ではA型とB型の形質がともに表現されている．この関係を共優性という．

それでは，A型の男性とB型の女性との間に生まれた子どもでは，どんな血液型が可能性として考えられるだろうか．これはA型の男性の遺伝子がA/AであるかA/Oであるかによって異なる．B型の女性についてもB/BであるのかB/Oであるかによって結果が異なっ

♂\♀	B	B
A	A/B	A/B
O	O/B	O/B

♂\♀	B	B
A	AB型	AB型
O	B型	B型

図9　子どもの血液型の可能性
父親がA/OタイプのA型で，母親がB/BタイプのB型である際の子どもの遺伝子型（上）と血液型（下）を示す．

てくる．結果の一部を図9に示すので，残りの組合せは読者が考えてほしい．

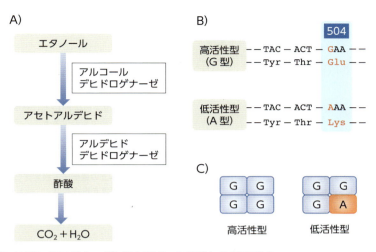

図10 アルデヒドデヒドロゲナーゼ（ALDH）の多型とお酒の強さ
A）お酒の成分であるエタノールは，アセトアルデヒドを経て酢酸へと代謝される．B）アルデヒドデヒドロゲナーゼには酵素活性の高いタイプと低いタイプが知られており，低活性型は，一塩基多型によって504番目のアミノ酸がグルタミン酸（Glu）からリジン（Lys）に変わることによって生じる．C）この酵素は4量体で機能するが，1つでも低活性型（A型）の酵素が混ざると全体の酵素活性が低下する．

4 独立の法則

お酒の強さを決める遺伝子

ヒトの遺伝形質として，お酒に強いか弱いかというものもある．お酒に含まれるエタノールは，吸収された後，肝臓でアルコールデヒドロゲナーゼの働きによりアセトアルデヒドとなり，さらにアルデヒドデヒドロゲナーゼ（ALDH：aldehyde dehydrogenase）によって酢酸へと代謝される（図10A）．ALDHには1型と2型があるが，主に代謝に働くのは2型であり，遺伝子の塩基配列の違いによって酵素活性が強いものと活性をほとんど示さないものが知られている．酵素活性が弱いかあるいはほとんど酵素活性をもたない人は，少量のお酒を飲むだけで高濃度のアセトアルデヒドが血中に蓄積し，気分が悪くなってしまう．

504番目のアミノ酸を指令するコドンがGAA〔グルタミン酸（Glu）のコドン〕である遺伝子（*ALDH2*1*）から作られるALDH2は酵素活性が高い（図10B．ここでは便宜上G型とよぶ）．一方，コドンの最初の塩基がAとなり，リジンを指令するAAAコドンとなった遺伝子（*ALDH2*2*）から作られる酵素（A型）は，ほとんど活性を示さない．アルデヒドデヒドロゲナーゼは4つのサブユニットが集合して酵素を作るが，そのうちの1つでもA型のサブユニットを含むと活性は著しく低下するので，G型の酵素とA型の酵素の両方の遺伝子をもつ人でも，その酵素活性はかなり低下している（図10C）．日本人は世界的にみて比較的お酒に弱い人が多い民族であるが，それと一致して，低活性型のA型酵素を作る*ALDH2*2*アレルをもつ人の割合が比較的高いことが知られている．白色人種や黒色人種では，ほとんどがG/G型であるが，日本人では，約40％がG/AまたはA/Aという遺伝子型である．*ALDH2*遺伝子は12番染色体上に存在する．

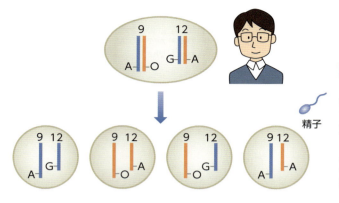

図11 独立の法則（異なる染色体上の遺伝子は別々に遺伝する）

9番染色体と12番染色体は，父親由来と母親由来のものがあるが，それぞれがランダムに配偶子に分配される．それぞれの組合せで4通りの配偶子ができる．したがって，9番染色体上の遺伝子で規定される血液型は，12番染色体上の遺伝子で規定されるお酒の強さとは関連性を示さない．

血液型とお酒の強さは無関係に遺伝する

さて，血液型とお酒の強さには関係があるのだろうか．O型の人はお酒が強くて，AB型の人は弱いだろうか？そういう関連性は知られていない．配偶子を作る時の減数分裂では，それぞれの配偶子は，常染色体の対のどちらか一方を受けとる．この際に，どちらの染色体を受けとるかは完全にランダムである．つまり，血液型を規定する9番染色体は，お酒の強さを決める12番染色体とは全く無関係に配偶子に取り込まれる．したがって，血液型もお酒の強さもそれぞれ遺伝の法則によって規定されているが，血液型とお酒の強さとは関連しない．このように，異なる染色体上の遺伝子によって規定されるいろいろな形質が，互いに無関係に次世代に受け継がれることを，独立の法則とよぶ．9番染色体も12番染色体も，父親由来のもの（青のバーで表示）と母親由来のもの（赤のバーで表示）があるが，優性劣性の組合せにより4通りの配偶子ができる（図11）．

配偶子の種類は膨大になる

減数分裂では常染色体，性染色体がそれぞ

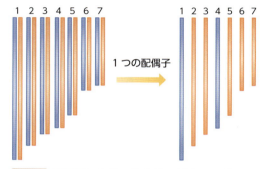

図12 配偶子における染色体の組合せの数

図は，染色体数7本（7対）のエンドウの配偶子への分配を示している．この場合，配偶子の染色体の組合せは，2^7（128）通りある．ヒトの場合には，2^{23}＝約800万通り，という途方もない数の組合せとなる．

れ1本ずつ配偶子に分配されることを学んだ．そうすると，精子には，父親と母親に由来する染色体がランダムに入ってくる．例えば1番染色体は父由来で，2番染色体は母由来かもしれない．図12では，メンデルが実験に用いたエンドウの配偶子の組合せを示している．エンドウの染色体数は，7対14本であり，配偶子の染色体の組合せは，2^7通り（128通り）となる．ヒトは23対の染色体をもっているので，配偶子の組合せの数は2^{23}，つまり約800万通りという途方もない数に達することがわかる．卵子についても同様である．その精子と卵子の組合せ，つまり受精の結果生じる染

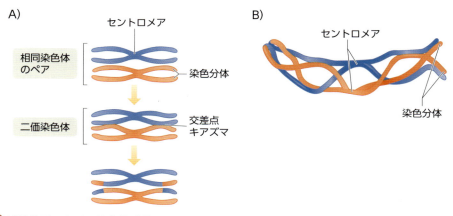

図13 減数分裂における染色体乗換え
A) 減数分裂の第一減数分裂においては，相同染色体が複製後，2本の染色分体からなる相同染色体が対合し，二価染色体を形成する．この際に染色体乗換えが生じ，キアズマを形成する．その結果，父親由来と母親由来の部分が混在した染色体ができる．乗換えは，キアズマを形成した相同染色体間で起きるが，もう一方の相同染色体間や染色分体間では起きない．
B) バッタ染色体のキアズマ形成の模式図を示す．

色体の組合せは，そのかけ算で膨大な数の組合せとなる．加えて，減数分裂では染色体乗換えによって（後述），さらに複雑性が増すことがわかっている．そうすると，たとえ兄弟であってもその染色体の構成が一致する確率は限りなくゼロに近い．つまりゲノムは個人個人ですべて違っているのである．唯一の例外は，一卵性双生児である．読者がこの世界に唯一無二であり，かけがえのない命をもつ存在であることが実感として理解されるであろう．

5 遺伝子の連鎖

染色体の乗換え

それでは，同じ染色体に乗っている2つの遺伝子によって決められる形質は，どのように次世代に受け継がれるのだろう．減数分裂を詳しく調べると，面白い現象がみつかった．生殖細胞系列の細胞では，最初の複製で染色体が倍加し，各染色体が4本となる（図13A）．父親由来の染色体と母親由来の染色体は極めてよく類似しているが同一ではなく，相同染色体とよばれる．例えば血液型でもみたように，9番染色体の同じ位置にA型遺伝子をもつ染色体もあれば，O型をもつ染色体もある．これに対し，染色体が複製してできるものは同一の染色体であり，染色分体（または姉妹染色体）とよばれる．

複製後の最初の減数分裂（第一減数分裂）において，2本の染色分体からなる相同染色体は互いに接近し，太い二価染色体を形成する（図13A）．この際に，互いの相同な部分で染色体の「乗換え」が起こり，染色体を部分的に交換する現象が知られている．乗換えは，相同染色体間のみで起こり，染色分体間で起きることはない．また，同一部位でもう1対の相同染色体間で乗換えが起こることはない．減数分裂における染色体乗換えは，どの染色体でも最低1回は起こる．XおよびY染色体の両端には，擬似常染色体領域（pseudoautosomal region）とよばれる互いに類似した構造の領域が存在し，この領域間で乗換えが生じる．

染色体乗換えの結果，父親由来の染色体部分と母親由来の部分を併せもった新しい染色体ができ，第一減数分裂前期に4本の染色分体のうちの2本がX型に交差した像がみられるようになる．これをキアズマ（chiasma）という（図13A）．キアズマの形成は，染色体の正しい分配のために必須であるとされている．その後，二価染色体が分離して，相同染色体が2つの細胞に分配される．続いて，染色体複製が起こらないまま第二減数分裂が起こり，染色分体がそれぞれの配偶子へと分配される（図2）．図13Bでは，キアズマを形成しているバッタ染色体の模式図が示されている．

染色体乗換えと組換え

染色体乗換えの頻度は，なぜか女性の方が男性よりも高いことが知られている．ゲノム全体では，女性でおおよそ38カ所，男性では19カ所に乗換えが生じている[1]．すなわち，女性では約8千万塩基ごとに，男性ではその倍の長さに1カ所乗換えが起きている．乗換えの頻度は，染色体の部位ごとに異なっており，動原体（セントロメア）付近では低く染色体末端部の方が高い．親子間のゲノムの詳細な比較や[1]，個々の精子のゲノム解読結果[2]などから，染色体乗換えの部位を高精度に特定することが可能となった．その結果，平均よりも10倍以上の高い乗換え頻度を示す領域（hot spot）がゲノム全体で数千カ所も存在していることが明らかとなった．男性では，これらのhot spotの総延長はゲノムの1.9%にすぎないが，乗換え全体の約1/3がこの領域中に生じている[1]．興味深いことに，これらのhot spotのうち男性のみで乗換え頻度が高く女性では低い領域や，その逆の結果を示す領域が認められ，hot spot全体の約15%がどちらかの性に特異的な領域であった[1]．

染色体の両端にある遺伝子A[※1]およびBによって決められる形質を考えてみよう（図14）．父親由来の染色体には，優性の遺伝子AとBが，母親由来の染色体には劣性の遺伝子aとbが乗っている（図14A）．減数分裂時に1回乗換えが生じれば，AとBは別の染色体上に位置することになる．図14B中央の2本の染色体は1回の乗換えの結果生じたものであるが，左側の染色体はAとbをもち，右側の染色体はaとBをもっている．この場合，新たな遺伝子の対をもつ染色体ができることになる．こうした遺伝子で考えた場合の染色体の入れ替えを「組換え」という．しかし，同一染色体間でもう一度乗換えが生じると，AとBは再び同じ染色体上になり，AとB遺伝子の組換えは生じていないことになる（図14C）．したがって「乗換え」は「組換え」の原因であるが，同じことを意味しているのではない．

遺伝子の連鎖と距離

ヒト染色体の中で最大の染色体は1番染色体であり，約2億5,000万塩基対である．したがって，女性では平均約3カ所，男性ではその半分の乗換えを生じる．そのため，1番染色体の両端に位置する2つの遺伝子の間で乗換えを生じる確率はかなり高い（図15A）．しかし，AとBが隣接した遺伝子であり，距離

※1　遺伝子であることを強調する場合，遺伝子名の英語表記にはイタリック体を用いることが多い．

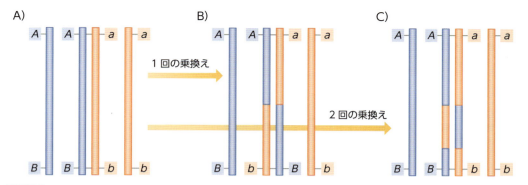

図14　染色体乗換えと組換え

染色体乗換えによって遺伝子の組換えが生じる．2つの遺伝子間で1回の乗換えでは，遺伝子の組合せが入れ替わる．2回の乗換えでは，遺伝子の組換えは生じない．染色体乗換えは，1対の相同染色体間でのみ起こり，同じ部位でもう1対の相同染色体間での乗換えが起こることはない．また，染色分体間でも乗換えは起こらない．

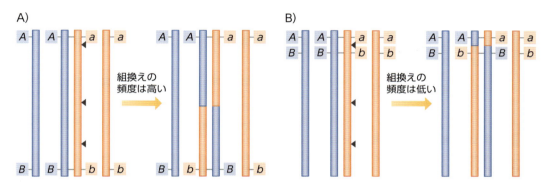

図15　組換えの頻度は遺伝子間の距離に相関する

A）遠い距離にある遺伝子間では乗換えのチャンスが大きく，その結果遺伝子の組換え頻度も高くなることが期待される（図中のいずれの◀でも組換えが起こる）．B）一方，近接した遺伝子間の組換えは稀である（一番上の◀でしか組換えが起こらない）．

がたった10万塩基対しか離れていない場合には，女性では減数分裂約800回あたりようやく1回の組換えが起きる程度の確率となる（図15B）．したがって，ほとんどの場合に，AとBの形質は，一緒に次世代に受け継がれる．このように，同一染色体上の2つの遺伝形質がともに次世代に受け継がれるか，あるいは別個に受け継がれるかは，2つの遺伝子間の組換え頻度に依存して決まり，その距離に応じてメンデルの独立の法則から外れた形で次世代に受け継がれる．この現象を遺伝子の連鎖とよぶ．

二価染色体中の1対の相同染色体の間で，2つの遺伝子間の1カ所のみに乗換えが生じた場合，4つの配偶子のうち2つは組換え体であり，残りの2つは非組換え体となる（図16A）．したがって，組換え率は2/4＝50％である．もし2カ所で乗換えが生じた場合を考えてみよう（図16B）．最初に乗換えが生じた相同染色体間で再び乗換えが起こると，両端の遺伝子は組換えを生じていないことになる．このような乗換えを生じる相同染色体の組合せは4通りである（F1-M1，F2-M1，F1-M2，F2-M2）．2回目の乗換えが1回目の乗換えに

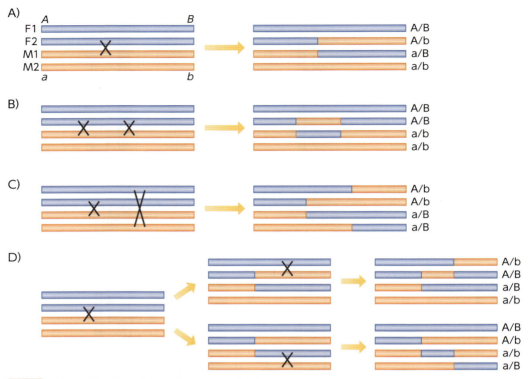

図16 離れた遺伝子間の組換え率は50％に近くなる

A）二価染色体中の相同染色体間で，2つの遺伝子間の1カ所に乗換えが生じた場合，組換え体および非組換え体の配偶子が2つずつできる（組換え率＝50％）．2カ所で乗換えが生じた場合，B）最初に乗換えが生じた相同染色体間での再乗換えは，4つの配偶子すべてが非組換え体となるが，このような乗換えを生じる相同染色体の組合せは4通りある（F1-M1, F2-M1, F1-M2, F2-M2）．C）2回目の乗換えが1回目の乗換えに関与しなかった相同染色体間で生じた場合は，配偶子すべてが組換え体となるが，この組合せも4通りある．D）最初に乗換えを生じた染色体の一方と，最初の乗換えに関与しなかった染色体間で乗換えが生じると，2つの配偶子は組換え体となり，2つは非組換え体となる．最初の乗換えにかかわる染色体の組合せが4通り，次の選択が2通りあり，合計8通りの組合せが生じる．全部の事象16通りを総計すると，4/16 × 0％（B）＋ 4/16 × 100％（C）＋ 8/16 × 50％（D）＝ 50％となる．3カ所以上の乗換えも組換え率は50％となり，遺伝子間の距離が一定以上の場合には，組換え率は50％に近づく．

関与しなかった相同染色体間で生じた場合には，配偶子すべてが組換え体となる（図16C）．この組合せも4通りある．最後に，最初に乗換えを生じた染色体の一方と，最初の乗換えに関与しなかった染色体間で乗換えが生じると，2本の染色体は組換え体となり，残りは非組換え体となる．最初の乗換えにかかわる染色体の組合せが4通りあり，次の選択が2通りあるので，合計8通りの組合せが生じる（図16D）．B〜D全部の事象16通りを総計すると，4/16 × 0％ ＋ 4/16 × 100％ ＋ 8/16 × 50％ ＝ 50％となる．3カ所以上の乗換えは複雑となるが，組換え率はやはり50％となる．したがって，同一染色体上で遺伝子間の距離が一定以上の場合には，組換え率は50％に近い値となり，連鎖が認められない．詳細は専門的な資料を参考にされたい．

遺伝子組換えの単位として，100回の減数分裂あたり1回の組換えが起きる距離を1 cM（センチモルガン）とよぶ．モルガンは，ショ

ウジョウバエを用いて遺伝子連鎖研究のさきがけとなった研究者名にちなんだものである．組換えの頻度は染色体上の2つの遺伝子の遺伝学的な距離に比例することを利用して，3つ以上の遺伝子間の相対的な距離を決めることができる．さらに，疾患の発症に関係する疾患遺伝子を同定することができる（4章6参照）．

6 メンデルの実験

　メンデルは，進化論で有名なダーウィン（1809～1882）と同時代の研究者であり，エンドウを実験モデルとして遺伝に関するメンデルの法則を発見した．そこで，メンデルが行なった実験についてもふれてみたい．
　メンデルはエンドウの種子の子葉の色，種子のしわの有無，さやの色，茎の高さ，さやの形，花の色，花のつく位置の7つの形質を選び，交配実験をした際にその形質が次世代にどのように伝えられるかを詳細に調べた（図17）．その準備として，種子店から多くのエンドウの品種を購入し，世代を重ねて栽培してもその性質が変化しない純系の植物を選択した．純系とは自家受粉を行なっても，次世代が親世代と全く同じ形質を示す株を指す．血液型でいえば，A/A，B/BまたはO/Oである．つまり，2つの遺伝子型がともに優性あるいは劣性であり，揃っているものをいう．まずはじめに予備実験を行なって，実験しやすい純系のエンドウを選んだことがメンデルの実験が成功した理由として特筆される．
　その結果，紫色の花をつける純系株と白い花をつける純系株（F0世代）を掛け合わせると，次世代（F1世代）はすべて紫色の花を咲かせた．このようにして，F1世代でF0世代の形質のどちらか一方だけがみられるという優劣の法則を発見した．
　この現象を説明するためメンデルが考えたことは，形質を伝える「粒子」が存在するということである．「粒子は両親に1対ずつ存在し，それぞれ1つずつが配偶子に持ち込まれる．配偶子が受精してF1世代が発生する結果，F1世代は両親から片方ずつ粒子を受けとる．粒子には，優性と劣性とがあり，劣性の粒子が表す形質は，優性の粒子が存在すると隠れてしまう」と考えた．
　この「粒子」という言葉を「遺伝子」という言葉で置き換えれば，現在でもそのまま通用する革新的な理論である．遺伝情報を担う本体がDNAであることが証明されるよりも80年も前の1865年に，このような理論が発表されたことは驚異である．しかし，メンデルの理論はあまりにも先進的な考え方であったため，誰も理解することはできなかった．当時は，遺伝情報は何か液状のものであり，それが受精によって混じり合って子どもの性質が決められる，という考え方が主流であったとされている．メンデルの法則が再発見され評価を得るのは，メンデルの死後16年経った，1900年のことである．

7 集団遺伝学の基礎

　通常ヒトの集団にはたくさんの個体が存在する．特定の個人ではなく，集団の中である形質がどのように遺伝するかを考えるには，アレル頻度という概念が重要となる．4章および5章で述べる疾患遺伝子の同定のように，疾患にかかった人の集団と健常な人の集団と

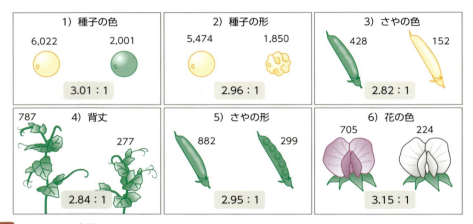

図17　メンデルの実験
メンデルは，エンドウの7つの形質がどのように遺伝するかを交配実験で検証し，メンデルの法則とよばれる3つの法則を発見した．

の間でゲノムを比較して疾患遺伝子に迫る場合にも，このアレル頻度という概念が鍵となる．

先にみたように，アセトアルデヒドの代謝にかかわるALDH2遺伝子には，酵素活性の強い酵素をコードするアレル（ALDH2*1）と，酵素活性の弱い酵素に対応するアレル（ALDH2*2）が存在し，ALDH2*1のホモ接合型の人（ALDH2*1/ALDH2*1）は60％であり，残りをヘテロ接合体の人（ALDH2*1/ALDH2*2）と酵素活性の弱いアレルのホモ接合型の人（ALDH2*2/ALDH2*2）が占めている．この時，ALDH2*1とALDH2*2のそれぞれのアレルの日本人集団における頻度（割合）は，どのように計算できるだろうか．

ALDH2*1の頻度をP_1とし，ALDH2*2の頻度はP_2とする．これ以外のアレルはないとすると，$P_1 + P_2 = 1$となる．ALDH2*1のホモ接合型の人（ALDH2*1/ALDH2*1）は60％であるが，この遺伝子型となるには，ALDH2*1を2つもつことが必要であり，その確率は$P_1 \times P_1$で表される．$P_1 \times P_1 = 0.6$であり，したがって$P_1 = 0.775$となる．$P_1 + P_2 = 1$であるので，$P_2 = 1 - 0.775 = 0.225$となる．ヘテロ接合体は，父親からALDH2*1を受け継ぐ場合と母親から受け継ぐ場合の2通りがあり，出現確率は$2 \times P_1 \times P_2 = 0.34875$（約35％）となる．また，ALDH2*2/

$ALDH2*2$ の人の割合は，$P_2 \times P_2 = 0.050625$（約5％）となる．したがって，60％の人は，潜在的にはお酒にかなり強く，35％の人はあまり強くない．また，5％の人はほとんど飲めない人であることがわかる．

ハーディ・ワインベルグの法則

$ALDH2$ 遺伝子のホモ接合体，ヘテロ接合体の頻度は，それぞれのアレル頻度の積となる（$P_1^2, 2P_1P_2, P_2^2 = 60％, 35％, 5％$）．また，次世代のアレル頻度は，親世代と全く変わらない．なぜなら，精子におけるアレル頻度は，集団でみた場合に男性の体細胞のアレル頻度がそのまま反映されるからである．次世代1万名には，父親由来の染色体が1万本ある．1万本の中で，$ALDH2*1$ の頻度は P_1 である．母親由来の染色体も同様である．したがって，世代を経ても，そのアレル頻度は変わることがない．

ホモ接合体，ヘテロ接合体の頻度がアレル頻度から計算できること，アレル頻度が世代を経ても変化しないこと，この2つの法則は，ドイツ人医師ワインベルグ（W. Weinberg, 1862～1937）と，イギリス人数学者ハーディ（G. H. Hardy, 1877～1947）が1908年に独立に発表したものであり，ハーディ・ワインベルグの法則とよばれている．

ハーディ・ワインベルグの法則が成り立つには，いくつか条件がある．

① **集団構成員の大きな移動がないこと**

例えば他民族の流入などがないことである．多数の検体を対象とし，疾患遺伝子を探索する場合に，ハーディ・ワインベルグの法則にしたがう集団であるか否かを検定することは必須となっている．

② **集団の個体数が充分に大きいこと**

たった3家族の集団では，子だくさんの家系のアレル頻度が増えてしまうからである．

③ **集団間で自由に婚姻があること**

④ **突然変異が起こらないこと**

$ALDH2*2$ アレルにもし変異が集中して生じれば，そのアレル頻度は低下し，変異による新たなアレルが出現するだろう．

⑤ **アレルの違いによる選択が生じないこと**

科学上不適切な例だが，もし仮に $ALDH2*1$ のアレルをもつ人がお酒の飲み過ぎで，子どもの数が少なくなってしまうと，次世代における $ALDH2*1$ のアレル頻度は低下するだろう．

ハーディ・ワインベルグの法則は，かけ算がたった1つのシンプルな法則である．しかしこの法則の最も大切な意味は，ヒト集団の中でその表現型（形質）がアレルに基づいていることから，ヒト集団中の表現型の頻度（$P_1^2, 2P_1P_2, P_2^2$）がアレル頻度というすっきりした概念で理解できることを示した点にある．特定の形質がメンデル遺伝にしたがうものか，そうでないものかを表現型の頻度とその原因となるアレル頻度から検証する方法論を示したわけである．

■ 文献

1) Kong, A. et al.：Fine-scale recombination rate differences between sexes, populations and individuals. Nature, 467：1099-1103, 2010
2) Lu, S. et al.：Probing meiotic recombination and aneuploidy of single sperm cells by whole-genome sequencing. Science, 338：1627-1630, 2012

■ 参考図書・ウェブサイト

1) 『雑種植物の研究』（メンデル／著．岩槻邦男，須原準平／訳），岩波書店，1999
2) 『カラー版徹底図解 遺伝のしくみ─「メンデルの法則」からヒトゲノム・遺伝子治療まで』（経塚淳子／監），新星出版社，2008
3) 『EXPERIMENTS IN PLANT HYBRIDIZATION (http://www.esp.org/foundations/genetics/classical/gm-65.pdf)』（メンデルの原著の英訳），1865
4) 『ふやまのページ（http://www.fides.dti.ne.jp/~fuyamak/）』の中にある「遺伝学概論」（布山喜章）

Column メンデルが用いた変異体の原因遺伝子

メンデルが遺伝学の基礎となる実験を行なったのは，今から約150年前である．その際に用いたエンドウの変異形質の数は7つであった．しかし，現在でもその変異形質を与える変異が解明された遺伝子はまだ4つである（総説としてEllis, T. H. et al.：Mendel, 150 years on. Trends Plant Sci., 16：590-596, 2011）．

1990年には，種子がつるつるしているかしわがあるかを決定する遺伝子が単離された（Bhattacharyya, M. K. et al.：Cell, 60：115-122, 1990）．この遺伝子は，分岐したデンプンの合成に必要であり，変異で活性が失われるとデンプン，脂質，タンパク質代謝が異常となり種子にしわが入る．

草丈を決める遺伝子は，植物ホルモンであるジベレリン合成に必要な遺伝子であった（Lester, D. R. et al.：Plant Cell, 9：1435-1443, 1997）．

種子の子葉の色は成熟すると黄色となるが，変異体では緑のままである．この原因となる変異は，緑色色素であるクロロフィルの分解を制御する遺伝子に生じていた．この研究は東京大学と農水省の共同研究である（Sato, R. et al.：Proc. Natl. Acad. Sci. USA,

104：14169-14174, 2007）．

花の色が紫色か白色かを規定する遺伝子は，紫色の色素であるアントシアニンの合成に必要な遺伝子の転写因子をコードしており，白色をもたらす変異はスプライシングを規定する配列が異常になっている（Hellens, R. P. et al.：PLoS One, 5：e13230, 2010）．

4章 疾患遺伝子の探し方

本章では，ヒトの疾患遺伝子の同定法について学ぶ．約31億塩基対からなるヒトゲノムのどの部位が変異することによって疾患が発症するかを調べることは，極めて困難な研究であった．その中でさまざまな工夫がなされ，また分子生物学の発展に伴って新しい技術も開発されてきた．さらに，ヒトゲノムの解読に伴い，疾患遺伝子同定の技術は飛躍的に向上した．本章の前半では，単一遺伝子疾患の遺伝様式と疾患遺伝子の同定法，後半では多因子疾患の解析法について学ぶ．

1 疾患と発症要因

疾患の発症には，遺伝要因と環境要因がある（図1）．遺伝病とよばれる疾患の多くは，単一の遺伝子変異によるものであり，原因となる遺伝子変異をもつ人のほぼ100％が発症する．したがって，遺伝要因だけで発症する疾患であり，図の一番左側に位置する．こうした疾患を単一遺伝子疾患という．一方，怪我や交通事故による外傷には遺伝要因の関与はなく，図の一番右側にくる．

その中間に位置する疾患は，遺伝要因と環境要因の両方が寄与する疾患であり，生活習慣病など多くの身近な疾患が含まれる．

一卵性双生児の一方が発症した場合，もう一方の人が発症する割合を疫学的に調査し，二卵性双生児間の割合よりも有意に高ければ，こうした疾患に遺伝要因が寄与することが明確に示される．一卵性双生児間ではゲノムが同一であるが，二卵性双生児間ではその共有率は約50％であるからである．双生児の片方が発症者の時にもう一方の人が発症する割合がわかると，その疾患発症に対する遺伝要因の寄与率が推定できる．

例えば，Ⅱ型糖尿病は遺伝要因が大きいとされており，一卵性双生児が同時に発症する確率は80％程度にも達する．これに対して二卵性では50％程度である．この数値から遺伝要因の寄与率が推定できる．発症の原因となる遺伝要因をa％，共通の環境要因をb％とする．一卵性双生児間では，ゲノムが同一であるので，その発症確率は，a＋bで表され

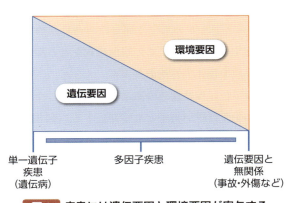

図1 疾患には遺伝要因と環境要因が寄与する

る．一方，二卵性では，ゲノムを半分共有しているので，遺伝要因の寄与は a/2 となり，環境要因を同じと仮定すると b，よって発症確率は a/2 + b となる．

　　a + b = 80
　　a/2 + b = 50

2つの式から，a = 60％，b = 20％となる．すなわち遺伝要因が60％で，環境要因が20％となる．

　こうした身近な疾患の遺伝要因には，複数の遺伝子が関与し，個々の遺伝子の関与の程度は比較的低いと考えられている．このような疾患を多因子疾患とよぶ．多因子疾患は，遺伝要因だけでなく環境要因もその発症に関与することから，生活習慣などの改善によって発症を予防することも可能である．本章の前半では単一遺伝子疾患について，後半では多因子疾患について，原因となる遺伝子変異を同定する方法について述べる．

2　単一遺伝子疾患

　単一遺伝子疾患とは，1つの遺伝子に生じた変異により発症する疾患である．単一遺伝子疾患は，メンデルの法則にしたがう遺伝様式をとる．したがって，家系図の中でどのように発症するかを調べることで，その疾患が単一遺伝子疾患か否かがわかる．もう1つ考慮すべき要因として，疾患の原因となる遺伝子変異をもつ人のどのくらいの割合が発症するかという点がある．この割合を浸透率という．非常に強い遺伝子変異では，その変異をもつ人は必ず発症し，浸透率は100％となる．次章でみるハンチントン病やデュシェンヌ型筋ジストロフィーなどはこの例である．変異によっては，浸透率が100％より小さくなるものもあり，この値が小さいとメンデルの法則にしたがう遺伝として捉えるのが困難なことがある．一般に単一遺伝子疾患は，浸透率の高いものを指す．

　単一遺伝子疾患には，その遺伝様式によって常染色体優性遺伝，常染色体劣性遺伝，伴性遺伝の3つのタイプに分けられる．その変異が原因となり疾患が発症する遺伝子を，疾患遺伝子とよぶ．疾患遺伝子の探索において，遺伝様式を知ることは重要である．常染色体上の遺伝子変異によるものなのか，あるいは性染色体上の変異によるものかがわかるからである．次に，染色体検査を行なう．同じ疾患の患者に共通の染色体異常がみつかれば，遺伝子同定の大きな手がかりとなる．

3　常染色体優性疾患と劣性疾患

　常染色体上の2つの遺伝子（アレル）のうち，どちらかが変異しているときに疾患が発症する場合には，変異したアレルの形質が正常なアレルに対して優性であり，常染色体優性疾患となる（図2A）．これに対し，変異アレルが劣性の場合には，変異アレルと正常なアレルをヘテロ接合としてもつ人は発症せず，2つのアレルがともに変異した場合に初めて発症する（図2B）．この遺伝様式をとる疾患を，常染色体劣性疾患とよぶ．

　常染色体優性疾患の家系では，変異したアレルを受け継いだ子どもが発症する（図3）．したがって，子どもの半数が患者となり，性別と発症は無関係である．ハンチントン病は，この遺伝様式をとる疾患である．

　常染色体劣性疾患では，患者の両親はとも

に一方のアレルに変異が生じている保因者であるが，もう1つの正常なアレルの機能によって補われるために発症しない（図4A）．その子どもにおいて，2つのアレルとしてともに変異アレルを受け継いだ子どもだけが発症する．その確率は1/4である．患者は変異アレルを2つもつため，変異アレルをもたない配偶者との間の子どもはすべて保因者となる．図4Bに，家系図の中での患者，保因者の関係を示す．

保因者の割合

常染色体劣性疾患の保因者，つまり一方のアレルとして変異アレルをもっているが，発症していない人の割合はかなりの高率に達する．一例として，1万人あたり1名の発症率となる疾患を考えてみよう（図5）．ヒト集団全体での変異アレルの頻度をPとする．患者では，ともに変異アレルとなるので，その頻度はP^2となる．$P^2 = 1/10{,}000$であるので，$P = 1/100$となり，1人あたりアレルを2個もっているので，50人に1人は保因者であることがわかる．4万人あたり1人の発症率の稀な疾患でも，実際には100人に1人が保因者である．

メンデル遺伝にしたがうヒトの形質をまとめた「Online Mendelian Inheritance in Man (OMIM)」（http://www.ncbi.nlm.nih.gov/Omim/mimstats.html）というウェブサイトがあり，図6に示した数の形質が収載されている．表の中の一番上にある「Gene with known sequence」という一番数が多い分類の中には，遺伝子配列情報のみが記載されているものか

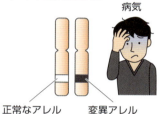

図2　常染色体優性疾患と劣性疾患
A）常染色体優性疾患では，変異アレルをもつ人はもう一方のアレルが正常でも発症する．B）これに対し，常染色体劣性疾患では，変異アレルが2つ揃った時にだけ発症する（右）．変異アレルを1つもつ人は，健常であるが保因者である（左）．

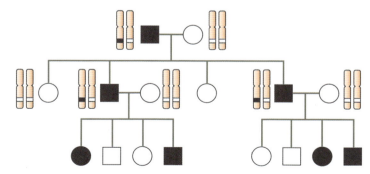

図3　常染色体優性疾患の典型的な家系図の例
丸は女性を，四角は男性を示し，黒塗りの記号は患者を示している．患者の1対の相同染色体の一方に黒塗りの変異アレルがあり，そのアレルを受け継いだ子どもはすべて発症する．常染色体優性疾患の特徴は，疾患の発症確率が1/2であること，患者の両親のどちらかが発症していること，性に関係なく発症することである．

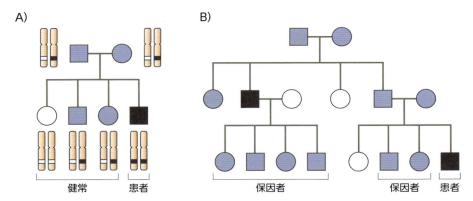

図4　常染色体劣性疾患の遺伝様式
丸は女性を，四角は男性を示し，白は正常アレルを2つもつ人，青は正常アレルと変異アレルを1つずつもつ人（保因者），黒は変異アレルを2つもつ人（患者）を示す．A）染色体上のアレルと発症との関係を示す．両親は変異アレルを1つもち，その子どもは，2つのアレルがともに正常，正常アレルと変異アレルをヘテロにもつ人，2つとも変異アレルである患者が，1：2：1の比で生まれる．B）常染色体劣性疾患の家系図．保因者間に生まれた子どもの1/4が患者となる．患者と保因者でない配偶者との間の子ども達はいずれも保因者となる．常染色体劣性疾患の特徴は，疾患の発症確率が子ども4人に1人であること，患者の両親はともに保因者であること，性に関係なく発症することである．

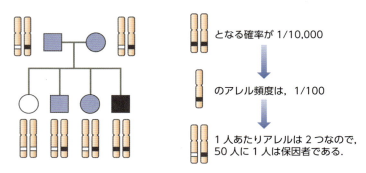

図5　常染色体劣性疾患の発症率とアレル頻度
2つの遺伝子がともに変異アレルとなる確率は，集団全体の変異アレル頻度をPとした場合には，P^2である．発症率が1万人に1人であれば，$P^2 = 1/10,000$であるので，$P = 1/100$となり，アレルは2つあるので，保因者は50人に1人存在する．

ら，ハンチントン病やデュシェンヌ型筋ジストロフィーで変異している遺伝子まで含まれており，すべてが疾患をあらわすわけではないが，現在までに6,000以上のメンデル遺伝にしたがう疾患が収載されている．**2章**でみた1000ゲノムプロジェクトでは，個人個人のゲノム中の変異が解析されている．その結果，私たちのゲノム中には，疾患の原因となり得る数十から200にも達するアミノ酸置換と20近くの機能喪失変異が存在することがわかった．これらのほとんどは，劣性の変異であると考えられる．こうした変異にもかかわらず多くの人が健康でいられるのは，偶然に変異したアレルを2つもつことがなかっただけのことである．その事実に感謝しつつ，発症した患者さんたちへの思いやりも忘れてはならないだろう．

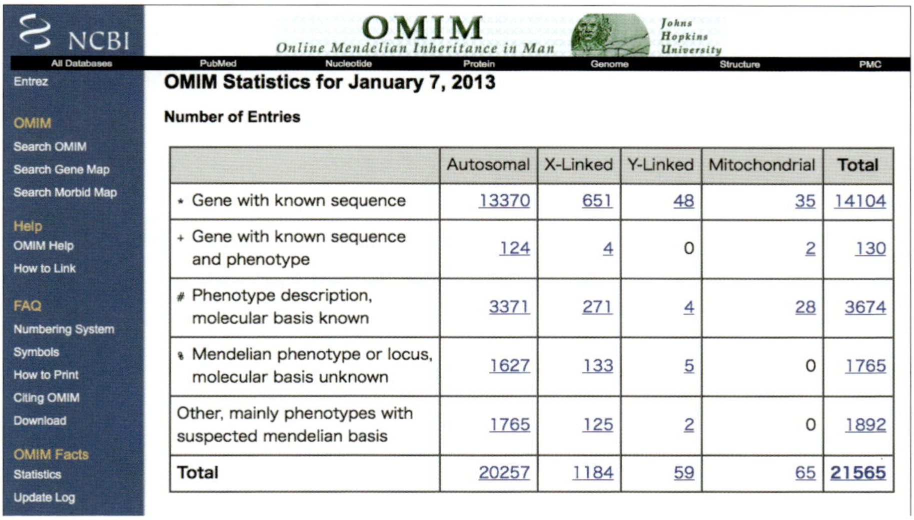

NCBI
OMIM Online Mendelian Inheritance in Man
Johns Hopkins University

All Databases | PubMed | Nucleotide | Protein | Genome | Structure | PMC

Entrez

OMIM
Search OMIM
Search Gene Map
Search Morbid Map

Help
OMIM Help
How to Link

FAQ
Numbering System
Symbols
How to Print
Citing OMIM
Download

OMIM Facts
Statistics
Update Log

OMIM Statistics for January 7, 2013

Number of Entries

	Autosomal	X-Linked	Y-Linked	Mitochondrial	**Total**
* Gene with known sequence	13370	651	48	35	14104
+ Gene with known sequence and phenotype	124	4	0	2	130
# Phenotype description, molecular basis known	3371	271	4	28	3674
% Mendelian phenotype or locus, molecular basis unknown	1627	133	5	0	1765
Other, mainly phenotypes with suspected mendelian basis	1765	125	2	0	1892
Total	20257	1184	59	65	**21565**

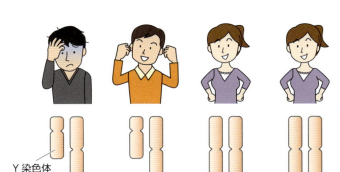

図6 メンデル遺伝にしたがうヒト形質

ヒトの形質でメンデルの法則にしたがって遺伝するものをまとめたウェブサイトOMIM〔Online Mendelian Inheritance in Man（http://www.ncbi.nlm.nih.gov/Omim/mimstats.html）〕より.

図7 伴性遺伝

男性は母親に由来するX染色体を1本のみもつので，その染色体上の遺伝子が疾患遺伝子であると発症する．女性はX染色体を2本もつので，もう1本のX染色体上の遺伝子が機能を補い，発症せず保因者となる．

4 伴性遺伝性疾患

性染色体は，男女で異なる特殊な染色体であり，男性でXY，女性でXXとなっている．その結果，性染色体上の遺伝子変異による疾患は，性に依存した遺伝様式を示し，伴性遺伝とよばれる．多くはX染色体連鎖劣性遺伝の疾患である（図7）．男性は母親に由来するX染色体を1本のみもつので，その染色体上の遺伝子が変異により機能を喪失すると発症する（図7）．女性はX染色体を2本もつので，もう1本のX染色体上の遺伝子が正常であれば機能を補い，発症しない（図7）※1．デュシェンヌ型筋ジストロフィーは，このタイプの遺伝様式をとる．

母親が保因者である家系では，その男児は50％の確率で変異アレルをもつX染色体を受

※1 機能を補いきれずに発症する疾患も知られている．

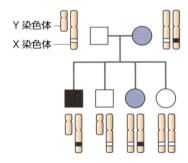
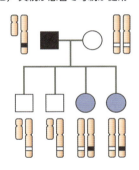
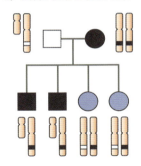

図8 伴性遺伝の家系図の例
A）父親が健常で母親が保因者の場合には，変異アレルをもつX染色体を母親から受け継いだ男児が発症し，もう一方のX染色体を受け継いだ男児は発症しない．B）父親が患者で母親が健常な場合は，男児はすべて健常となり，女児はすべて保因者となる．C）父親が健常で母親が患者の場合には，男児はすべて発症し，女児はすべて保因者となる．

け継ぎ，発症する（図8A）．女児はもう1本のX染色体上の遺伝子が機能を補い，発症せず50％の確率で保因者となる．父親が患者で母親が健常の場合には，男児はすべてX染色体を母親から受け継ぐため健常となるが，女児はすべて保因者となる（図8B）．また，父親が健常で母親が患者の時は，男児はすべて発症し，女児はすべて保因者となる（図8C）．稀に，X染色体優性の遺伝性疾患も知られている．

Y染色体上には精子形成にかかわる遺伝子が複数存在するが，これらの遺伝子の変異は男性不妊をもたらし，遺伝性の疾患となることはない．しかし，体外受精や顕微鏡下での授精など，近年の生殖医療の発達に伴い，新たな遺伝病となる可能性はある．

5 単一遺伝子疾患における疾患遺伝子の同定法

メンデル遺伝性疾患の中には，その生化学的な原因が明らかである疾患も多く，疾患遺伝子が同定されるずっと以前から生化学的異常として検査が可能であった．このカテゴリーに属する疾患として，フェニルケトン尿症，メープルシロップ尿症，ホモシスチン尿症などのアミノ酸代謝異常症，ガラクトース血症などの糖代謝異常症，メチルマロン酸血症，プロピオン酸血症などの有機酸代謝異常症，中鎖アシルCoA脱水素酵素欠損症，極長鎖アシルCoA脱水素酵素欠損症などの脂肪酸代謝異常症，血液凝固因子の欠乏に起因する血友病などが知られている．これらの疾患は，原因となる酵素欠損が明らかであるので，生化学的な酵素精製と遺伝子クローニングにより，疾患遺伝子が明らかにされた（表1）．これらの疾患の多くは，自治体の新生児健診の対象となっており，代謝物を質量分析計で測定することにより診断している．

しかし大部分の疾患は，その原因すら明らかでないことがほとんどである．ある疾患の患者の発症が，先に述べたメンデル遺伝様式のいずれかにしたがう場合，単一遺伝子の変異による疾患であると結論できる．その場合には，染色体上のいずれかの遺伝子の異常によって発症するはずである．その疾患遺伝子

表1 主な先天性代謝異常症とその疾患遺伝子，発症頻度

疾患区分	疾患名	疾患遺伝子	発症頻度
アミノ酸代謝異常症	フェニルケトン尿症	フェニルアラニン水酸化酵素	1/7.2万
	メープルシロップ尿症	分岐鎖ケト酸脱水素酵素	1/51万
	ホモシスチン尿症	シスタチオニン合成酵素	1/22万
	シトルリン血症1型	アルギニノコハク酸合成酵素	1/37万
	アルギニノコハク酸尿症	アルギニノコハク酸分解酵素	1/94万
有機酸代謝異常症	メチルマロン酸血症	メチルマロニル-CoA ムターゼ	1/19万
	プロピオン酸血症	プロピオニル-CoA カルボキシラーゼ	1/7.2万
	イソ吉草酸血症	イソバレリル-CoA 脱水素酵素	1/200万
	メチルクロトニルグリシン尿症	3-メチルクロトニル-CoA カルボキシラーゼ	1/31万
	複合カルボキシラーゼ欠損症	プロピオニル-CoA カルボキシラーゼ，メチルクロトニル-CoA カルボキシラーゼ，ピルビン酸カルボキシラーゼ，アセチル-CoA カルボキシラーゼ	1/190万
	グルタル酸血症1型	グルタリルカルニチン-CoA 脱水素酵素	1/47万
脂肪酸代謝異常症	中鎖アシルCoA脱水素酵素欠損症	中鎖アシルCoA脱水素酵素	1/16万
	極長鎖アシルCoA脱水素酵素欠損症	極長鎖アシルCoA脱水素酵素	1/19万
	長鎖3-ヒドロキシアシルCoA脱水素酵素欠損症	長鎖3-ヒドロキシアシルCoA脱水素酵素	1/94万
	カルニチンパルミトイルトランスフェラーゼ-1欠損症	カルニチンパルミトイルトランスフェラーゼ	1/200万
糖代謝異常症	ガラクトース血症	ガラクトース-1-リン酸ウリジルトランスフェラーゼ，ガラクトキナーゼ，UDPガラクトース-4エピメラーゼ	1/3.8万

主な先天性代謝異常症とその疾患遺伝子，発症頻度についてまとめた．発症頻度は，厚生労働省雇用均等・児童家庭局母子保健課「先天性代謝異常等検査実施状況（平成25年度）」(http://www.jsms.gr.jp/contents04-01.html)（日本マススクリーニング学会ウェブサイト内のページ）に基づき，概数として記載した．

に迫るにはどうしたらよいだろうか．ヒトゲノムは広大な海であり，タンパク質をコードする遺伝子だけでも20,000以上もの数が存在する．どのようにしてその1つを明らかにしたらよいだろう．

最初の手がかりは，染色体の異常である．次章で述べるデュシェンヌ型筋ジストロフィーは，伴性遺伝様式をとり，その原因となる変異はX染色体上にある．実際に，患者の中にはX染色体の一部の欠失を伴う症例も知られており，染色体上の疾患遺伝子の位置を特定することができる．しかし，アミノ酸置換を伴うミスセンス変異や終止コドンに変異するナンセンス変異（2章3参照），あるいは遺伝子の小さな領域の欠失や挿入によって発症する場合には，染色体の大きな異常としては観察されない．この場合には，純粋に遺伝学の方法によって原因となる変異に迫っていかねばならない．

6 連鎖解析

疾患遺伝子に迫る遺伝学的方法はいくつかあるが，最も基本となる考え方は遺伝子の連鎖である．減数分裂の際に，同じ染色体上の2つの遺伝子の間で組換えが起こる頻度は，大きな視野でみた場合には，2つの遺伝子間の物理的距離に比例する（3章5参照）．距離が近ければ，2つの遺伝子の形質はともに次世代に受け継がれる．この場合に，2つの形質は連鎖している，という．色覚障害と血友病は，ともにX染色体上の遺伝子変異に起因する疾患であるが，連鎖することが知られている．この事実から，赤緑の色覚を規定するオプシン遺伝子と，血液凝固因子第VIII因子と第IX因子の遺伝子が，X染色体上で近接した位置に存在することが推定される．実際にこれらの遺伝子は，いずれもX染色体の長腕末端部に存在する．

このように疾患遺伝子の探索においては，未知の疾患遺伝子と染色体上の位置が判明しているアレルとの連鎖が手がかりとなる．一塩基多型や構造多型の結果，同一遺伝子に異なるアレルが存在する．例えば，ALDH2遺伝子において，酵素活性の強いタイプと弱いタイプの遺伝子は，同一遺伝子の異なるアレルである．また，ABO式血液型を規定するA型，B型，O型遺伝子も，相互に異なるアレルである．ある疾患の発症と，ALDH2酵素活性の強弱やABO式血液型とが相関性を示す場合には，疾患遺伝子がこれらの遺伝子の近傍に位置することが推定される．

しかし，疾患遺伝子の同定に用いられるマーカーは，機能をもっている必要はなく，遺伝子の外側にあってもよい．DNA配列の違いとして検出することができればよいので，SNPやSNPによって生じる制限酵素認識配列の有無，マイクロサテライト，ミニサテライトDNAの繰り返し回数の違いでもよい．ヒトゲノム上に番地を付けることが目的なのである．このような遺伝子以外のゲノム多型を表す際にも，アレルという言葉が用いられる．

これらの多型の中で，単一遺伝子疾患の解析には，マイクロサテライト多型がよく用いられてきた．マイクロサテライト多型は，1～数bpの配列が繰り返すマイクロサテライト配列において，その繰り返し回数が異なる多型である（2章1参照）．マイクロサテライト多型は，ゲノム上に比較的高密度に分布していること，1カ所のマイクロサテライトにおけるアレルの数が数種類以上であることから，後述のように連鎖解析に適している（SNPは多くの場合にアレル数が2種類である）．

疾患遺伝子の連鎖解析

図3に示した常染色体優性疾患の家系図を念頭において，疾患遺伝子とアレルの連鎖を考えてみる．図9に示したように，染色体短腕の遺伝子（$D*1$：disease）に変異が生じて疾患遺伝子となっている（図の赤の四角，$D*2$）．同じ染色体にはA，B，Cの3つの多型を示す部位が存在しており，それぞれに50%ずつのアレルが存在する（アレル$A*1$と$A*2$，$B*1$と$B*2$，$C*1$と$C*2$．便宜上2種類のアレルとしたが，マイクロサテライト多型のようにアレルの種類が多い方が偶然に一致する可能性が低くなるので絞り込みやすい）．

患者の配偶子形成において，図9のように減数分裂時に染色体乗換えにより相同染色体間で組換えが起こるが，その頻度は距離に比例して高くなる．したがって，$C*2$アレルは

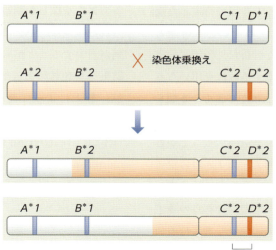

図9 疾患遺伝子同定の方法

疾患遺伝子（$D*2$）と$C*2$アレルとの間の組換え頻度は低く，強く連鎖しているが，$A*2$や$B*2$アレルとの連鎖は弱い．複数の家系について同様な解析を行なうことで，A，B，Cの各アレルとDアレルとの組換えの頻度を求めることができる．実際にはDアレルの位置は未知であり，観察された組換え頻度を最もよく満たす染色体上の位置として推定される．

疾患（$D*2$アレル）と強く連鎖して子ども達に伝わるが，$A*2$や$B*2$アレルは弱く連鎖して伝わる．子ども達のA，B，Cの3つの多型を解析すれば，連鎖の強さは$A < B << C$となる．

具体的には，疾患を発症した子ども達では$A*2$，$B*2$アレルの頻度が50％より有意に高いが，$C*2$アレルの頻度は95％である，というようなデータとなる．稀に，C-Dアレル間の組換えによって疾患を発症しているが（$D*2$アレルをもっているが）$C*1$アレルをもつ子どもが存在することになる．逆に，健常な子ども達のアレルとしては，$A*1$，$B*1$アレル頻度が有意に高く，$C*2$アレルはほとんど認められない．子ども世代と孫世代間でも，同じ方法で疾患遺伝子と多型アレルとの連鎖を調べることができる．このような解析を複数の家系について行なうと，A，B，C各アレルとDアレルとの間の組換えの頻度を求めることができる．

図9では染色体上の疾患遺伝子の位置（$D*2$アレル）を明示してあるが，実際にはその位置は未知である．染色体上のさまざまな位置にDアレルを配置すると，その位置の関数としてA，B，CアレルとDアレルの組換え頻度を予測することができる．これらの予測値が，観察した組換え頻度に最も近い値となる位置が，疾患遺伝子が存在すると推定される領域となる．このように染色体上の位置を手がかりに，疾患遺伝子を同定しクローニングする方法をポジショナルクローニングという．

多型を示すアレルを検出する方法として，疾患遺伝子探索の黎明期には，SNPによる制限酵素認識配列の有無が用いられた．PCR法が考案された後は，マイクロサテライトやミニサテライト多型が頻用されるようになった．ついで，ヒトゲノム上の多数のSNPを網羅的に解析することが可能となると，マイクロサ

テライト，ミニサテライト多型で特定した疾患遺伝子領域をさらに狭めることも可能となった．SNPの網羅的な解析は，多因子疾患に関与する遺伝子を検索するのにも用いられる（後述）．ヒトゲノム上にたくさんの多型を示すアレルがあればあるほど，染色体上の領域が狭められ疾患遺伝子を追跡することが容易となる．日本全国からたった1人の容疑者を捜すより，東京都港区白金の中で捜す方がはるかに効率がよい．次項で，これらの多型を検出する具体的な方法についてまとめる．

多型アレル探しが開始された．最初にみつけられた多型は，SNPによって制限酵素認識配列が消失することがもとになっている．その結果，染色体のある部位のDNA断片の長さが，個人によって異なる現象が見出された（図10）．これを制限酵素DNA断片長多型（RFLP：restriction fragment length polymorphism）とよぶ．

実際の実験例を図11に示す．アルデヒドデ

7 ゲノム多型とその解析法

制限酵素DNA断片長多型

ヒトゲノムが解読された現在では，個人ごとにおおよそ300〜400万カ所も異なる配列があることがわかっており（主にSNPである），そのまま多型アレルとして解析に用いることができる（2章2参照）．しかし，1980年代の疾患遺伝子同定の初期には，ヒトゲノムの違いなどわかっておらず，手探りの状態で

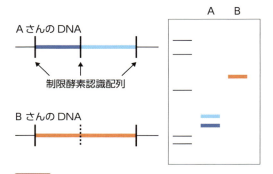

図10 制限酵素DNA断片長多型

SNPによって制限酵素認識配列が消失することがあり，その領域のDNA断片に個人差が生じる．Aさんがもっている中央の認識配列が，Bさんでは消失している．その領域をサザンブロッティングによって解析すると，Aさんでは2本のバンドが，Bさんでは大きな1本のバンドが認められる．

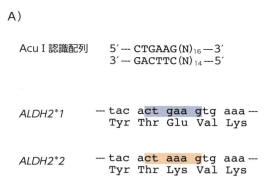

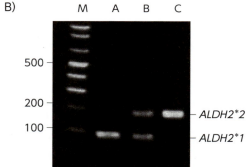

図11 アルデヒドデヒドロゲナーゼ遺伝子（ALDH2）の多型の解析

A）AcuⅠの認識配列とALDH2*1およびALDH2*2の塩基配列を示す．ALDH2*1にはAcuⅠ認識配列（図の■で囲った配列）が存在するが，ALDH2*2では失われている．B）アルデヒドデヒドロゲナーゼ遺伝子多型が存在する領域をPCR法により増幅し，制限酵素AcuⅠによって消化した．Aさんは2つのアレルがともにALDH2*1，BさんはALDH2*1/ALDH2*2，CさんはともにALDH2*2である．MはDNAサイズマーカーであり，アガロースゲル左側の数字は塩基対数を示す．

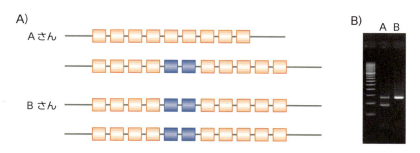

図12 マイクロサテライトDNAの多型

マイクロサテライトDNAの繰り返し配列の回数に個人差があり，その領域をPCR法で増幅すると，長さが異なる断片を与える．Aさんは，短いものと長いものの両方のアレルをもち，Bさんは長いもののみである．アガロースゲル電気泳動で，Aさんは2本，Bさんは1本のバンドが観察される．

ヒドロゲナーゼ遺伝子で，酵素活性の強弱を決定しているSNPは，Acu I という制限酵素の認識配列の中にある．この酵素は，CTGAAGという6塩基を認識し10数塩基離れた部位を切断するが，酵素活性の強いアレル（ALDH2*1：グルタミン酸をコードしているもの）はAcu I の認識配列となり，酵素活性の弱いアレル（ALDH2*2：リジンをコードしているもの）は切断されない（図11A）．その結果，この領域を含むDNA断片をPCR反応により増幅し，Acu I で消化すると，遺伝子のアレルが簡単に判定できる（図11B）．このような部位が収集され，ヒトゲノムの地図の中で，番地作りがはじめられたのである．

当初はPCR法もなかったため，ヒトゲノムDNAを制限酵素で消化したものをアガロースゲル電気泳動で分離し，放射性同位体で標識したDNAプローブ（RFLPを示す領域のもの）を用いて相補鎖の会合を指標として目的のDNA断片の長さが測定されていた．この方法をサザンブロッティングという．これは，膨大な時間と労力が必要とされる作業であった．

ミニサテライトおよびマイクロサテライト多型の検出法

ついで開発されたのが，短い塩基配列が繰り返されるミニサテライトDNAやマイクロサテライトDNAの多型である（2章1参照）．ミニサテライトDNAは10から数十塩基の繰り返しであり，もっと短い配列の繰り返しがマイクロサテライトDNAである．この繰り返し配列の数が個人によって大きく異なっており，異なるアレルとなっている（図12A）．PCR法で増幅した産物の長さをアガロースゲル電気泳動で分離することで，繰り返し回数を判定できる（図12B）．例えば，1番染色体に存在するD1S80というミニサテライトDNAは，16塩基を1単位としてその繰り返し回数に個人差があり，日本人では18回と24回が多く，14回と42回の繰り返しも頻度が低いながら検出される．

8 SNPの大規模収集プロジェクトとその解析法

国際HapMapプロジェクト

ヒトゲノム解読がなされると，ヒトゲノム

には膨大な数のSNPが存在することがわかった．そこで，国際共同プロジェクト〔国際HapMapプロジェクト（http://hapmap.ncbi.nlm.nih.gov/）〕として，たくさんのSNPが収集された．用いられたDNAは，東京在住の日本人45人，北京の漢民族45人，ナイジェリア人90人（両親と子1人を30組），ユタ州の白人90人（同）である．日本では理化学研究所が中心となり，SNP数で全体の25％の発見に貢献している（アメリカ31％，イギリス24％，中国10％，カナダ10％）．

第Ⅰ期では，5kbに最低1つのSNPを発見すること，その多型のうちでマイナーなアレル（少数派アレル）頻度が5％以上であることを条件とした．その結果，100万個のSNPが同定された．第Ⅱ期では，さらに440万個のSNPが追加され，アミノ酸置換を伴うSNPが11,000個，ヒトゲノムの中で特に多様性が高く免疫応答を制御する領域であるMHC（major histocompatibility complex）領域の4,500個のSNPも追加された．2人の個人間でもSNPが300万カ所程度存在しており，人類全体では3億カ所を超える膨大な数のSNPが存在している（2章2参照）．ヒトゲノム上の位置情報となるアレルの数は，1980年代初めには12個しかなかった．この30年ほどの間に膨大な情報が蓄積されたのである．こうして極めて多数のアレルを用いて，疾患との連鎖を解析することが可能となった．

膨大な数のSNPを同時に解析する方法として，2章4でふれたSNPアレイ法とよばれるものがある（2章図6参照）．SNPアレイは，基盤上にSNPを区別するための20数塩基からなるオリゴヌクレオチドを多数配置したものであり，最近では，SNPにコピー数多型を加えた500万カ所近い多型を同時に解析できるものも発売されている．このようにして，ゲノム上の多型マーカー数が飛躍的に増加するにしたがい，多数のメンデル遺伝性疾患の疾患遺伝子が同定されるようになった．

9 エキソーム解析

患者数が希少な疾患では，多数の多型マーカーを用いても連鎖解析による変異領域の絞り込みが充分ではなく，疾患遺伝子の同定に至らない場合も多く存在していた．次世代シークエンサーの登場は，このような状況下においても，疾患遺伝子の同定を可能とした．ヒトゲノム中の全エキソンを総計しても（スプライシングを規定する配列を含む）ゲノム全体の約1.5％にすぎないが（1章5参照），メンデル遺伝にしたがう単一遺伝子疾患の変異の85％はこの領域に生じている[1]．したがって，全エキソン配列を決定し，対照者には存在せず同一疾患の患者に共通に認められる変異として，疾患の原因となる変異を直接同定することが可能となり，研究が盛んに実施されるようになった．このような疾患遺伝子の同定法を，エキソーム解析という[1]．エキソン配列のみを濃縮するには，エキソンに相補的な合成オリゴヌクレオチドを用いて回収する方法が用いられている．エキソーム解析を実施すると，2～3名の患者試料しか得られなくとも原因となる変異が同定されることがある．

エキソーム解析では，個人個人に特有の多型が多数同定されることから，1000ゲノムプロジェクトに登録されている多型や，対照者にも認められる多型を除外して，候補となる変異を絞り込む．さらに患者間で共通の遺伝

子に生じている変異や，同一シグナル伝達系上の因子の変異を探索し，最終的には生化学・細胞生物学的な実験からタンパク質の機能喪失を実証する必要がある．

エキソーム解析によって，これまで疾患遺伝子の同定が困難であった150以上の疾患について，原因となる変異が同定できるようになった[2]．後述するように，多因子疾患における，希少ではあるが影響の強い変異の探索にも用いられる（4章11参照）．また，がんにおける遺伝子変異を探る上でも極めて有効な方法となっている．

10 多因子疾患に関与する遺伝子の関連解析

多因子疾患は，先に述べた疫学的なデータから遺伝要因の関与が明らかな疾患であるが，単一遺伝子疾患のようなメンデル遺伝様式をとらない．その理由として，複数の遺伝子変異が疾患の発症に寄与するが，個々の遺伝子の疾患に対する寄与が低いために，また環境要因も関与するために，原因となる変異遺伝子をもっていても発症する場合としない場合があるためと考えられている．

多因子疾患の罹患率は，糖尿病，循環器病などの生活習慣病や精神疾患のように一般的にかなり高いことから，発症に寄与する変異アレルの頻度は比較的高いと想定されている．このような考え方をcommon disease common variant仮説という．つまり身近な病気には，深刻な遺伝子変異ではなく，遺伝子機能が少し影響されるような変異が多数関与するのではないか，という考え方である．このような変異アレルは，疾患への罹患しやすさを規定する要因として，疾患遺伝子という呼び方ではなく感受性遺伝子（susceptibility gene）とよばれる．遺伝的に発症しやすい人は，感受性遺伝子をより多くもっていると考えるのである．

疾患感受性遺伝子のつきとめ方

このような多数の遺伝子が関与することを想定して，原因となる遺伝子変異に迫るための方法の1つが，関連解析（association study）とよばれるものである．単一遺伝子疾患の疾患遺伝子の探索が，家系内のメンデル遺伝様式に基づく連鎖を主な解析法とするのに対し，多因子疾患の関連解析は，多数のヒト集団の中で疾患群と対照群のアレル頻度の偏りを探索する方法である．疾患群では，感受性遺伝子（変異アレル）の数が対照群より多いと予測されるからである（図13）．この図では，ある疾患にかかわる感受性遺伝子がAからZまであり，*を付けた変異アレルが発症を促進する．疾患群のある個人は，A^*, B^*, C^*, D^*, F^*, G^*, H^*, ...というたくさんの変異アレルをもっている．その結果，遺伝要因の総和と環境要因との合計が，疾患発症の閾値を超えてしまう．これに対して対照群のある人は，変異アレルとしてA^*およびF^*をもっているが，その他は変異アレルではないので，閾値を超えない（図13）．

ここでは理解のために，個人間で比較したが，実際には数千人規模の集団同士を比較し，その中でアレル頻度が偏っている遺伝子を感受性遺伝子としてリストアップしていくのである．2つの群の間に頻度の差が認められるアレルは，感受性遺伝子そのものを規定する変異である場合もあるし，その近傍にあって強く連鎖している多型の可能性もある．アレル頻度の偏りがどの程度あれば信頼できるも

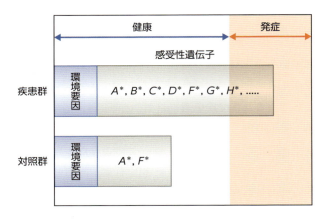

図13 多因子疾患と疾患感受性遺伝子の変異アレル数

多因子疾患の疾患群では，疾患感受性遺伝子の変異アレル数が多いため，環境要因と合わせて，疾患発症の閾値を超えるため発症すると想定する．したがって，疾患群と対照群間でアレル頻度の大きく異なるアレルは，疾患発症を高める変異アレルと考えられる．

のであるかは，統計学的に検討することができる（**本章末の解説を参照**）．

ゲノムワイド関連解析（GWAS）

多因子疾患の原因となる変異アレルは複数存在することから，その位置を単一遺伝子疾患の探索に用いたような，メンデル遺伝学的な手法で絞り込むことはできない．そこでヒトゲノム全体にわたり，多数のアレル多型についてその頻度の偏りを探索する方法がとられる．このようなアプローチは，2002年に世界で初めて理化学研究所で実施された手法であり[3]，ゲノムワイド関連解析〔genome wide association study：GWAS（ジーバスと読まれる）〕という．国際HapMapプロジェクトにより，膨大な数のSNPが収集されたことから，GWASによる多因子疾患の疾患遺伝子探索が飛躍的に進むこととなった．GWASには，SNP以外にもマイクロサテライトDNAの多型なども用いられてきた．

GWASにおける重要なポイントは，疾患群と対照群との間で，集団の均一性が保たれていることである．日本人の起源として，朝鮮半島，南方および北方からの3つのルートで渡来した人々が考えられている．特定の集団に偏って発症する疾患の解析を行なった場合に，対照群の選び方は大変困難となる．この問題は，人種の不均一性が著しいヨーロッパなどでは，特に重要なものである．

11 GWASによる感受性遺伝子の同定とその問題点

さまざまな多因子疾患に対して，GWASを用いた解析が展開されてきた．その具体例は次章で述べるが，その過程でGWASの長所と問題点とが浮かび上がってきた．GWASのメリットは，方法論からして当然のことであるが，疾患の生化学的な研究からは予測もできなかった新たな因子の発症への関与が明らかにされることである．GWASで明らかにされたⅡ型糖尿病に関与する感受性遺伝子の数は

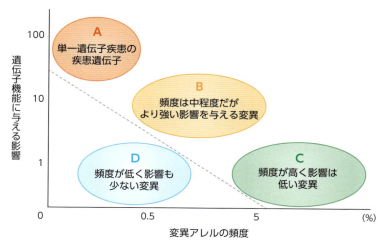

図14 変異アレル頻度と遺伝子機能への影響でみた変異のグループ分け

遺伝子変異には，単一遺伝子疾患の原因となるような強い影響力をもつ稀な変異，変異の頻度は5％以下であるがその影響は比較的強いもの，頻度が5％以上であるが疾患発症リスクを高める程度であるもの，頻度が低く影響も軽微なもの，などのいくつかのグループに分けられ，それぞれが疾患発症に寄与する．

60以上にも達し，その中には従来予測されていなかった機能をもつものが含まれていた．

例えば，*KCNQ1*遺伝子があげられる．その産物は，細胞膜上に存在する電位依存性カリウムチャネルのサブユニットであり，心筋の活動電位の再分極（活動電位からの膜電位の回復）や消化管や腎臓における水・電解質輸送・吸収に関与するとされていたが，インスリン分泌との関連は知られていなかった．このような結果から，Ⅱ型糖尿病の新たな発症メカニズムが明らかにされ，疾患の全貌の解明につながり，予防・治療の新たな標的ともなることが考えられる．

GWASの問題点

しかし，Ⅱ型糖尿病に関与する感受性遺伝子が60以上も同定されたにもかかわらず，これまで同定された感受性遺伝子では，数十％以上ともされるⅡ型糖尿病の遺伝要因のほんの一部（5〜10％程度）しか説明できないとされている[4,5]．GWASで同定された感受性遺伝子では，遺伝要因の一部しか満たすことができない理由として，いくつかの仮説が提案されている[4,5]．すなわち遺伝子の変異は，その頻度と影響の程度により，①頻度は非常に稀であるが単一遺伝子疾患の原因となるような強い影響を示すもの（図14Aの集団），②頻度は中程度であるがその影響は比較的強いもの（図14B），③頻度は比較的高いが疾患発症リスクを高める程度であるもの（図14C），④頻度も影響も低いもの（図14D），などのグループに分けられ，それぞれが疾患の発症に寄与するという考え方である．アレル頻度には民族差も著しく，このグループ分けは民族によっても異なると考えられる．

common disease common variant仮説は，遺伝子のちょっとした変異は生存や生殖に大きな影響を与えないものであるから，共通の祖先に由来してヒト集団の中で一定頻度存在し，罹患率の高い多因子疾患の感受性を高め

るであろうと仮定したものである．GWASで検出される遺伝子変異は，この仮説によって存在が予測されるCの集団に属するものである．市販のSNPチップは，最近では1％以上のアレル頻度のSNPを対象としているが，これまでは5％以上のアレル頻度のSNPを搭載してきたので，これより頻度が低いSNPは解析されなかった．また，特定の民族では高い信頼度で同定される感受性遺伝子が，別の民族では検出されないこともある（**5章**参照）．D集団に属する頻度も影響も低い変異アレルは，解析対象数を大幅に増加させないと検出は困難である．

common disease common variant仮説を少し修正した考え方として，変異の頻度は1％より低いが，その影響は比較的強い変異（**図14B**の集団）を想定するものがある（common disease rare variant仮説）．この仮説を支持する結果がある．血中脂質レベルと相関する30の感受性遺伝子がGWASから同定されている．これらの遺伝子のいくつかは，メンデル遺伝様式をとる脂質代謝異常症の疾患遺伝子として報告されているものである．脂質代謝異常症における変異は，GWASで同定された変異より，遺伝子機能に大きな影響を与えるものであるが，その頻度は低いためにGWASでは検出されない．したがって，ヒト集団の中で一定頻度以上の変異アレルを対象としたGWASでは検出されないような，より機能に大きな影響をおよぼす変異が実際に存在し，疾患の発症にかかわっている可能性がある．さまざまな疾患においてこの可能性を検討するには，疾患群と対照群との間で，感受性遺伝子をSNPレベルではなく塩基配列そのもので比較する必要があるだろう．このアプローチには前述のエキソーム解析が極めて有効であり，すでに研究が開始されている．

感受性遺伝子の変異部位の多くは，タンパク質をコードする遺伝子のイントロンや遺伝子の外側に存在することから，この変異が近傍の遺伝子の発現に影響を与えるものか，あるいは別の機能をもっているかは不明である．遺伝子以外の領域を含むヒトゲノムの大部分が転写されているということが明らかにされつつあり（**7章**参照），遺伝子以外の領域も発症に関与する可能性がある．こうした転写物の中で，miRNAなどのタンパク質をコードしないRNA（ノンコーディングRNA，**7章**参照）が，mRNAレベルやその翻訳効率を制御することが明らかとなっており，こうした点からの解析も必要であろう．**8章**で詳述されるエピジェネティックな制御と疾患の関係についてもこれからの研究が待たれる．また，これまでのSNPを用いたGWASでは，**2章**でふれたコピー数多型は解析対象としていなかった．しかし，コピー数多型がヒトの形質に影響があることは明らかであり，コピー数多型による影響が見逃されていた可能性がある．

疾患の理解から考えられてきた遺伝子以外にも，さまざまな遺伝子が疾患に関与することを明らかにしたことは，GWASの大きな功績である．現段階では，同定した感受性遺伝子によって疾患の遺伝要因を充足するまでには至っていないが，感受性遺伝子の塩基配列レベルでの比較や，SNP周辺領域の詳細な研究が，多因子疾患の理解やその予防につながることを期待したい．

■ 文献

1) Choi, M. et al.：Genetic diagnosis by whole exome capture and massively parallel DNA sequencing. Proc. Natl. Acad. Sci. USA, 106：19096-19101, 2009
2) Zhang, X.：Exome sequencing greatly expedites the progressive research of Mendelian diseases. Front Med., 8：42-57, 2014
3) Ozaki, K. et al.：Functional SNPs in the lymphotoxin-alpha gene that are associated with susceptibility to myocardial infarction. Nat. Genet., 32：650-654, 2002
4) Visscher, P. M. et al.：Five years of GWAS discovery. Am. J. Hum. Genet., 90：7-24, 2012
5) Manolio, T. A. et al.：Missing heritability and strategies for finding the underlying causes of complex disease. Nature, 461：747-753, 2009

■ 参考文献・図書

6) 『人類遺伝学ノート』（徳永勝士／編），南山堂，2007
7) 『これからのゲノム医療を知る』（中村祐輔／著），羊土社，2009
8) 角田達彦，他．：国際HapMapプロジェクト．実験医学，26：998-1002, 2008
9) 『完全独習　統計学入門』（小島寛之／著），ダイヤモンド社，2006

解説

GWASにおけるSNPのアレル頻度の偏りと統計学的な信頼度

アレル頻度が疾患群と対照群とで異なっているSNPがみつかった場合に，統計学上どの程度信頼性があるか，検定する必要がある．例として，コインを3回投げて表裏の回数を数える問題を取り上げる．

表が3枚出る（○○○）確率は，$(1/2)^3 = 0.125$ である（図①）．表が2枚となるには，○○●，○●○，●○○の3通りの出方があり，それぞれの確率が0.125であるので，表が2枚出る確率は3倍の0.375となる．表1枚も同様に3通りの組合せがあるので（○●●，●●○，●○●），合計0.375となる．裏が3枚の確率は，0.125である．

N回投げて表がX回出る確率を求めてみると，表がX回で裏がN－X回出る確率 $[(1/2)^X \times (1/2)^{N-X}]$ に，組合せの数 $[N!/(X! \times (N-X)!)]$ を掛ければよい．もしコインの重心が裏寄りにあり，表の出る確率が0.6であれば，$[0.6^X \times 0.4^{N-X}] \times [N!/(X! \times (N-X)!)]$ で確率が求められる．

コインを100回投げて，表が何回出るか，その回数Xを記録してみる（再び表裏等しい確率とする）．表が0回から100回まで可能性があるが，それぞれの確率は，50を中心とした正規分布を示す（図②）．図②右側に60回から70回までの確率を示したが，71回以上の確率は極めて小さいので無視すると，60回以上表が出る確率の合計は，約0.03である．つまり，偶然表が60回以上出現する確率は，100回実験をして，わずか3回程度である．さらに65回以上となると，その確率は0.0022まで下がる．

あるSNPのアレル頻度が，対照群ではその塩基がAであるアレルが50％であり，Gであるアレルが50％とする．疾患群50名で同じ分析をした結果，Aアレルが35個で，Gアレルが65個であった．この命題は，前項のコイン投げと全く同じことを一塩基多型に置き換えただけであるので，「疾患群でもAアレルとGアレルの頻度は等しい」と仮定した場合に，たまたまサンプルを採取した患者に偏りがあり，偶然Gアレルが65個以上となる確率は，0.0022である．つ

コインを3回投げた場合

表が3枚の確率 ○○○		12.5%
表が2枚の確率		12.5% × 3 = 37.5%
表が1枚の確率		12.5% × 3 = 37.5%
表が0枚の確率 ●●●		12.5%

図① コイン投げ

N回投げてX回表が出る確率は

$$\left(\frac{1}{2}\right)^X \times \left(\frac{1}{2}\right)^{N-X} \times \frac{N!}{X! \times (N-X)!}$$

表裏それぞれの確率　×　組合せの数

まり，1万回同じ分析をしても，22回しかGアレルが65個以上とならない．

この場合どのように考えるのがよいだろう．仮説「疾患群でもAアレルとGアレルの頻度は等しい」が，そもそも間違っていると考えるのが妥当だろう．そこで，「疾患群では，対照群とアレル頻度が異なっており，Gアレルの頻度の方が高い」と仮説を立てる．この仮説は，0.9978の確率で正しいが，0.0022の確率で誤りとなる．「疾患群では，対照群とアレル頻度が異なっており，Gアレルの頻度の方が高い」とする仮説が成立するなら，Gアレルは染色体上で疾患の原因となる変異と連鎖していることが想定される．こうして疾患遺伝子を同定していくのである．

ゲノム全体の数万から50万個程度のSNPを網羅的に解析する場合には，偶然に結果が偏る可能性が極めて高くなる．例えば，確率$P<0.05$を有意とした場合に，この有意差は20回に1回程度またはそれ以下しか偶然には偏らない，とする確率である．逆に考えると，対照群と疾患群とで本当はアレル頻度が等しいSNPを20個も解析すれば，偶然どれかが統計的に有意（$P<0.05$）偏りを生じる可能性がある．この誤りを防ぐために，0.05を解析SNP数でさらに割った値以下のものを有意とするなどの補正が行なわれている．この場合，$P<0.0025$となるものだけを有意差があるとすればよい．

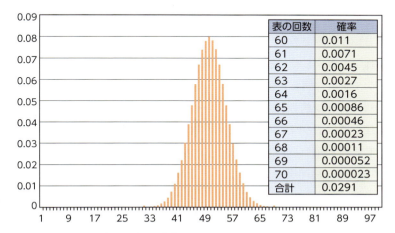

図② コイン投げ100回の表の回数と確率

確率は，50を中心とした正規分布を示す．60以上の確率を合計すると，約0.03となる．つまり，表が60回以上出現する回数は，100回実験をして，わずか3回程度である．

5章 さまざまな疾患の遺伝子

本章では，実際に疾患遺伝子を同定した論文を紹介し，その具体例について学ぶ．はじめに紹介する論文は，分子生物学的手法を用いてハンチントン病の原因となる遺伝子変異を同定したものである．この疾患は，遺伝子内部の3塩基配列の繰り返しの数が増加することによって発症し，トリプレットリピート病として総称される疾患の代表例である．筋ジストロフィーの代表的な疾患であるデュシェンヌ型筋ジストロフィーの原因となる欠失した遺伝子の同定には，特別な工夫が凝らされている．日本で多くみられる福山型先天性筋ジストロフィーの原因となる遺伝子変異についても論文をみてみたい．本章の後半では，エキソーム解析や多数の一塩基多型を網羅的に解析することによって疾患に関連する遺伝子に迫る研究を紹介する．

1 ハンチントン病における遺伝子変異

アメリカに遺伝病の原因究明と患者のサポートを行なう Hereditary Disease Foundation という団体がある．この代表を務めているのがナンシー・ウェクスラー（Nancy S. Wexler, 1945～）という人物である．ウェクスラーは，当初心理学を専攻していたが，母親のレオノアがハンチントン病を発症したことを契機として，ハンチントン病の研究グループを組織し，その疾患遺伝子の同定に多大な貢献をした．ハンチントン病は，多くは30代半ば以降で発症する重篤な精神疾患であり，脳の線条体の強い変性（細胞死のこと）による筋肉の不随意運動を伴う．現在までに，有効な治療法は見出されていない．ハンチントン病は常染色体優性の遺伝様式をとることから，母親が発症したことは，ウェクスラー自身も将来50％の確率で発症することを意味する．その運命のもとで，強い意志で困難な遺伝子同定を推進した精神力には感嘆するほかはない．当時ウェクスラーが書いた論文のタイトルに，『Genetic "Russian Roulette": The Experience of Being "At Risk" for Huntington's Disease』というものがある．いかに辛い心境であったかを如実に物語るものである．幸いにもハンチントン病遺伝子は，ウェクスラー自身にも姉のアリスにも伝わってはいなかった．

ハンチントン病の連鎖解析

ハンチントン病疾患遺伝子の同定は，困難を極めるプロジェクトであった．後にハンチントン病疾患遺伝子を同定することになるグゼラ（James F. Gusella, 1952～）らが研究を開始した当時は，ヒトゲノムの多様性はまだ解明の初期にあり，グゼラがもっていた分子生物学的なマーカーはわずか12（！）しかなかったのである．制限酵素で切断すると，一

塩基多型（SNP）から制限酵素認識配列がその部位にある人とない人が存在し，DNA断片の長さが個人によって異なる領域がある（**4章7参照**）．ゲノムDNAを制限酵素で切断し，プローブDNAを放射性同位体標識してサザンブロッティングを行ない，その長さの違いと疾患が連鎖しているか否かを調べるという，地道な作業が続けられた．解析には，アイオワ州の家系が用いられた．

ヒト染色体のサイズと組換え頻度を考えると，疾患遺伝子の位置を同定するには，少なくとも100以上のマーカーが必要と考えられていた．ヒトの染色体の数より少ないたった12しかないマーカーを頼りに，疾患遺伝子同定に挑戦することは，武器もなしの徒手空拳でモンスターと戦うようなものである．しかし，たった12個の1つ，最後に試されたG8が，幸運にもハンチントン病遺伝子と弱い連鎖を示すことが見出された．しかし，データ数が少ないため，明確な結果ではなかった．ついでウェクスラーらがフィールドワークで集めた，ベネズエラのマラカイボ湖周辺の住民のサンプルが用いられた．マラカイボ湖周辺は，ハンチントン病が多発する地域であった．その結果，確かにG8は疾患遺伝子と連鎖していることが明らかとなった[1]．ハンチントン病遺伝子は，染色体4p16.3に存在することが示されたのである．

その後，この領域のゲノム多型が丹念に調べられ，マーカーの種類を増やして，原因となる遺伝子の領域が狭められていった．詳細なマップが作られてみると，驚いたことに，G8はハンチントン病の疾患遺伝子からほんのわずかしか離れていなかったのである．ヒトの染色体数より少ないマーカーの1つが，それほど近距離にあったとは，誰が想像し得ただろうか．そして，ハンチントン病と最も密に連鎖するマーカー3つを含む領域に存在する遺伝子として，疾患遺伝子が同定されたのである．

疾患遺伝子 huntingtin の同定

具体例を**図1**に示す[2]．この家系図では，ハンチントン病遺伝子が存在すると考えられる領域周辺の8つのプローブを用いて，制限酵素切断によるDNA断片長の違いから判定したアレル多型を，4番染色体上に配置した結果が示してある．研究習慣上，アレルを断片長そのもので表すもの（例えば図の一番下の1.2または0.7は切断長が1.2 kbまたは0.7 kbを表す）や，長さの異なる断片ごとにA，B，Cなどと区別しているものもある．この家系では，ハンチントン病患者で一番多くみられるパターンは，4-C-1-3-D-1-2.3-1.2というものである．しかし，4世代目の黒塗りダイヤ記号の患者では（左から3人目），最初の2つのアレルが4-A-となっており，この領域と疾患遺伝子間とで組換えが生じたことがわかる．したがって4-A-という領域は疾患遺伝子が存在する領域ではない．

このような解析を重ねて，同一家系内でどのアレルが最もハンチントン病患者に共通に認められるか，また対照群との頻度の差が大きいものはどれか，最も近いとされるアレルと想定される位置にある疾患遺伝子との組換え頻度はどの程度か，という点を検証しハンチントン病遺伝子の場所を狭めていくのである（**4章6参照**）．

表1に，同一発症者由来と考えられるオランダ人45家系についての解析結果の一部を示す[3]．この中でD4S95という領域中のp674というプローブを用いて，染色体DNAを制限

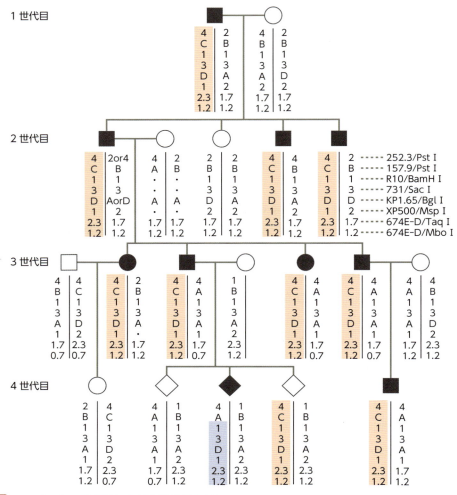

図1　ハンチントン病家系における遺伝子多型

ハンチントン病家系において，各個人について4番染色体のハンチントン病遺伝子が存在すると推定される領域周辺の遺伝子多型を調べた結果である．四角は男性，丸は女性，ダイヤは性別不明，黒塗りは解析時にハンチントン病を発症していた者を示す．252.3/PstⅠとは，制限酵素 PstⅠでゲノム DNA を切断した際に，252.3というプローブにより検出される DNA 断片の長さをアレル4，アレル2と名付けたものである．合計8カ所について多型を調べた結果，ハンチントン病の染色体の切断パターンは，4-C-1-3-D-1-2.3-1.2というパターン（図中の薄い赤の部分）が多くみられる（文献2をもとに作成）．4世代目の黒塗りダイヤの患者のアレルは，4-A-領域と疾患遺伝子との間で組換えが生じたことを示す．

酵素 MboⅠで切断した際の長さを調べると，1.2 kb の長さを与えるアレルの頻度が，対照群では57％であるのに対し，ハンチントン病群では89％もの高率であった．この大きな有意差は，他の領域に比べて，D4S95がハンチントン病遺伝子に極めて近いことを意味する．この表に使われたプローブが由来する領域の位置関係は，図2に示してある．

この結果を受けて，D4S95周辺から転写される mRNA が解析された．合計4つの転写産物がみつかり，順に対照群と疾患群で遺伝子構造の違いが検証されたが，はじめの3つには全く差が認められなかった．最後に残った巨大な転写産物をコードする遺伝子，IT15と

表1 対照群および疾患群（ハンチントン病群）における制限酵素断片長多型のアレル頻度

染色体領域／プローブ名／制限酵素	アレル	染色体数（%） 対照群	染色体数（%） 疾患群	P値
D4S10／pKO82／Hind Ⅲ	A1	101 (72)	33 (85)	0.113
	A2	39 (28)	6 (15)	
D4S10／pTV20／Bgl Ⅱ	G1	129 (74)	18 (49)	0.002
	G2	45 (26)	19 (51)	
D4S95／p674／Mbo Ⅰ	1.2	67 (57)	40 (89)	0.0001
	0.7	52 (43)	9 (11)	
D4S98／p731／Sac Ⅰ	A2	5 (7)	3 (14)	0.275
	A3	69 (93)	18 (86)	

P値が低いほど，制限酵素断片長多型を示す領域が原因となる遺伝子変異に近い（文献3をもとに作成）．

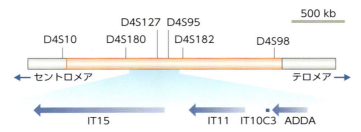

図2 ハンチントン病遺伝子周辺の多型プローブの位置と，ハンチントン病遺伝子IT15
D4S＋数字は，4番染色体の遺伝子多型を解析するのに用いられたプローブである．グゼラらが，最初の論文でハンチントン病遺伝子との連鎖を報告したG8は，D4S10に由来する．D4S10やD4S98の中に存在する多型との連鎖より，D4S95内の多型が，ハンチントン病と最も強い連鎖を示したことから（表1），ハンチントン病遺伝子は，D4S95周辺に存在すると推定された（文献4をもとに作成）．

仮の名前がつけられた遺伝子が，対照群と疾患群とで構造が異なっていたのである[4]．論文がCell誌に掲載されたのは，最初にG8プローブが検出する多型がハンチントン病遺伝子と弱い連鎖が示されてから，10年後のことである．この遺伝子は，ハンチントン病の原因となるタンパク質を作るという意味から，*huntingtin*遺伝子と名付けられた．

グルタミンの繰り返し数と発症の相関

この遺伝子は，アミノ酸残基数で3,144，分子量348,000ものタンパク質huntingtinをコードする．N末端にグルタミン残基が連続する領域が存在するが，この繰り返しの数は，対照群では大多数が24回以下であり，ごく少数の人（2%）で25〜41回となっている．ところが疾患群では，この回数が例外なく42回以上であった．つまり，グルタミンの繰り返し数が増加することが，ハンチントン病の発症の原因と考えられたのである．その後の検体数を増やした結果が，図3に示されているが，グルタミンの繰り返し回数は二峰性の分布を示している．左の集団は，最頻値が17回の対照群であり，右の集団は最頻値44回の疾患群である．2つの集団の境界領域は，35〜39回

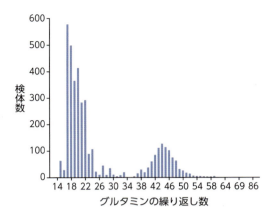

図3 *huntingtin* 遺伝子のグルタミンの繰り返し数

対照群および疾患群についてそれぞれグルタミンの繰り返し数を調べた．分布は明瞭な二峰性を示し，左側が対照群（最頻値＝17），右側が疾患群である（最頻値＝44）（文献5より引用）．

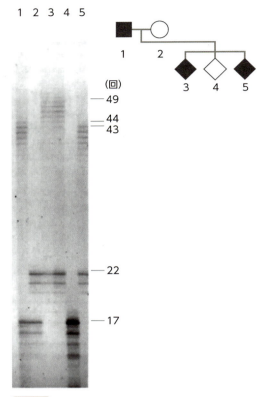

図4 日本人症例でのグルタミン繰り返し数の増加

健常者DNAおよびハンチントン病症例のDNAをサザンブロッティングで解析し，*huntingtin*遺伝子中のグルタミン繰り返し数（図右の数字）を調べた．家系図の1，3，5が発症者である．2，4の健常者で繰り返し回数が22回以下であるのに対し，患者では40回以上の繰り返しが認められる．バンドが複数認められることから，繰り返し回数は不安定であることがわかる（文献6より転載）．

となっている．図4に日本人症例での，サザンブロッティングによる解析結果を示すが，同様な繰り返し数の増加が認められる．検出されるバンドは単一ではなく，グルタミンコドンの繰り返し数が不安定であることもわかる．

この繰り返し数が多くなるほど，若年性の発症を示すことが示されている（図5）．グルタミンの繰り返しが，神経細胞死を招く機序は充分に解明されていないが，繰り返しの長い配列をもつ領域を細胞内やマウス個体内で過剰に発現させると，発現タンパク質が細胞内で凝集する．その結果，多様な細胞内シグナル伝達系が攪乱され，細胞死を誘導すると考えられている．したがって，変異タンパク質は野生型タンパク質とは独立に細胞毒性を発揮することから，変異遺伝子は優性となる．

グルタミンが連続する領域をもったタンパク質をコードする遺伝子は他にもあり，グルタミンの繰り返し数が増加する結果，同様な機序で神経細胞死を伴う神経疾患が生じる．

これらの疾患はポリグルタミン病あるいは，グルタミンのコドンであるCAGの繰り返し数が増加することから，CAGリピート病などとよばれている．疾患として，球脊髄性筋萎縮症，歯状核赤核淡蒼球ルイ体萎縮症，脊髄小脳失調症などが知られている．その後，CAG以外の3文字の繰り返し回数が伸長する疾患もみつかったため，トリプレットリピート病とよばれることもある．

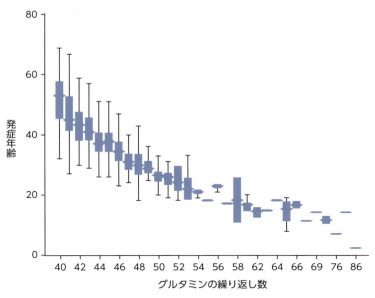

図5　グルタミン繰り返し数と発症年齢
グルタミン繰り返し数とハンチントン病発症年齢との間には，負の相関が認められる（文献5より引用）．

2　トリプレットリピート病と表現促進現象

トリプレットリピート病患者の子どもが発症する場合，発症年齢の低下と疾患の重篤度の増大が観察されていた．この現象は，表現促進現象とよばれる．そのメカニズムは，トリプレットの繰り返し数が，次世代では増加していることである．この現象は，主として男児に発症する知的障害を伴う疾患，脆弱X症候群の疾患遺伝子変異によって最初に報告された．脆弱X症候群の原因となる遺伝子変異は1991年に同定され，*FMR1*（*fragile X mental retardation-1*）遺伝子から産生されるmRNAの5′非翻訳領域に存在するCGGトリプレットリピート数が増加していることが発見されたのである[7]．繰り返し数の増加は減数分裂時に生じると考えられている．ハンチントン病においても同様な表現促進現象がみられている．

3　筋ジストロフィーにおける遺伝子変異

デュシェンヌ型筋ジストロフィーは，X染色体p21領域に存在するジストロフィン遺伝子（*dystrophin*）[※1]の異常に起因する．その疾患名は，1868年にフランス人の医師デュシェンヌ（Guillaume B. A. Duchenne, 1806〜1875）が記載したことにちなむ．主として男児が発症し，約3,500人に1人の発症率とされる．デュシェンヌ型筋ジストロフィーは母親

※1　デュシェンヌ型筋ジストロフィー（Duchenne muscular dystrophy）の略から*DMD*遺伝子とよばれることもある．

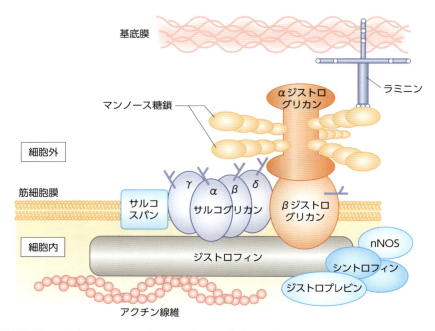

図6 筋細胞膜のジストロフィン，ジストログリカン複合体（αとβ）および
サルコグリカン複合体（α〜δ）

ジストロフィンは，アクチン線維，ジストログリカン複合体，サルコグリカン複合体などと相互作用し，筋細胞膜の強度の維持に重要な機能を果たす．細胞外基底膜から細胞骨格につながるジストログリカン複合体のαジストログリカンは，基底膜のラミニンとマンノース糖鎖で結合している．この糖鎖修飾に異常をきたすとラミニンとの結合能が低下し，αジストログリカノパチーを発症すると考えられている．糖鎖修飾に関与するPOMGnT1，POMT1/2，fukutinの異常はいずれも筋ジストロフィーの原因となる．また，サルコグリカン複合体の構成因子の異常によっても筋ジストロフィーが発症する．

から男児へと遺伝する伴性遺伝様式をとる．同じ母親から生まれる女児は発症せず，1/2の確率で保因者となる．遺伝子が約2,500 kbにもわたる巨大なものであるため変異の率も高く，患者の母親の1/3には遺伝子異常が認められない．すなわち，減数分裂時に変異が生じたと考えられる．

ジストロフィンは，3,685アミノ酸残基で分子量427,000にも達する巨大なタンパク質であり，筋細胞膜に存在する（図6）．ジストロフィンは，基底膜に筋細胞を結合させているジストログリカン複合体のβジストログリカンやサルコグリカン複合体などと結合し，アクチン線維にも結合するタンパク質である．さらに，ジストロフィンはアクチン線維とともに細胞膜の裏打ちをする細胞骨格成分であり，ジストロフィンがない筋細胞は非常に脆弱になると考えられている．

デュシェンヌ型筋ジストロフィーでは，ジストロフィン遺伝子の欠失または変異によるフレームシフトが生じ，その結果ジストロフィンタンパク質はほとんど検出されない．これに対し，ベッカー型筋ジストロフィーにおいては，遺伝子の一部の欠失のため正常より分子量の小さなジストロフィンタンパク質ができるので，完全なジストロフィンの欠失であるデュシェンヌ型よりも症状は軽い．αジストログリカンは，βジストログリカンと基底膜にあるラミニンとの両者に結合するタンパク質である．後述する福山型筋ジストロフィー

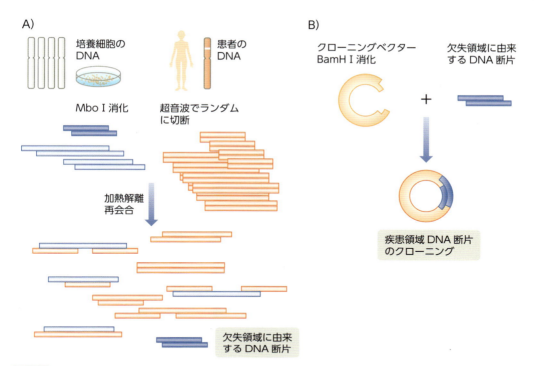

図7 デュシェンヌ型筋ジストロフィーの原因遺伝子のクローニング[8]
4本のX染色体をもつヒト培養細胞ゲノムDNAをMboⅠ消化し，患者ゲノムDNAは超音波で平均1kbにランダムに切断する．両試料を混合後，加熱することにより一本鎖に解離させ，穏和な条件下で再会合させた．欠失領域に由来するDNA断片は，患者DNAには存在しないため，再び会合してMboⅠ突出末端を生じるが，他の領域のDNA断片は過剰の患者DNAと会合するため，両端にMboⅠ突出末端をもたない．欠失領域に由来するDNA断片は，同じ突出末端をもつBamHⅠで消化したベクターにクローニングすることができる．

では，αジストログリカンの糖鎖修飾に関与する因子の異常によって，αジストログリカンのラミニン結合活性の低下がみられる．また，ジストロフィン結合タンパク質であるサルコグリカン複合体の構成因子の異常も筋ジストロフィー発症をもたらす．

ジストロフィン遺伝子の同定

大きなX染色体領域の欠失を伴う男児症例や，稀に発症する女児の染色体転座を伴う症例の染色体検査から，原因となる遺伝子変異の領域は，X染色体p21領域の欠失であると考えられた．そこで，遺伝子同定への工夫がなされた（図7）[8]．

X染色体を過剰に4本もつ培養ヒト細胞株のゲノムDNAを制限酵素MboⅠで消化する．一方，患者ゲノムDNAを超音波処理によって約1kbの断片にランダムに切断する．細胞株DNAに対して，患者DNAを大過剰（200倍量）加えて，熱処理によって一本鎖へと解離させ，穏和な条件下で再び二本鎖へと会合させる．疾患に関連した遺伝子領域は，患者ゲノムでは欠失しているため，培養細胞由来の疾患遺伝子領域を含むDNA断片だけが再会合し，その両端はMboⅠサイトとなる．それ以外の領域のDNA断片は，過剰に存在する患者のDNA断片と会合する結果，両端にMboⅠサイトをもつDNA断片は生じない．両

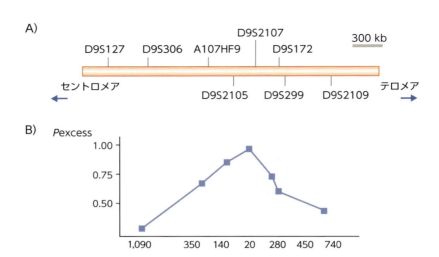

図8 福山型筋ジストロフィー疾患遺伝子のマッピング
A）福山型筋ジストロフィーの疾患遺伝子が存在すると推定される9番染色体長腕q31領域の多型マーカーを収集し（図はその位置を示す），B）患者と対照者間におけるそれぞれのアレル頻度の偏り（Pexcess値：本文参照）をマーカーの位置に対してプロットした．図Bの横軸は，疾患遺伝子と各マーカー間の推定距離（kb）を示す（文献10をもとに作成）．

端がMbo Iサイトをもつ欠失領域に由来するDNA断片は，Mbo Iの突出配列（GATC）と同じ突出配列をもつBamH Iで消化したベクターに挿入してクローニングすることが可能となる．これらの配列は，患者では欠失している領域に由来することが証明され，この領域に存在するジストロフィン遺伝子が単離されたのである[9]．

福山型先天性筋ジストロフィーの疾患遺伝子

福山型先天性筋ジストロフィー（FCMD：Fukuyama-type congenital muscular dystrophy）は，1960年に福山幸夫（1928〜2014）らにより発見された，常染色体劣性疾患である．発症率は，10万人あたり約3人であることから，変異遺伝子をもつ保因者は約90人に1人であると推定される．日本における小児期筋ジストロフィーの中ではデュシェンヌ型の次に多い．

疾患遺伝子の探索は，染色体検査で判定できる染色体転座や欠失などの大きな異常もないため，どの染色体に原因となる遺伝子変異が存在するかというところから開始された．研究が進められた結果，変異遺伝子領域は9番染色体長腕のq31領域にまで絞り込まれた．この領域の多型を検出するプローブが次々と単離された（図8A）．解析対象とした多型は，短い配列の繰り返しであるマイクロサテライトの多型である．これらの多型の中で，最も疾患と高い関連（Pexcess）を示したものが，D9S2107でみられる多型であった（図8B）．Pexcessとは次の式で表される値である．

$$Pexcess = (Paffected - Pnormal) / (1 - Pnormal)$$

Paffectedは疾患群で観察されるアレルの頻度を，Pnormalは対照群でのアレル頻度を示す．あるアレルの頻度が，疾患群で1.0（100%），対照群で0（0%）であれば，Pexcessの値は1となる．逆に，疾患群と対照群で差が

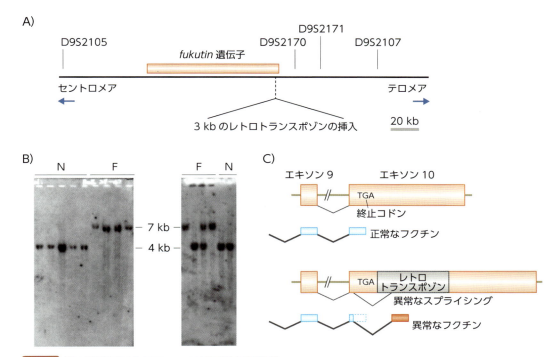

図9 福山型筋ジストロフィーの原因遺伝子変異
A) fukutin遺伝子および周辺領域をマーカーの位置とともに示した．fukutin遺伝子3'端領域に3 kbのレトロトランスポゾンの挿入が認められる．B) レトロトランスポゾン挿入をサザンブロッティングで検討した．対照者（N）では4 kbのバンドが検出されるのに対し，福山病患者（F）では7 kbのバンドが観察された．挿入がみられない患者のfukutin遺伝子には，ナンセンス変異またはフレームシフト変異が認められた．C) レトロトランスポゾン挿入により新たなスプライシングが生じ，その結果異常なフクチンタンパク質が産生される（文献11および12をもとに作成．写真提供：戸田達史博士）．

小さければ，その値は小さくなる．図8に示したように，D9S2107によって検出される多型のあるアレルは，1に極めて近い値を示しており，左右両側に離れるにしたがって，その値は低くなっている（図8B）．このことは，疾患の原因となる遺伝子変異がD9S2107のすぐ近傍に位置することを示す．この領域の種々のプローブを用いて，さらに解析を続けた結果，図9Bに示したように，患者では対照者と比べて3 kb長くなっているDNA断片が発見された．

詳しい解析の結果，この領域は福山型筋ジストロフィーの原因となる変異であり，フクチン（fukutin）と名付けられた遺伝子の第10エキソンにレトロトランスポゾン（レトロウイルスに構造が類似したトランスポゾン）が挿入されたことが原因であった（図9A）[11]．第10エキソンは，461個のアミノ酸からなるフクチンタンパク質をコードするmRNAの最も3'側のエキソンであり，終止コドンおよび3'非翻訳領域を含む．レトロトランスポゾンがその3'非翻訳領域に挿入された結果，終止コドン直前の配列とレトロトランスポゾンの間に新たなスプライシングが生じ（図9C），正常なフクチンタンパク質のC末端領域38アミノ酸残基が欠失し，レトロトランスポゾン配列に由来する129アミノ酸が付加され，異常なフクチンタンパク質となった[12]．トランスポゾン挿入は変異としては稀なタイプであり，日本人の患者の9割が同じ変異をもつことや

変異領域周辺の多型の解析から，2,000〜2,500年前の同一人物に由来する変異が日本人集団中に拡がったと推定されている．

　福山型筋ジストロフィーでは，筋細胞のαジストログリカンがほとんど認められない．その後の研究から，フクチンはαジストログリカンの糖鎖修飾に関与する因子であると考えられること，αジストログリカンの糖鎖修飾の不全は，その発現低下を招くとともに基底膜を構成するラミニンなどとの相互作用を低下させることが明らかにされている．福山型筋ジストロフィーと同様に，筋ジストロフィーと滑脳症や眼奇形を伴う類似の症状を呈する他の疾患があるが，これらの疾患遺伝子はいずれも糖鎖修飾にかかわる酵素をコードしている．この他にも，ジストログリカン複合体の他の因子やサルコグリカン複合体の構成因子，基底膜ラミニンをコードする遺伝子の異常によっても筋ジストロフィーの発症がもたらされることから，ジストロフィン，ジストログリカン複合体，サルコグリカン複合体とその糖鎖修飾は，いずれも筋細胞の機能に極めて重要なものであると考えられる．

4　エキソーム解析による疾患遺伝子の同定

　希少な疾患であり充分な数の患者検体の収集が困難な場合には，エキソーム解析が有力な手段となる（4章9参照）．エキソーム解析は，2009年に疾患遺伝子が明らかである疾患を対象として試験的な研究が実施された[13]．基本的な方法は現在でも変わっていないので，その概略について述べる．

　対象とした疾患は，常染色体優性の稀な遺伝性疾患であるFreeman-Sheldon症候群であり，手・足や顔面に特有な変形を呈する．原因となる変異は，MYH3（embryonic myosin heavy chain）遺伝子に生じていることがわかっている．

　4名の非血縁の患者および8名の対照者のゲノムについて，全エキソン配列を決定し標準ゲノムと比較したところ，1名あたり平均17,200個ものSNPや挿入/欠失配列（In/Del）がみつかった．これらの中からこれまでにデータベースに登録されている多型を除外し，さらにアミノ酸置換を伴うもの（NS：nonsynonymous SNP），スプライシングに関与する配列に生じた多型（SS：splice-site SNP），タンパク質コード領域中に生じたIn/Delのみとしたところ，患者#1で4,510カ所に絞ることができた（表2）．さらに公開されているデータベースになく，対照者のエキソームにも認められない新規な多型のみとした場合に，360カ所に減少した．さらにこの中から，タンパク質構造に大きく影響しそうな変異に限ると，160カ所にまで絞り込むことができた．このような解析を他の患者に対しても行ない，4名の患者の共通項を検索したところ，確かに疾患遺伝子であるMYH3遺伝子の変異が同定された．患者3名での共通項とした場合には，MYH3遺伝子を確定することはできなかったが，候補遺伝子を3つにまで絞ることはできた．したがって，エキソーム解析により，ほんの少数の患者検体しか得られない場合においても，疾患遺伝子の同定が可能であることが示された．

　エキソーム解析はその後も活発に研究が進められ，多因子疾患における希少変異の同定や，がんゲノムにおける変異の同定などにも応用されている．

表2 エキソーム解析による疾患遺伝子の同定

	多型のカテゴリー	患者1	患者1, 2に共通	患者1, 2, 3に共通	患者1, 2, 3, 4に共通	4名中3名に共通
多型が認められた遺伝子数	NS／SS／In/Del	4,510	3,284	2,765	2,479	3,768
	NS／SS／In/Delのうちデータベースにないもの	513	128	71	53	119
	NS／SS／In/Delのうち8名の対照者にないもの	799	168	53	21	160
	どちらにもないもの	360	38	8	1 (*MYH3*)	22
	タンパク質の構造に大きく影響するもの	160	10	2	1 (*MYH3*)	3

4名のFreeman-Sheldon症候群患者を対象として、エキソーム解析が実施された。原因となる変異は、*MYH3*遺伝子に生じている。患者1に認められたアミノ酸置換をもたらす多型（NS），スプライシングに関与する配列に生じた多型（SS），エキソン中に生じたIn/Delは、4,510カ所存在した。このうち，公開されているデータベースにも対照者にも認められない新規な多型は360カ所であり，タンパク質構造に大きく影響しそうな変異に限ると，160カ所であった。さらに4名の患者に共通に変異が生じている遺伝子として*MYH3*遺伝子が同定された．患者3名での共通項では，*MYH3*遺伝子を含む3つの遺伝子まで絞り込むことができた．

5 SNPの網羅的解析による疾患感受性遺伝子の同定

理化学研究所は，疾患遺伝子同定のため，ヒトゲノムにみられるSNPを多数収集するプロジェクト（国際HapMapプロジェクト：4章8参照）を中心となって推進してきた．これらの成果を活かすべく，世界で初めてのSNPに基づく全ゲノム関連解析研究（GWAS：genome wide association study）を糖尿病，リウマチ，心筋梗塞などを対象として開始した．その結果，心筋梗塞の感受性遺伝子として，リンホトキシン-α遺伝子を同定している[14]．この解析に用いられたSNPの数は10万個程度であり，ヒトゲノム全体をカバーするには，必ずしも充分な数ではなかった．しかし，疾患の病因に全くとらわれずに，ゲノム全体を網羅的に解析し，新しい疾患感受性遺伝子が単離された意義は大きい．新たな感受性遺伝子の機能を解析することで，疾患発症の機序の理解がより深まるからである．

2007年にはNature誌に，7つの主要な疾患を対象としたGWASの結果が掲載された[15]．この論文では健常人（対照）3,000人と各疾患それぞれ2,000人との間で，500,568個のSNPのアレル頻度を比較し，対照群と疾患群とで大きな差が生じているSNPが検索された．SNP解析には，アフィメトリクス社のGeneChip 500K Mapping Array Setというチップが用いられた．研究が行なわれたイギリスでは，人種の均一性が問題となることから，対照群の均一性についても充分な注意が向けられている．

対象とした7つの疾患は，双極性障害，冠動脈疾患，クローン病，高血圧，リウマチ，I型糖尿病，II型糖尿病である．いずれも多数の患者が存在し，遺伝要因の関与も指摘されているが，原因となる遺伝子は充分に解明されていない．双極性障害とは，躁状態とうつ状態を繰り返す精神疾患であり，以前は躁うつ病とよばれた疾患である．冠動脈疾患は，心臓の筋肉に酸素を供給する冠動脈の動脈硬

化によって血流量が低下し，その結果生じる狭心症や心筋梗塞などの疾患を指す．日本人の死因の上位を常に占めている疾患である．クローン病は，消化管に潰瘍を形成し，粘膜の炎症と腸管内腔の狭窄を生じる慢性の炎症性病変である．本態性高血圧は，複数の遺伝要因と環境要因が関与する多因子疾患であり，遺伝要因は30～70％と推定されている．リウマチでは，骨，関節，筋肉などの器官が自己免疫反応によって障害される．Ⅰ型糖尿病では，インスリンを分泌する膵臓β細胞が自己免疫反応によって障害を受け，インスリンが分泌されなくなり，Ⅱ型糖尿病では，膵臓からのインスリン分泌の低下と組織のインスリンに対する応答性が低下する結果，発症する．これらの疾患については，長い研究の歴史があり，その中で関与する遺伝子多型が明らかなものもある．したがって，この研究は，従来明らかにされた関連遺伝子がどの程度の信頼性で検出できるのかを検証するとともに，新たな感受性遺伝子の発見を目指したものである．

同定された感受性遺伝子

図10に，各疾患について，SNPのアレル頻度を対照群と疾患群とで比較した結果を示してある．縦軸は，アレル頻度の偏りを，偶然にそのような偏りが生じる統計学的な確率の負の対数として示し（偶然に偏る確率は，**4章末の解説**参照），横軸には染色体1番から性染色体までの各々のSNPの位置を示している．1点が1つのSNPに対応し，縦軸上で上方にあるものほど偶然にそのような偏りとなる確率が低いことを示す．例えば，冠動脈疾患では9番染色体上に非常にアレル頻度が異なる領域が認められる．同様に頻度が大きく異なる領域が，リウマチとⅠ型糖尿病で同じ6番染色体に認められる．図10の中で，従来の研究から疾患との強い関連が報告されていた領域のSNPを青矢印で，この研究で新たにみつかったものは赤矢印で示してある．

これらの中で，最も高い有意差を示したSNPは，Ⅰ型糖尿病およびリウマチの疾患群と対照群との間のものであり，6番染色体の主要組織適合遺伝子複合体（MHC：major histocompatibility complex）領域のSNPであった（表3）（リウマチでのP値は3.4×10^{-76}，Ⅰ型糖尿病では2.4×10^{-134}．P値が低いほど，有意差が高い）．これらの疾患は，ともに自己免疫反応が生じた結果と考えられ，免疫細胞間の相互作用や抗原提示に関与するMHC領域が疾患の発症に関与することは，すでに明らかにされていたものである．MHC領域には，CD8陽性T細胞に抗原を提示するMHCクラスⅠの遺伝子群と，CD4陽性T細胞に抗原を提示するクラスⅡの遺伝子群がある．ともに多くの遺伝子多型が知られているが，このうちMHCクラスⅡの*DRB1-DQβ1*遺伝子領域の特定のタイプの多型が，Ⅰ型糖尿病およびリウマチの発症リスクとなることが知られていた．

もう1つ両疾患に共通してみつかったSNPは，1番染色体上のチロシンホスファターゼ遺伝子*PTPN22*の近傍に位置していた（P値はリウマチで4.9×10^{-26}，Ⅰ型糖尿病で1.2×10^{-26}．このSNPは，*PTPN22*遺伝子内のアミノ酸置換（620番目のアルギニンがトリプトファンに変化する）をもたらすSNPと完全な連鎖を示していることから，真の発症リスク要因は，*PTPN22*遺伝子多型と考えられる．このアミノ酸置換は，従来の研究から，リウマチ，Ⅰ型糖尿病，全身性エリテマ

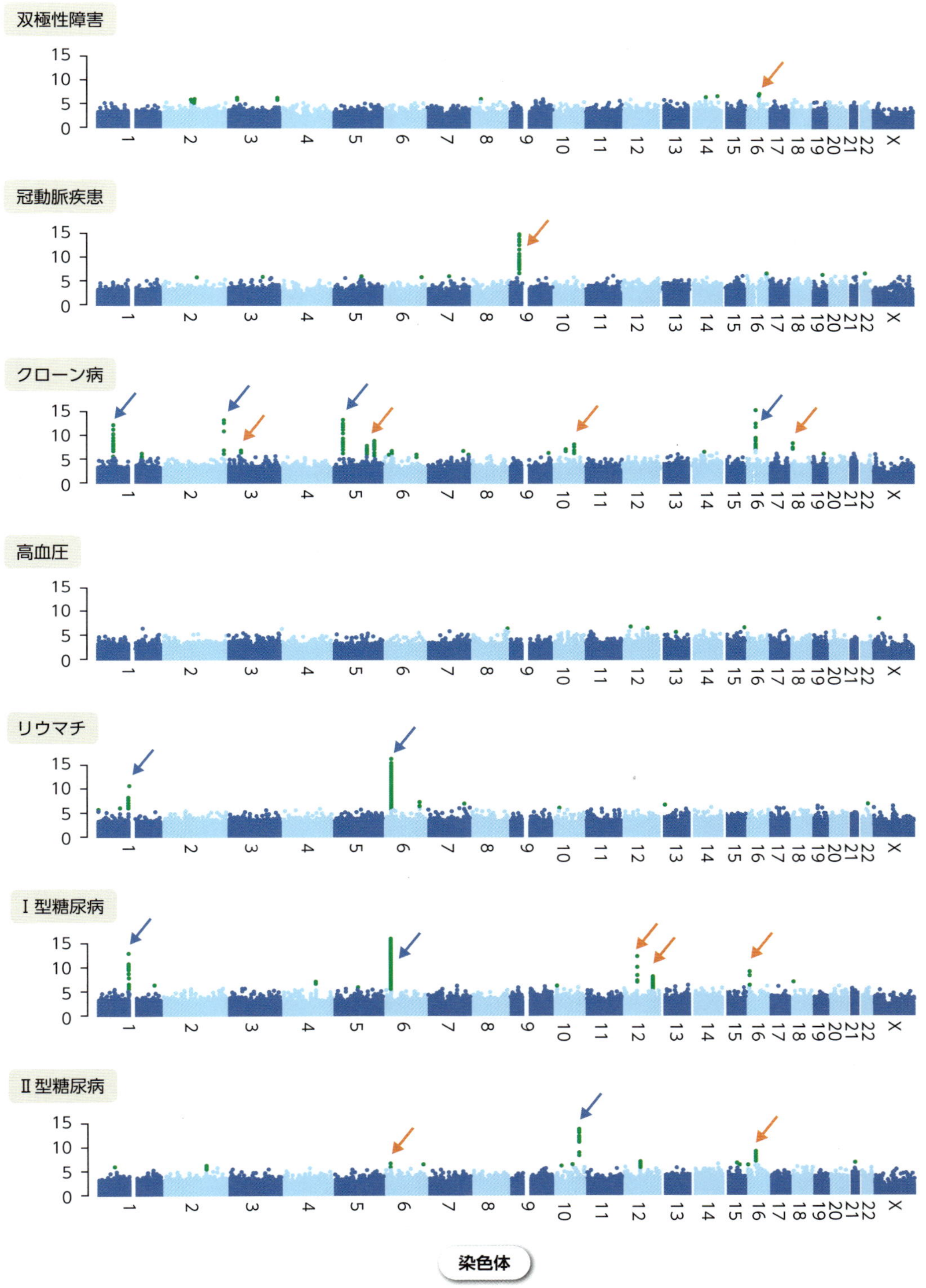
双極性障害
冠動脈疾患
クローン病
高血圧
リウマチ
Ⅰ型糖尿病
Ⅱ型糖尿病
0
5
10
15
1 2 3 4 5 6 7 8 9 10 11 12 13 14 15 16 17 18 19 20 21 22 X
染色体

図10 対照群と疾患群における50万個のSNP頻度の偏り

各SNPについて対照群と疾患群でアレル頻度を比較し，その偏りが偶然生じる確率の負の対数をSNPごとにプロットした．横軸の数字は染色体を示す．赤矢印で示した点が，文献15で新規に発見された領域であり，青矢印で示した点は既知の領域である（文献15より引用）．

表3　GWASで検出された疾患関連遺伝子

疾患	染色体領域	既知/新規	候補遺伝子	SNP番号	P値	オッズ比（ヘテロ）	オッズ比（ホモ）
双極性障害	16p12	新規	?	rs420259	2.2×10^{-4}	2.1	2.1
冠動脈疾患	9p21	新規	CDKN2A, 2B	rs1333049	1.8×10^{-14}	1.5	1.9
クローン病	1p31	既知	IL23R (interleukin 23 receptor)	rs11805303	6.5×10^{-13}	1.4	1.9
	2q37	既知	ATG16L1（オートファジー因子）	rs10210302	7.1×10^{-14}	1.2	1.9
	3p21	新規	BSN (bassoon)	rs9858542	7.7×10^{-7}	1.1	1.8
	5p13	既知	?	rs17234657	2.1×10^{-13}	1.5	2.3
	5q33	新規	IRGM（免疫に関与するGTPase）	rs1000113	5.1×10^{-8}	1.5	2.9
	10q21	新規	ZNF365	rs10761659	2.7×10^{-7}	1.2	1.6
	10q24	新規	NKX2-3（転写因子）	rs10883365	1.4×10^{-8}	1.2	1.6
	16q12	既知	CARD15 (caspase recruitment domain family, member 15; NOD2)	rs17221417	9.3×10^{-12}	1.3	1.9
	18p11	新規	PTPN2（チロシンホスファターゼ）	rs2542151	4.6×10^{-8}	1.3	2.0
リウマチ	1p13	既知	PTPN22（チロシンホスファターゼ）	rs6679677	4.9×10^{-26}	2.0	3.3
	6（MHC領域）	既知	DRB1-DQβ1	rs6457617	3.4×10^{-76}	2.4	5.2
I型糖尿病	1p13	既知	PTPN22（チロシンホスファターゼ）	rs6679677	1.2×10^{-26}	1.8	5.2
	6（MHC領域）	既知	DRB1-DQβ1	rs9272346	2.4×10^{-134}	5.5	18.5
	12q13	新規	?	rs11171739	1.1×10^{-11}	1.3	1.8
	12q24	新規	?	rs17696736	2.2×10^{-15}	1.3	1.9
	16p13	新規	?	rs12708716	9.2×10^{-8}	1.2	1.6
II型糖尿病	6p22	新規	CDKAL1 (CDK5 regulatory subunit associated protein 1-like1)	rs9465871	1.0×10^{-6}	1.2	2.2
	10q25	既知	TCF7L2	rs4506565	5.7×10^{-13}	1.4	1.9
	16q12	新規	FTO (fat-mass and obesity-associated)	rs9939609	5.2×10^{-8}	1.3	1.6

トーデスとの関連が判明していたものである．アミノ酸置換を受けたPTPN22は，チロシンキナーゼLynと結合できなくなり，ホスファターゼ活性を阻害するチロシンリン酸化を受けない．その結果，PTPN22は恒常的に活性化されるため，T細胞内のシグナル伝達が

PTPN22によって強く阻害され，サイトカイン産生の低下を招くことがわかっている．表3の他の既知の疾患関連多型をみても，従来の研究で関連が指摘されていた遺伝子の多型は，このGWASにおいて高い信頼度で検出されることを示している．

新規の感受性遺伝子

それでは，このGWASで初めてみつかった感受性遺伝子にはどのようなものがあるのだろうか．表3からもわかる通り，双極性障害と高血圧では，疾患群と対照群で大きくアレル頻度の異なるSNPはみつかっていない．冠動脈疾患では，細胞周期を制御するタンパク質キナーゼの阻害因子，p21^{INK4a}およびp21^{INK4b}を産生するCDKN2Aおよび2B遺伝子に高い関連がみつかっている．これら因子の発症に関する機序は不明であるが，新たな研究の切り口をもたらすものである．クローン病は，腸管細菌叢の異常と自己免疫が発症に関与するが，新たにみつかった感受性遺伝子は，免疫に関与するGTPaseであるIRGM，NKX2-3転写因子，アポトーシス関連タンパク質CARD15，免疫T細胞のシグナル制御因子PTPN2などのタンパク質をコードする遺伝子であることは興味深い．Ⅰ型糖尿病，Ⅱ型糖尿病でも既知の感受性遺伝子の変異アレルが検出されている他に新規の遺伝子が浮かび上がってきている．

6 GWASで発見された糖尿病感受性遺伝子

Ⅱ型糖尿病にかかわる感受性遺伝子は，これまでに60を超す遺伝子が同定されており，そのほとんどがGWAS研究によって明らかにされたものである．これらの因子は大別して，インスリン分泌にかかわる因子と，組織のインスリン応答性に関与するものとがある．前者に属する因子として，膵臓ランゲルハンス島β細胞からのインスリン分泌やセンサーとして機能する因子，β細胞の増殖・分化を制御する因子などが知られている．4章11で記述した通り，電位依存性カリウムチャネルKCNQ1はQT延長症候群の原因として同定された遺伝子であるが，糖尿病との関連は発見されていなかった．KCNQ1はインスリン分泌を抑制する機能があると考えられており，Ⅱ型糖尿病のリスクアレルは，インスリン分泌をより低下させる．逆に，KCNQ1の機能を喪失しているQT延長症候群の患者では，インスリン分泌が亢進している．

GWASによるさまざまな感受性遺伝子の発見を契機に，これらの遺伝子産物を対象としてインスリン分泌やインスリン応答性における機能研究が盛んに実施されるようになった．このような研究は糖尿病発症の理解と新たな創薬研究の上で，極めて重要な貢献をしている．

7 日本人の民族的特殊性

人種の差によって，SNPのアレル頻度が大きく異なるために，欧米の研究で発見された感受性遺伝子が，日本人では検出できないことがある．また，逆の場合も報告されている．イギリスでの研究で，リウマチとⅠ型糖尿病に極めて高い関連を示すPTPN22遺伝子の多型は，日本人では多型自体がみられない．日本人を対象としたGWASからKCNQ1遺伝子が同定されたが[16]，この遺伝子内のSNP

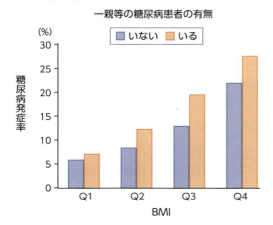
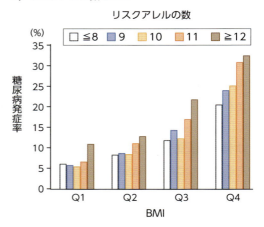

図11 リスクアレルの発症への寄与

II型糖尿病の感受性遺伝子として同定された遺伝子がどの程度発症に寄与するかを調べた．対象はスウェーデン人およびフィンランド人合わせて約19,000名について23.5年間の間の発症頻度を比較した．A）BMI（body mass index）の数値で対象者を4群に分け，それぞれ一親等に患者がいるか否かでさらにグループ分けをしている．BMIが高く，親族に発症者がいる群の発症率が高い．B）では，BMIで4群に分けたのち，感受性遺伝子合計16個のうち，リスクアレル（発症促進に働くアレル）を何個もっているかで細分化している．BMIがQ4の群では，リスクアレルの数が8以下の集団で発症率が20％程度であるのに対し，12個以上の集団では，30％以上となっている．しかし，この差はBMIのQ1集団とQ4集団の差より小さい（文献17をもとに作成）．

（rs2237892：C/T）は，疾患群でのアレル（Cアレル）頻度が68％であるのに対し，対照群では59％である（$P = 2.8 \times 10^{-29}$）．ところが，ヨーロッパ人では，疾患群で96％，対照群で95％と，ともにアレル頻度が高いため，日本人ほど高い有意差は生じない．ヨーロッパ人で疾患と高い関連性を示すTCF7L2遺伝子の多型は，日本人においては5％対2％と傾向は類似しているが，アレル頻度が低いために，通常の検体数では有意差が得られない．このように，人種間でかなりの差があることは事実であるが，異なる人種におけるGWASの進展に伴って疾患の発症メカニズムが多角的に進められることが期待できる．

8 感受性遺伝子リスクアレル数と発症リスク

従来の研究やGWASからみつかった遺伝子多型はどの程度II型糖尿病の発症に寄与しているのだろうか．合計16個の遺伝子について発症リスクを高めるアレルを何個もっているかによって糖尿病発症率がどの程度異なるかを検討した研究がある[17]．対象はスウェーデン人16,061名，フィンランド人2,770名で，23.5年間の間の経過観察中の発症率を調べたものである．BMI（body mass index）で4等分に集団を分け，糖尿病の発症率との関連を調べている．図11Aは，さらに一親等に患者がいるか否かによって分類している．図右側に行くにしたがってBMIは増加し，それとともに発症率も上昇する[※2]．

※2 境界としたBMI値は論文には記載されていないが，全体をBMI値順に4等分している．

その中で親族に患者がいる集団の方が発症率が高いことがわかる．図11Bでは，同じくBMIによって4群に分けた集団それぞれについて，リスクアレル数と発症率との相関を調べたものである．BMIが一番低い群と高い群では，発症率が5％から20％程度に増加し，さらにリスクアレル数によって，その率は1.4倍程度に増加していることがわかる．したがって，個々の遺伝子は，リスクアレルである場合に発症率を相加的に増加させることがわかる．しかし，リスクアレル数が最も高い集団でもBMIを低く保てば発症率は抑えられることがわかる．生活習慣病といわれる由縁がここにある．糖尿病ハイリスクグループを対象とした最近の研究においても，食事を中心とした生活指導が効果的であることが示されている[18]（12章6も参照）．

図11Bからも明らかなように，現在までにみつかっているⅡ型糖尿病の感受性遺伝子の発症要因としての寄与はBMIよりもかなり少ない．日本人を対象とした類似の研究においても，感受性遺伝子のリスクアレル数を加味しても，BMI，年齢，性の3要素による発症予測を大きく改善しないことが報告されている．このように，これまで同定された感受性遺伝子の多型のみでは，かなり高いとされる遺伝要因のほんの一部しか説明できていない．これは，多くの多因子疾患に共通して認められる問題点である（4章11参照）．この問題を解決するため，頻度は低いものの変異の影響の強い変異アレルの探索やコピー数多型の解析などが，有力なアプローチとして検討されている．

■ 文献

1) Gusella, J. F. et al.：A polymorphic DNA marker genetically linked to Huntington's disease. Nature, 306：234-238, 1983

2) Barron, D. et al.：Linkage disequillibrium and recombination make a telomeric site for the Huntington's desease gene unlikely. J. Med. Genet., 28：520-522, 1991

3) Skraastad, M. I. et al.：Significant linkage disequilibrium between the Huntington disease gene and the loci D4310 and D4395 in the Dutch population. Am. J. Hum. Genet., 51：730-735, 1992

4) The Huntington's Disease Collaborative Research Group.：A novel gene containing a trinucleotide repeat that is expanded and unstable on Huntington's disease chromosomes. Cell, 72：971-983, 1993

5) The U. S.–Venezuela Collaborative Research Project and Nancy S. Wexler：Venezuelan kindreds reveal that genetic and environmental factors modulate Huntington's disease age of onset. Proc. Natl. Acad. Sci. USA, 101：3498-3503, 2004

6) 後藤順，金澤一郎：ハンチントン病／Huntington's disease. 実験医学，12：720-724, 1994

7) Verkerk, A. J. et al.：Identification of a gene (FMR-1) containing a CGG repeat coincident with a breakpoint cluster region exhibiting length variation in fragile X syndrome. Cell, 65：905-914, 1991

8) Kunkel, L. M. et al.：Specific cloning of DNA fragments absent from the DNA of a male. Proc. Natl. Acad. Sci. USA, 82：4778-4782, 1985

9) Koenig, M. et al.：Complete cloning of the Duchenne muscular dystrophy (DMD) cDNA and preliminary genomic organization of the DMD gene in normal and affected individuals. Cell, 50：509-517, 1987

10) Miyake, M. et al.：YAC and cosmid contigs encompassing the Fukuyama-type congenital muscular dystrophy (FCMD) candidate region on 9q31. Genomics, 40：284-293, 1997

11) Kobayashi, K. et al.：An ancient retrotransposal insertion causes Fukuyama-type congenital muscular dystrophy. Nature, 394：388-392, 1998

12) Taniguchi-Ikeda, M. et al.：Pathogenic exon-trapping by SVA retrotransposon and rescue in Fukuyama muscular dystrophy. Nature, 478：127-131, 2011

13) Ng, S. B. et al.：Targeted capture and massively parallel sequencing of 12 human exomes. Nature, 461：272-278, 2009

14) Ozaki, K. et al.：Functional SNPs in the lymphotoxin-alpha gene that are associated with susceptibility to myocardial infarction. Nat. Genet., 32：650-654, 2002

15) Wellcome Trust Case Control Consortium.：Genome-wide association study of 14,000 cases of seven common diseases and 3,000 shared controls. Nature, 447：661-678, 2007

16) Yasuda, K. et al.：Variants in *KCNQ1* are associated with susceptibility to type 2 diabetes mellitus. Nat. Genet., 40：1029-1097, 2008
17) Lyssenko, V. et al.：Clinical risk factors, DNA variants, and the development of type 2 diabetes. N. Engl. J. Med., 359：2220-2232, 2008
18) Hivert, M. F. et al.：Susceptibility to type 2 diabetes mellitus-from genes to prevention. Nat. Rev. Endocrinol., 10：198-205, 2014

■ 参考文献

19) 戸田達史, 他：福山型筋ジストロフィー：遺伝子・病態の解明，分子標的治療を目指して．生化学，85：253-260，2013
20) 大場ちひろ, 他：次世代シークエンサーによるメンデル遺伝性疾患の責任遺伝子解明．実験医学，31：2461-2467，2013
21) 原一雄, 門脇孝：GWASに基づく疾患感受性遺伝子の解明．実験医学，31：2454-2460，2013
22) 前田士郎：糖尿病表現型とSNP. Diabetes Frontier, 24：205-212，2013

Column 今や時間の問題だ

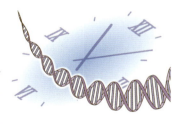

ワトソン博士が執筆した『DNA』（講談社から邦訳あり）という本の中に，グゼラ博士がハンチントン病の原因遺伝子探索の予備的な結果を発表した際の印象が書かれている．グゼラ博士が研究をスタートした時には，多型マーカーはたった12個しかもっておらず，ほとんど無謀ともいえる試みであった．そのうちの5個を使った解析では，当然のことながら，ハンチントン病と全く連鎖していない結果であった．この研究を，ワトソン博士が所長を務めていたニューヨーク郊外のコールドスプリングハーバー研究所で発表した際の結語として，グゼラ博士は「疾患遺伝子の同定は今や時間の問題である」〔The localization of HD（huntington disease）gene is now just a matter of time〕と述べた．それを聞いたワトソン博士は，心中で「確かに時間の問題だ，とてつもなく長い時間の」（Yes, *a very long* time）と呟いたそうである．

「long time」という言葉からは，筆者の世代では，「Where have all the flowers gone？」というベトナム戦争へのプロテストソングが想い浮かぶ．花，少女，若者，兵士，墓地，というつながりが輪廻のようにリフレインで綴られる歌詞の中で，「long time passing」と「long time ago」というフレーズが繰り返し効果的に使われている．ドイツのフィギュアスケーター，カタリナ・ビット（Katarina Witt）選手がリレハンメル五輪で演技に用いて再び話題となった歌でもある．

6章 がんと遺伝子変異

がんは，21世紀の進んだ医療をもってしてもなお死因のトップを占める疾患である．がんは，遺伝子の変異が蓄積した結果生じる．がんで認められる遺伝子変異には，遺伝子コピー数の増幅，染色体転座，挿入/欠失，一塩基変異などがある．これらの変異の結果，前がん遺伝子の活性化とがん抑制遺伝子の機能喪失が起こる．次世代シークエンサーの導入によって，多数のがんゲノムが解析され，がん発症の原因となる変異を特定する研究も活発に実施されている．

1 遺伝子変異としてのがん

がんは，人類にとって最も手強い疾患であり，近年はずっと死因のトップの座を占めている（図1）．そこで，実験動物を用いてがんの発症メカニズムを探る研究がずっと行なわれてきた．その結果，動物に投与するとがんを誘発する活性，すなわちがん原性を示す物質が多数みつけられてきた．さらに，がん原性をもつ物質に共通の性質として，DNAに変異を導入する活性（変異原性）が存在すること，がん原性と変異原性の間に強い相関が認められることから，がんの原因として遺伝子の変異が考えられてきた．また疫学的にも，喫煙や紫外線曝露ががんの原因となることがわかっていたが，これらも遺伝子に損傷を与える活性をもっている．がんの発症年齢の疫学的研究からは，がん発症の原因となる遺伝子の変異は数カ所に起こるとされている．

2 腫瘍レトロウイルスとがん遺伝子の発見

がん研究は，ウイルスによる発がん機構を研究することによっても多くのことが解明されてきた．動物にがんを作るウイルスは，今から約100年前にラウス（F. Peyton Rous, 1879～1970）によって報告された，ニワトリに肉腫を作るラウス肉腫ウイルス（RSV：Rous sarcoma virus）である．RSVは，RNAゲノムと逆転写酵素をもち，ゲノムを逆転写反応によってDNAに変換し，宿主動物細胞ゲノムに挿入するレトロウイルスに属するウイルスである（レトロウイルスの生活環については，10章3参照）．

その後，ニワトリ，マウス，ラット，サル，ネコなどの動物に肉腫，白血病，骨髄芽球症，赤芽球症などさまざまな腫瘍を作るレトロウイルスが続々と単離された．これらのウイルスのゲノム解析から，こうした腫瘍レトロウイルスには，腫瘍を誘発するウイルス固有の「がん遺伝子」(oncogene) が存在することが明

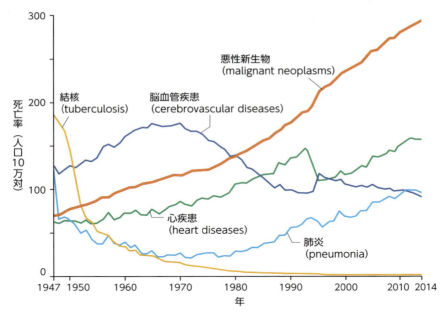

図1　がんは死因のトップである

主要死因別粗死亡率年次推移（1947〜2014年）を示す．がん（死亡率統計では，悪性新生物と総称される）は，近年ずっと死因のトップを占めている．データは，「厚生労働省：平成26年人口動態統計月報年計の概況（http://www.mhlw.go.jp/toukei/saikin/hw/jinkou/geppo/nengai14/）」より．

図2　ラウス肉腫ウイルス（RSV）のゲノム構造

ラウス肉腫ウイルス（RSV）が宿主細胞ゲノムに挿入された構造を示す．ウイルスゲノム両端には，プロモーターとして機能するLTR（long terminal repeat）が存在し，ウイルスタンパク質を作る領域として，gag, pro, pol, env, srcの各遺伝子がある．src遺伝子は，トリに肉腫を誘導する機能があり，がん遺伝子である．

らかにされた（表1）．

図2として示したRSVゲノムには，自己複製に必要な遺伝子であるgag, pro, pol, envの他に肉腫を誘導するsrcがん遺伝子が存在する〔srcの名は肉腫（sarcoma）に由来する〕．なお，がん遺伝子は伝統的に3文字のイタリック小文字（例：src），がん遺伝子産物のタンパク質は正体で最初の文字は大文字（例：Src）で書かれることが多い．

がん遺伝子の起源

1976年に，がん研究に大きな転機が訪れた．RSVのsrcがん遺伝子に相同な遺伝子が，宿主のニワトリゲノムに存在することが明らかにされたのである[1]．そしてRSVは，トリ白血病ウイルスのようながん遺伝子をもたないレトロウイルスが，増殖とゲノムの挿入を繰り返す過程でsrc遺伝子を自己のゲノム中に取り込んだことが判明した（図3）（がん遺伝子をもたないレトロウイルスの発がん機構に

表1 腫瘍レトロウイルスのがん遺伝子

ウイルス名	宿主	がん遺伝子	がん遺伝子産物の機能	がん遺伝子産物の細胞内局在
ラウス肉腫ウイルス	ニワトリ	src	チロシンキナーゼ	主に形質膜
Y73肉腫ウイルス	ニワトリ	yes		
藤波肉腫ウイルス	ニワトリ	fps		
Snyder-Theilen ネコ肉腫ウイルス	ネコ	fes		
Gardner-Rasheed ネコ肉腫ウイルス	ネコ	fgr		
Abelson マウス白血病ウイルス	マウス	abl		
トリ赤芽球症ウイルス MH2	ニワトリ	erbB	チロシンキナーゼ型受容体	形質膜
UR II トリ肉腫ウイルス	ニワトリ	ros		
Susan-McDonough 肉腫ウイルス	ネコ	fms		
トリ骨髄芽球症ウイルス	ニワトリ	mil	セリン/スレオニンキナーゼ	細胞質
3611 マウス肉腫ウイルス	マウス	raf		
Moloney マウス肉腫ウイルス	マウス	mos		
サル肉腫ウイルス	サル	sis	増殖因子	細胞外
Harvey 肉腫ウイルス	ラット	ras	GTP結合タンパク質	形質膜近傍
Kirsten 肉腫ウイルス	ラット	ras		
MC29 骨髄芽球症ウイルス	ニワトリ	myc	転写因子	核
骨髄芽球症ウイルス	ニワトリ	myb		
網状内皮腫症ウイルス	ニワトリ	rel		
トリ肉腫ウイルス ASV17	ニワトリ	jun		
FBJ 骨肉腫ウイルス	ネコ	fos		

さまざまな腫瘍レトロウイルスから,がんを誘導する活性をもつがん遺伝子が単離された.その機能は多様であるが,いずれも細胞増殖を促進するという共通の性質が認められる.

ついては10章3参照).他のさまざまな腫瘍レトロウイルスのがん遺伝子についても同様な実験がなされた結果,ウイルスのがん遺伝子は,すべて宿主細胞ゲノム中に対応する遺伝子が存在することがわかり,腫瘍レトロウイルスのがん遺伝子の起源は,宿主細胞ゲノムにあると考えられた.そこで,宿主細胞とウイルスのがん遺伝子を区別するため,前者は c-onc(cellular oncogene),後者は v-onc(viral oncogene)とよばれることとなった.

次に,c-onc と v-onc の構造が詳しく比較された.なぜなら,v-onc は,細胞をがん化させる能力があるのに対し,c-onc には,その活性が認められないからである[※1].

その結果,v-onc にさまざまな変異が生じて,活性化していることがわかった.つまり v-onc によって作られるタンパク質は,制御が効かない恒常的な活性をもつものだった(後

※1 過剰に発現させると弱い造腫瘍活性を示すが,通常の発現量では示さない.

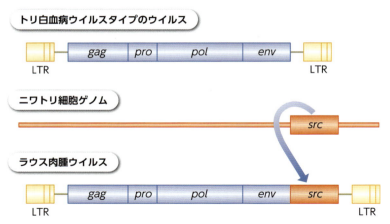

図3 *src*遺伝子の取り込み

ラウス肉腫ウイルス（RSV）の*src*遺伝子は，ニワトリ細胞ゲノムからウイルスゲノムに取り込まれたものと考えられている．細胞ゲノム中のがん遺伝子を*c-onc*，ウイルスゲノムに取り込まれたがん遺伝子を*v-onc*とよぶ．

述）．また，染色体に挿入されたレトロウイルスの遺伝子発現は，ゲノム両端に存在するLTR（long terminal repeat）内部の強力な転写プロモーターの制御下にあるので，量的にも正常細胞の*c-onc*に比べてかなり多く発現し，このことも腫瘍レトロウイルスが強力な造腫瘍性を示す原因となっている．

3 NIH3T3細胞を用いたヒトがん遺伝子の単離

形質転換実験

幸いなことに，ヒトには*c-onc*をゲノム中にもちこんだ腫瘍レトロウイルスは存在しない．しかし，それでもヒトには多くのがんが発症する．こうしたがんの原因を探るため，マウスの線維芽細胞であるNIH3T3細胞を受け手とした形質転換実験が行なわれた．

形質転換（transformation）とは，もともと微生物の形質が外来性の遺伝子によって変化することを指す．非病原性の肺炎球菌を病原性の肺炎球菌由来のDNAと混合すると病原性を獲得することで，DNAが遺伝形質であることを示したアベリー（Oswald T. Avery, 1877～1955）の実験が有名である（図4）．1970年代には，動物細胞を用いても，同様の実験が可能となっていた．

がん細胞DNAによる正常細胞の形質転換

がんに由来する培養細胞は，培養時の血清要求性が低下していること，軟寒天中で増殖可能（基質との接着なしに増殖できる能力を表す）なこと，接触阻害（周囲の細胞と接触すると，運動や増殖が停止する現象）が起こらないこと，など正常組織由来の細胞とは異なる性質をもっている（表2）．正常組織に由来する細胞に*v-onc*を発現させると，がん細胞に近い性質を示すようになることも示されている．もし，ヒトのがんが遺伝子の変異によって生じているものであるなら，そのDNAを正常細胞に導入すれば，その性質はがん細胞のものに近づくのではなかろうか．この仮説を検証するために，正常細胞としてNIH3T3

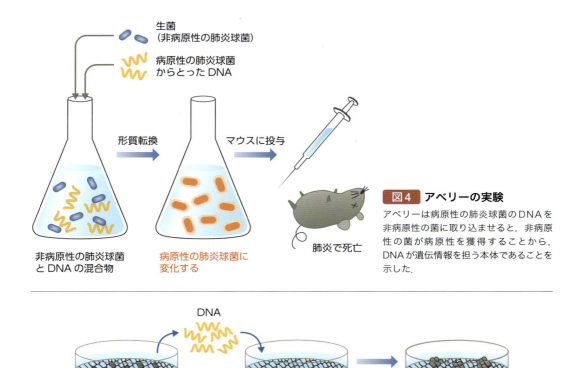

図4 アベリーの実験
アベリーは病原性の肺炎球菌のDNAを非病原性の菌に取り込ませると，非病原性の菌が病原性を獲得することから，DNAが遺伝情報を担う本体であることを示した．

図5 ヒトがん遺伝子の探索
がん細胞由来のDNAを正常細胞であるNIH3T3細胞に導入する実験が行なわれた．効率は低いものの，がん細胞と同じ振る舞いをする細胞が出現し，ヒトがん遺伝子を単離する手段となった．

表2 がん細胞と正常細胞の性質の違い

	正常細胞	がん細胞
血清要求性	高い	低い
軟寒天中の増殖	増殖しない	増殖する
接触阻害	起こる	起きない
増殖因子の分泌	低い	高い

がん組織に由来する培養細胞と，正常組織に由来する細胞とでは，培養時の血清濃度，基質への接着，接触阻害など，細胞の増殖性が大きく異なる．

細胞が，DNAとしてヒト膀胱がん由来のEJ細胞から単離されたものが用いられた．

NIH3T3細胞はシャーレの上で単層として一面に増殖すると，接触阻害によって増殖を停止するが，EJ細胞由来のDNAを取り込んだ細胞の一部は，細胞の単層の上に盛り上がるようにしてさらに増殖した（図5）．この現象は，正常組織由来のDNAでは認められないので，がん細胞では，遺伝子に何らかの変異が生じていることが明らかとなった[2]．

NIH3T3細胞はマウス由来であり，ドナーDNAはヒト細胞由来であるので，ヒトゲノムに特異的な散在配列の1つであるAlu配列を手がかりとして，NIH3T3細胞が取り込んだ形質転換に必須な遺伝子が同定された．その遺伝子は，驚くべきことに，Harvey肉腫ウイルスの v-onc としてずっと以前に同定されていた Ha-ras 遺伝子（表1）に対応するヒト相

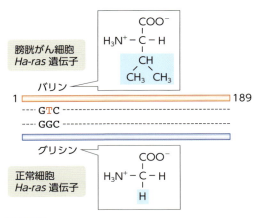

図6 ヒト膀胱がん細胞でみつかった Ha-ras 遺伝子の変異

NIH3T3細胞を受け手とした形質転換法によってみつけられた Ha-ras 遺伝子は，正常細胞の Ha-ras 遺伝子とは1塩基が異なっていた．その結果，12番目のアミノ酸がグリシンからバリンへと置換されていた．

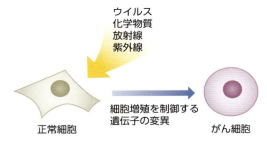

図7 がんは遺伝子の変異によって起こる

ウイルス発がん，化学発がん，紫外線・放射線による発がんは，いずれも細胞増殖を制御する遺伝子に変異を生じる結果起こる．

同遺伝子（オルソログ）であった．EJ細胞のHa-ras 遺伝子を正常組織のものと比べてみると，たった1塩基が異なっていた．その結果1アミノ酸が変化し，後述のようにHa-Rasタンパク質の細胞増殖促進能を著しく高めるものであった（図6）．

がんの原因は遺伝子変異

ヒトのさまざまながん組織やがんに由来する培養細胞から抽出したDNAと，NIH3T3細胞を用いた形質転換実験により多くのがん遺伝子が単離された．その多くは，腫瘍レトロウイルスのがん遺伝子（表1）と見事に一致していた．また，これまでに v-onc として単離されていない遺伝子もみつかった．そして，ヒトのがんから単離された遺伝子のほとんどは，変異によって活性化していたのである．

がんでみつかる c-onc の構造は，変異によって正常組織と異なっていることを受けて，c-onc はさらに，がん遺伝子となる前の正常な遺伝子を前がん遺伝子（proto-oncogene，がん原遺伝子），変異によって活性化された遺伝子をがん遺伝子（oncogene），と区別してよばれるようになった．がん遺伝子から産生される産物は恒常的に活性化しており，前がん遺伝子の産物が共存していてもそれとは無関係に細胞増殖を促進する．したがって，がん遺伝子は前がん遺伝子に対して優性となる．このようにがん研究が進展するにしたがって，動物のウイルス発がんもヒトのがんも遺伝子の変異という共通のメカニズムに基づく，という重要な概念が確立された（図7）．

4 前がん遺伝子産物の機能

細胞の中で，前がん遺伝子産物はどういう機能をしているのだろうか．その変異によって細胞の増殖が異常になることから，細胞増殖制御との関連に焦点をあて，前がん遺伝子産物の機能が調べられた．

その結果，前がん遺伝子産物は，細胞の増

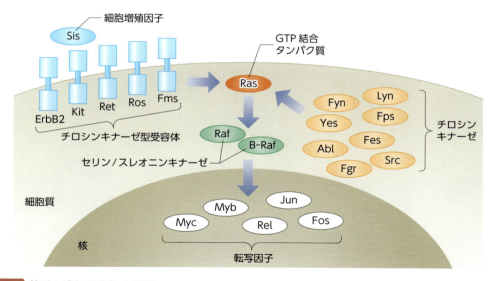

図8 前がん遺伝子産物の機能
前がん遺伝子産物は，細胞増殖のシグナルを次々と中継する因子であり，その異常な活性化はすべて同じ結果，すなわち細胞の異常な増殖を引き起こす．

殖シグナルを中継する一本の道に沿って配置されていることがわかった（図8）．すなわち，細胞の増殖因子そのものであるSis，チロシンキナーゼ型受容体であるErbB2，Kit，Ret，Ros，Fmsがある．また，チロシンキナーゼSrc，Yes，Fps，Fes，Fgr，Abl，Fyn，Lynなどがある．チロシンキナーゼ型受容体やチロシンキナーゼからのシグナルをGTP結合タンパク質であるRas，セリン／スレオニンキナーゼRaf，B-Rafらが中継し，核へとシグナルを伝える．核内では，このシグナルを受けて活性化する転写因子Myc，Myb，Rel，Jun，Fosなどが存在する．このように一連の前がん遺伝子産物は，すべて細胞増殖シグナルを制御する経路上に存在することから，どの遺伝子産物が異常に活性化しても，結果は同様である．すなわち細胞の異常な増殖がもたらされるわけである．

5 前がん遺伝子産物の変異による活性化

受容体の恒常活性化変異

変異によって前がん遺伝子産物はどのように活性化されるのだろうか．ErbB1に代表されるEGF（epidermal growth factor）受容体ファミリーでは，細胞外領域の欠失により，増殖因子がなくても活性化する例が，ウイルスのがん遺伝子として知られている（図9A）．甲状腺がんでは，Retチロシンキナーゼ型受容体のリガンド結合部位およびキナーゼ領域における一アミノ酸置換によって，やはり増殖因子がなくても受容体の活性化が生じている（図9B）．

このような受容体の変異は，増殖因子がなくてもあたかも増殖因子で刺激したのと同様な増殖応答を細胞に引き起こす．類似の変異によるEGF受容体の恒常的活性化も知られている．またアミノ酸配列に変化を生じる変異

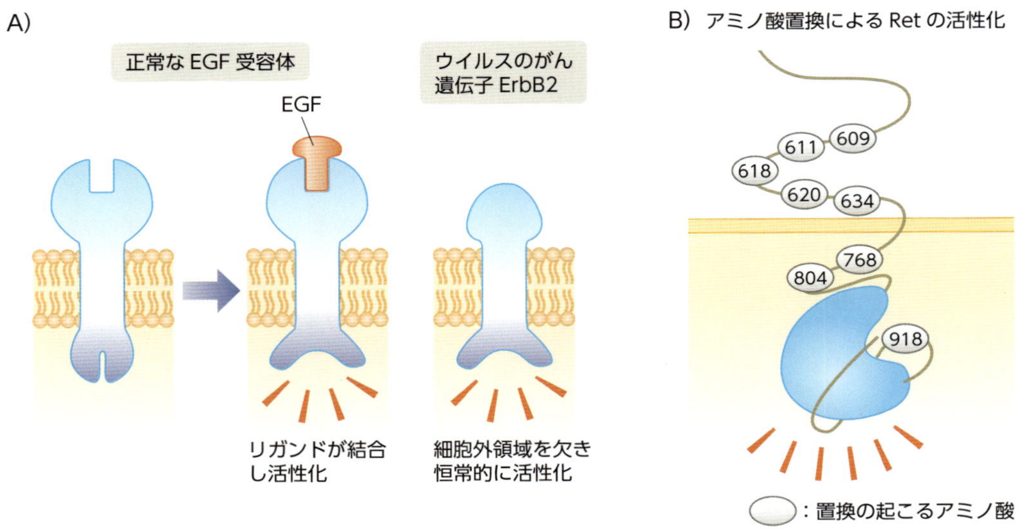

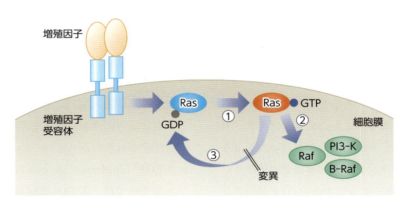

図9 チロシンキナーゼ型受容体の変異による活性化
チロシンキナーゼ型受容体は通常リガンドが結合して活性化するが,細胞外領域の欠失(A)やアミノ酸置換(B)によって,リガンドなしに恒常的に活性化する.

図10 Rasの機能とその活性化
Rasは増殖因子受容体からのシグナルを受けて,GTPを結合した活性型(Ras・GTP)となる(①).Ras・GTPは,Raf,B-RafやPI3-キナーゼ(PI3-K)を活性化してシグナルをさらに下流へと伝える(②).Ras・GTPは,Ras自身のGTPase活性により,不活性なGDP結合型(Ras・GDP)に戻るが,*ras*遺伝子の変異によってアミノ酸置換が生じると,GTPase活性が低下し,常にGTPを結合した活性化状態を保つ(③).

がなくとも,遺伝子コピー数が増幅されて発現が増加する結果,シグナルの亢進を招く例も多くのがんでみられる.大腸がん,乳がん,肺がんなどでは,EGF受容体やそのファミリー因子の遺伝子コピー数が重複の結果増加し,その結果遺伝子発現が高まることが知られている.

Rasの恒常活性化変異

増殖シグナルを中継するGTP結合タンパク質Rasは,通常GDPを結合して不活性な状態にある.増殖因子受容体からのシグナルによって,結合しているGDPはRasから解離し,細胞内に量比でGDPの10倍存在しているGTPと優先的に結合する(図10①).その結果,

Rasタンパク質の構造変化が生じ，シグナル伝達系でRasの下流に位置するRaf，B-Raf，PI3-キナーゼなどの標的因子に結合して活性化をもたらす（図10②）．RafおよびB-Rafはセリン／スレオニンキナーゼであり，PI3-キナーゼは，セカンドメッセンジャーであるホスファチジルイノシトール（3,4,5）-トリスリン酸を産生する酵素である．標的因子と結合する活性は，Ras・GTP（GTPと結合したRas）にのみ存在し，Ras・GDPは活性をもたない．Ras・GTPは，Ras自身がもっているGTPase活性により，GTPが分解されてGDPになることでRas・GDPへと移行し，不活性な状態に戻る（図10③）．これが正常なRasの作業サイクルである．

さまざまな腫瘍でみつかる*ras*遺伝子の変異は，RasのGTPase活性を著しく低下させる．その結果，細胞外刺激がない状態でも変異Rasタンパク質はGTPを結合した状態となり，標的因子を活性化し続けている．最初に形質転換法で発見された*Ha-ras*遺伝子は，図6のように12番目のアミノ酸がグリシンからバリンに変化する変異をもっていた．すべての腫瘍における*ras*遺伝子変異の割合は約20％であるが，大腸がんでは30％，膵臓がんでは60％程度に変異が認められている．

Rasにより活性化されるRafタンパク質のN端側にはキナーゼ領域，C端側にはキナーゼ活性を負に調節する領域が存在するが，3′側遺伝子領域の欠失やナンセンス変異によって，N端側だけの恒常的に活性化されたキナーゼができる．また同じファミリーのB-Rafは，ミスセンス変異によって恒常的に活性化する．

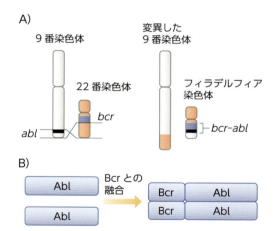

図11 フィラデルフィア染色体と，その結果生じる融合タンパク質

A）慢性骨髄性白血病では，9番染色体と22番染色体との間に染色体転座が生じ，*bcr*遺伝子と*abl*遺伝子が融合する．B）その結果，融合タンパク質Bcr-Ablが産生される．このタンパク質は，常に二量体化して活性化している．

染色体転座による活性化

がんでは，染色体の転座[※2]が頻繁にみられ，異常な染色体が生じている．転座によって，異なる遺伝子が融合する場合がある．

慢性骨髄性白血病では，9番染色体と22番染色体とが転座を起こした結果生じる独特な形の染色体が認められ，発見地にちなんでフィラデルフィア染色体とよばれている．その結果チロシンキナーゼAblとBcrが融合したタンパク質が生み出される．このBcr-Abl融合タンパク質は，Bcrが二量体化を引き起こすため，恒常的な活性化を受けることがわかっている（図11）．

肺がんでは，ALKチロシンキナーゼをコードする*ALK*遺伝子と*EML4*遺伝子の融合により，ALKチロシンキナーゼの異常な活性化が生じる．また，Mycは核内転写因子であり，本来その発現量は低いが，バーキットリンパ

※2 染色体の一部が染色体の他の部位と融合し，異常な染色体を生じること．

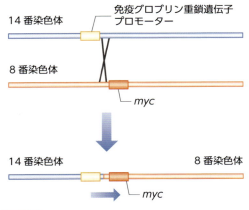

図12 バーキットリンパ腫における*myc*遺伝子の活性化

バーキットリンパ腫はEBウイルスによって誘発されるBリンパ球由来の白血病である．白血病細胞では，8番染色体と14番染色体の間に転座が生じ，*myc*遺伝子が免疫グロブリン重鎖遺伝子のプロモーターの制御下に高発現する．

腫では8番染色体と14番染色体との転座によって免疫グロブリン重鎖遺伝子のプロモーター制御下におかれ，その発現量は非常に高まっている（図12）．

6 がん抑制遺伝子

がん細胞の増殖を抑える遺伝子

がん細胞と正常な細胞を融合すると，その性質は正常な細胞に近いものとなる．エールリッヒ腹水がん細胞などのがん細胞は，同系のマウスに移植するとわずか100細胞でも腫瘍を形成するが，エールリッヒ腹水がん細胞をL細胞由来のA9細胞（正常細胞）と融合させた細胞は，$3 \times 10^4 \sim 3 \times 10^5$個の細胞を移植してもほとんど腫瘍を形成しない[3]．

つまり正常な細胞には，がん細胞の異常な増殖に歯止めをかける遺伝子が存在すると考えられていた．一方，クヌドソン（Alfred G. Knudson, 1922〜）は疫学的調査から，がんの増殖に対して抑制的に機能する遺伝子の2つのアレルがともに変異し，その機能を喪失した際にがんが発症するという「two-hit theory」を発表した[4]．その根拠となった研究を紹介する．

小児の腫瘍に網膜芽細胞腫という疾患がある．これは失明を招く重篤な疾患である．網膜芽細胞腫に罹患する患者の一部は遺伝性であることが示されている．遺伝性の網膜芽細胞腫を発症する小児は，不幸なことに多くは両眼に発症する．一方，遺伝性の認められない孤発性の患者では，単眼性の発症である．遺伝性および孤発性患者について発症の時期を調べ，横軸に年齢，縦軸にその年齢においてまだ発症していない患者の割合の対数をプロットした（図13A）．遺伝性の場合には，未発症の患者の割合は，直線状に低下していく．これは，1回の遺伝子変異で発症することを示す．一方，孤発性の患者では，2回の遺伝子変異によって初めて発症することを示す曲線で表される．

この結果からクヌドソンは，網膜芽細胞腫の発症を抑える遺伝子が存在し，遺伝性家系では出生時に一方のアレルに変異が生じて機能を喪失しており，その後もう一方のアレルに体細胞変異が生じると発症すること，孤発症例では，2回の体細胞変異が蓄積すると発症すると考えた．さらにクヌドソンはこの概念を一般化し，がんの発症を抑制する遺伝子として抗腫瘍遺伝子（anti-oncogene）の呼称を提唱した．その後，より一般的な機能を表現するため，抗腫瘍遺伝子はがん抑制遺伝子（tumor suppressor gene）と改名され，現在ではがん抑制遺伝子のtwo-hit theoryとよばれることとなった．がん抑制遺伝子の発見は，

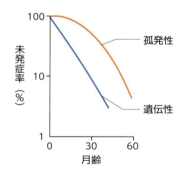
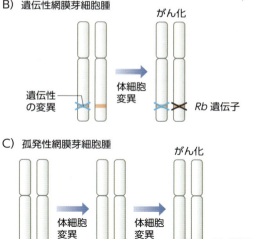

図13 がん抑制遺伝子 *Rb* の発見
小児の網膜芽細胞腫の発症時期の疫学的調査（A）から，1遺伝子の体細胞変異で説明できる遺伝性のもの（B）と，2遺伝子の体細胞変異によって発症する孤発性のもの（C）があることが明らかにされた．後の研究から，遺伝性の症例では，出生時にがん抑制遺伝子である *Rb* 遺伝子の一方のアレルに変異が生じており，体細胞変異でもう1つの *Rb* 遺伝子が変異すると発症すること，孤発例ではともに体細胞変異で *Rb* 遺伝子が変異すると発症することが明らかにされた．

がんの発症にがん遺伝子の変異による活性化だけではなく，がん抑制遺伝子の変異による細胞増殖抑制系の破綻が関与していることを明らかにした点で，大きな意義をもつものであった．

Rb 遺伝子の発見

その後の網膜芽細胞腫の研究から，がん抑制遺伝子の two-hit theory に合致する証拠がみつかった．網膜芽細胞腫では，13番染色体の一部が共通に欠損していたのである．そして，1986年に染色体13q14に存在する *Rb*（retinoblastoma）遺伝子が単離された[5]．遺伝性の網膜芽細胞腫患者は，さらに骨肉腫を発症する可能性が高いが，*Rb* 遺伝子は網膜芽細胞腫においても骨肉腫においても発現が認められないこと，すなわち2つのアレルがともに何らかの変異によって機能を喪失していることが発見されたのである（図13B, C）．

Rb 遺伝子の発見を契機として，多くの腫瘍で特異的に欠損しているゲノム領域が明らかにされた．その中から，がん抑制遺伝子が次々と単離されたのである．がん抑制遺伝子の産物の機能として，細胞増殖を負に制御する因子やゲノムの安定性を保つ因子がみつかってきた．代表的な因子に，neurofibromin, PTEN, Smad4, p53, APC, BRCA1, BRCA2 などがある．

7 がん抑制遺伝子産物の機能

多細胞生物において細胞の増殖は厳密に制御されている．前がん遺伝子産物が細胞増殖に対して正の制御を行なうのに対し，がん抑制遺伝子産物は，ブレーキ役として負の制御

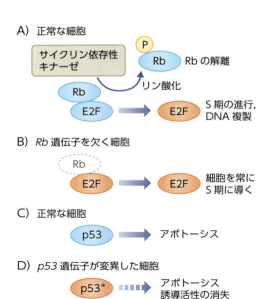

図14 がん抑制遺伝子産物RbおよびP53の機能とその欠失による影響

A) Rbは, S期の進行に必須な転写因子E2Fと結合してその活性を抑えている. サイクリン依存性キナーゼはRbをリン酸化して解離させ, E2Fを活性化する. B) Rb遺伝子を欠く細胞では, E2Fが常に活性化し細胞をS期へと導く. C) 一方, p53はアポトーシスを誘導する転写因子であるが, D) 変異によってDNA結合活性を失い (p53*), アポトーシス誘導活性が消失する.

を行なう. 多くのがんでがん抑制遺伝子の変異による機能喪失がみられ, またゲノム変異ではなくメチル化などのエピジェネティックな要因によってもがん抑制遺伝子の機能喪失が起こることもある (8章参照).

Rbは細胞周期のブレーキ役として働いている. 細胞周期S期への進行には, 転写因子E2Fが必要である. Rbは通常E2Fに結合し, その活性を抑えているが, 細胞がS期に入る際には, サイクリン依存性キナーゼによってRbがリン酸化されて, E2Fとの結合が解離する結果, E2Fが転写因子として機能する. これが正常な細胞の制御であるが, もし細胞中にRbが存在しないと, E2Fは常に活性化することになる (図14A, B).

チロシンキナーゼ型受容体やチロシンキナーゼからの増殖シグナルを中継するRasに対しては, RasのGTPase活性を促進することによって増殖のスイッチを切るneurofibrominという因子がある. この遺伝子の欠失は, I型神経線維腫症や若年性の白血病の原因となる. PTENはアポトーシスによる細胞死を防ぐAktを活性化するホスファチジルイノシトール(3,4,5)-トリスリン酸を分解することによって, Aktの活性化を抑制する因子である. また, TGF-β (transforming growth factor-β) は, 名前とは裏腹に多くの細胞に対して増殖抑制効果をもつが, そのシグナルはSmad4によって核に中継される. 多くのがんで*PTEN*や*Smad4*遺伝子の欠失が認められる.

p53は「ゲノムの守護神 (the guardian of the genome)」という名の通り, 異常なゲノム構造を察知して, 細胞増殖を停止させ, さらにゲノムダメージがひどい場合には細胞にアポトーシスを誘導する転写因子である. p53の変異はDNA結合領域に集中してみられ, こうした変異p53はDNAに結合することができなくなり, 転写因子としての機能を失っている (図14C, D). このような変異は多くのがんで認められる. また, 生殖細胞中に*p53*遺伝子の変異がある家系が存在する. この家系では遺伝的にさまざまな腫瘍を発症し, リーフラウメニ (Li-Fraumeni) 症候群とよばれている.

8 多段階発がん

がんの発症年齢とその頻度の解析から, ヒトのがんの発症には数カ所の遺伝子変異が必要と考えられている. 大腸内視鏡手術で採取

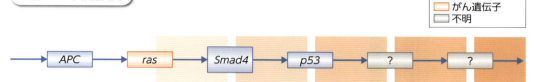

図15 大腸がんにおける遺伝子変異
大腸がんでは，遺伝子の変異が順次蓄積することにより，がんの発症につながるとされている．

された初期・中期のポリープ（腺腫）や大腸がんの遺伝子変異を詳しく調べた結果，大腸がんの遺伝子変異では，最初にAPC（adenomatous polyposis coli）がん抑制遺伝子の機能喪失があり，続いてras遺伝子の活性化変異，Smad4遺伝子およびp53遺伝子の機能喪失などが順に蓄積することによって，悪性化するとされている（図15）．このうち前がん遺伝子の活性化変異はras遺伝子のみであり，残りすべてはがん抑制遺伝子の欠損あるいは変異による機能喪失である．前がん遺伝子の活性化は優性変異であるので，どちらか一方の遺伝子の変異であるが，がん抑制遺伝子の機能喪失は1対の遺伝子の両方の機能喪失が必要であるため，それぞれ2回の変異が必要である．すなわち，大腸がんの発症には，7回以上の変異が必要である．このようにがんの悪性化には，多段階の遺伝子変異が蓄積することが必要であり，長い時間がかかるため一般的にがんは中高年に発症する．

1対のAPC遺伝子の片方の機能が失われている家系では，家族性大腸腺腫症（FAP：familial adenomatous polyposis）が発症する．この例も網膜芽細胞腫のRb遺伝子と同様に，はじめから片側の遺伝子の機能が失われていると，残された正常APC遺伝子に変異が入るだけでAPCの機能が失われるので，発症頻度が高まると考えられる．APC遺伝子の機能喪失は，その後の遺伝子変異を次々と生じる引き金となると考えられるので，APC遺伝子単離に関する論文が掲載されたScience誌の表紙はドミノ倒しをイメージしたものとなっている．

がんが悪性化するのに必要な遺伝子変異の数は，組織によって異なっていると考えられる．例えば，運動性に乏しい上皮細胞が転移性を獲得するには，増殖能を獲得する変異以外にいくつかの変異が必要であるのに対し，血球細胞の腫瘍ははじめから高い運動能をもっているからである．

がん細胞の性質を調べてみると，遺伝子変異の結果生じた細胞内シグナル伝達系の変化によって，正常な細胞とは異なるさまざまな違いが認められる．その違いとして，これまでに記述した細胞増殖シグナルの亢進の他に，細胞増殖抑制系の破綻，血管新生の誘導，アポトーシスの回避，細胞運動性の亢進，低酸素状態への適応などがあげられる．

9 新たながん遺伝子，がん抑制遺伝子の発見

がんは遺伝子にさまざまな変異が生じることによって発症することをみてきた．近年，多様ながん種についてそれぞれ多症例のゲノムを解析し，変異している遺伝子の解析が進

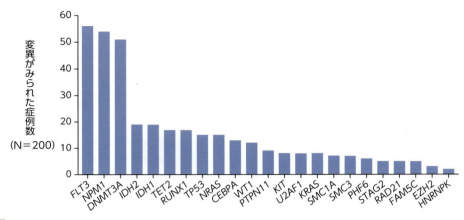

図16 急性骨髄性白血病（AML）で変異している遺伝子とその頻度

急性骨髄性白血病200症例のゲノムを解析し，3症例以上で変異が同定された遺伝子について，遺伝子名とその頻度を表した．文献8をもとに作成．

められたので最後に紹介する．国際的なプロジェクトが進展し，これまでに総計10,000を超えるがんゲノムが解析されている[6,7]．

その結果，既知のがん遺伝子やがん抑制遺伝子の変異に加え，従来の生物学的な検定からは発見されなかったさまざまな遺伝子に変異がみつかっている．また，がん種それぞれに特徴的な遺伝子が変異していることも明らかとなった．図16として急性骨髄性白血病200症例に関するゲノム解析結果を示す[8]．全体では，260遺伝子が2症例以上で変異しており，このうち154遺伝子に複数の症例でアミノ酸置換をもたらす変異が生じていた．FLT3，NPM1，DNMT3Aの3つの遺伝子に特に高頻度で変異が認められ，中程度の頻度の変異がみつかる遺伝子が続き，より低頻度の変異遺伝子が裾を引いている．このような変異頻度の分布は，多くのがん種に共通に認められる特徴である．

特定のがん種に共通に認められる変異は，その変異をもつ細胞に増殖の優位性を与えるものと理解されている．こうした変異をドライバー変異とよび，偶発的な変異（パッセンジャー変異）と区別されている．ドライバー変異のおおよそ30％は，ゲノム解析により初めて同定された遺伝子変異であり，DNMT3A，IDH1/2などエピジェネティックな制御（8章参照）に関与する遺伝子群が含まれていることは非常に興味深い[8,9]．

しかし，ドライバー変異をパッセンジャー変異と区別する明確な基準はなく，その基準も研究者間で異なっているのが現状である．また，同定されたほとんどのドライバー変異は塩基配列情報のみに基づくものであり，変異が遺伝子産物に与える生物学的な効果について検討した例は少数である．それゆえ，がん発症におけるこれら遺伝子変異の役割について，今後検証していくことが必要である．新たなドライバー変異が細胞増殖を促進するメカニズムが明らかになると，その鍵となる分子を標的とした分子標的薬の開発も可能となる．分子標的薬については，9章で学ぶ．

■ 文献

1) Stehelin, D. et al.：DNA related to the transforming gene(s) of avian sarcoma viruses is present in normal avian DNA. Nature, 260：170-173, 1976
2) Shih, C. et al.：Passage of phenotypes of chemically transformed cells via transfection of DNA and chromatin. Proc. Natl. Acad. Sci. USA, 76：5714-5718, 1979
3) Harris, H. et al.：Suppression of malignancy by cell fusion. Nature, 223：363-368, 1969
4) Knudson, A. G. et al.：Mutation and childhood cancer：a probabilistic model for the incidence of retinoblastoma. Proc. Natl. Acad. Sci. USA, 72：5116-5120, 1975
5) Friend, S. H. et al.：A human DNA segment with properties of the gene that predisposes to retinoblastoma and osteosarcoma. Nature, 323：643-646, 1986
6) Kandoth, C. et al.：Mutational landscape and significance across 12 major cancer types. Nature, 502：333-339, 2013
7) Cancer Genome Atlas Research Network：The Cancer Genome Atlas Pan-Cancer analysis project：Nat. Genet., 45：1113-1120, 2013
8) Cancer Genome Atlas Research Network：Genomic and epigenomic landscapes of adult de novo acute myeloid leukemia. N. Engl. J. Med., 368：2059-2074, 2013
9) Vogelstein, B. et al.：Cancer genome landscapes. Science, 339：1546-1558, 2013

■ 参考文献・図書

10) 『個別化医療を拓くがんゲノム研究』（柴田龍弘／編），実験医学増刊32巻12号，羊土社，2014
11) 『絵ときシグナル伝達入門改訂版』（服部成介／著），羊土社，2010
12) 『がん遺伝子の発見―がん解明の同時代史』（黒木登志夫／著），中公新書，1996
13) 『がん遺伝子に挑む〈上〉〈下〉』（ナタリー・エインジャー／著，野田洋子，野田亮／訳），東京化学同人，1991
14) Garraway, L. A. and Lander, E. S.：Lessons from the cancer genome. Cell, 153：17-37, 2013

7章 RNAとタンパク質の大規模解析

ヒトゲノム解読後，研究の焦点は遺伝子の同定となった．その一環としてcDNAの網羅的同定に基づく遺伝子の同定が進められた．複雑なスプライシング反応によって，ほとんどの遺伝子は複数のmRNAを産生していること，タンパク質をコードしないRNAが多数存在すること，ゲノムの大部分が転写されていることも判明し，極めて多様なRNAが存在することがわかった．このようなRNA全体を集合として捉えたものをトランスクリプトーム，さらにタンパク質全体をプロテオームとよぶ．トランスクリプトームとプロテオームの研究には，近年大きな進展がみられている．

1 ゲノム，トランスクリプトーム，プロテオーム

セントラルドグマでは，遺伝子からmRNAが転写され，タンパク質へと翻訳される（図1）．RNAにはmRNA以外のものも多く存在し，リボソームを構成するrRNA（ribosomal RNA），tRNA（transfer RNA），スプライシングに関与するsnRNA（small nuclear RNA，100～200塩基長）や，mRNAの翻訳抑制や分解に関与するmiRNA（microRNA）が多数発見されている（後述）．さらに，機能は明らかではないがヒトやマウスのゲノムの大部分の領域からRNAが転写されていることも明らかとなった[1,2]．また，mRNAのスプライシングは非常に複雑な制御を受け，1つの遺伝子から多数のmRNAが発現していることも示されている[3]．

このような背景から，RNAの機能を理解するには，すべてのRNAを網羅的に解析することが必要と考えられるようになってきた．ゲノムから転写されるRNA（トランスクリプト：transcript）の集合をトランスクリプトーム（transcriptome）とよぶ（図1）．これは遺

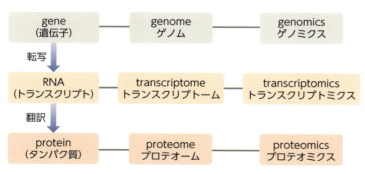

図1 トランスクリプトームとプロテオーム
個々の要素とその集合，領域研究名の関係をまとめた．

伝子（gene）とゲノム（genome）と同じ関係である．同様に，タンパク質（protein）の集合をプロテオーム（proteome）という．これらを対象とした研究は，語尾に学問を示す接尾辞icsを付けて表す．

ヒトゲノムは，抗原受容体遺伝子領域の再編成が起こる免疫T細胞およびB細胞を除いてすべての組織で共通であるが，RNAの発現や選択的スプライシングのパターンは細胞や組織によって異なるので，組織ごとにトランスクリプトームは異なる（1章8参照）．したがって，プロテオームもその違いを反映したものとなる．ゲノム解読後，こうしたトランスクリプトームやプロテオームの研究が注目されてきている．

2 cDNAの網羅的同定プロジェクト

ヒトゲノムが解読されてもすぐにすべての遺伝子が同定されたわけではない．ヒトゲノムには遺伝子が密に分布しているわけではなく，多数の偽遺伝子も存在し，塩基配列情報だけから遺伝子を予測することは困難である．ヒトゲノム上のある配列が遺伝子であるかどうかは，機能的なmRNAが転写されているかどうかでわかる．そこで，mRNAを逆転写して得られるcDNA（complementary DNA）を網羅的に同定することで，遺伝子を同定する計画が進められた．この研究には，かずさDNA研究所，ヘリックス研究所，東京大学医科学研究所および理化学研究所が大きな貢献をしている[4,5]．

mRNAは，5′端にキャップ構造を，3′端にポリA配列をもつことが特徴である．そこでcDNAの合成にはポリAと相補的なオリゴdT鎖を固相化したカラムを用いて，ポリA配列をもつmRNAを単離し，これを鋳型とした逆転写反応によってcDNAライブラリを作ることが一般的である．cDNAライブラリの中の個々のクローンは，細胞の1つ1つのmRNAに対応し，多数のクローンで細胞のすべてのmRNAをカバーすることができる．しかし，mRNAの分解産物が混入することや，逆転写反応がしばしば途中で停止することから，完全長のcDNAを効率よく作製することが求められた．研究グループ間に方法の差はあるが，いずれもキャップ構造をもつ完全長mRNAからcDNAを合成する工夫がなされている．

完全長cDNAを選択的に濃縮したライブラリに存在するcDNAクローンの塩基配列を逐一決定することにより，mRNAを網羅的に同定することが可能となった．その結果，ヒトmRNAとして，約21,000の領域に由来する配列が決定された[4]．この数は，ヒトゲノムから予測される遺伝子数とほぼ一致する．また，多くの遺伝子に選択的スプライシング（1章7参照）が認められることも明らかにされた．

完全長cDNAライブラリのもう1つのメリットは，cDNAを適切な発現ベクターに挿入することにより，容易にタンパク質が得られることである．ヒト遺伝子にコードされているほとんどのタンパク質を作製することが可能となり，その性質や相互作用するタンパク質を解析することができる．

3 DNAマイクロアレイ

体細胞のゲノムはどの組織でも同一である．それにもかかわらずさまざまな組織が分化して生じているのは，組織ごとに発現している

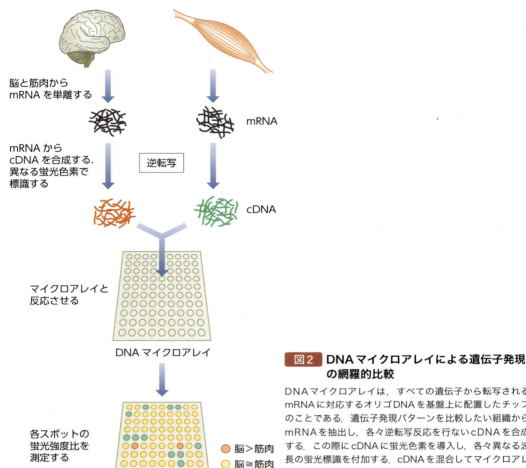

図2 DNAマイクロアレイによる遺伝子発現の網羅的比較

DNAマイクロアレイは，すべての遺伝子から転写されるmRNAに対応するオリゴDNAを基盤上に配置したチップのことである．遺伝子発現パターンを比較したい組織からmRNAを抽出し，各々逆転写反応を行ないcDNAを合成する．この際にcDNAに蛍光色素を導入し，各々異なる波長の蛍光標識を付加する．cDNAを混合してマイクロアレイと反応させ，各スポットの2つの蛍光波長の強度比を測定すると，2つの組織のmRNAの相対比がわかる．

遺伝子のパターンが異なるからである（1章8参照）．また，疾患の組織と正常な組織では遺伝子発現が異なっている．こうしたトランスクリプトームの比較には，DNAマイクロアレイという解析法が用いられる（図2）．

DNAマイクロアレイは，すべての遺伝子から転写されるmRNAに対応したオリゴDNAを基盤上に配置したチップのことである．その構造は，一塩基多型解析用のチップとほとんど同じものである（2章図6参照）．遺伝子発現パターンを比較したい組織からmRNAを抽出し，各々逆転写反応を行ないcDNAを合成する．この際に蛍光色素で標識したヌクレオチドを用いることにより，各々のcDNAに異なる波長の蛍光標識を付加する．

cDNAを混合してマイクロアレイと反応させ，個々の遺伝子に対応するスポットに結合したcDNA量を2種の蛍光波長の強度として測定すると，2つの組織におけるmRNAの相対比がわかる．図2では脳と筋肉のmRNA発現パターンを比較しているが，脳特異的mRNA，筋肉特異的mRNA，両組織で発現量

が変わらないmRNAなどが存在することがわかる．同じ解析を正常組織と疾患組織で行なうことも可能であり，疾患特異的な発現を示す遺伝子を同定することで，新たな治療標的や診断マーカーとしての研究が展開していく（12章2参照）．

4 次世代シークエンサーによるトランスクリプトームの解析

次世代シークエンサーは膨大な量の塩基配列決定が可能であり，エキソーム解析による疾患遺伝子の同定（4章9参照），ゲノムワイドなエピゲノム解析（8章6参照）など，ゲノム関連分野の研究方法を文字通り一変させた．トランスクリプトームの解析も例外ではなく，細胞中のRNAを逆転写反応によりcDNAに変換し，その配列を網羅的に決定する解析法が採用されている．この方法をRNA-seq（RNA sequencing）とよぶ．

ある組織に対してRNA-seq解析を行なうと，どの遺伝子に由来するmRNAがどういう頻度で存在するかがわかり，マイクロアレイ解析と同じ解析が行なえる．すなわち，シークエンサーは配列決定装置であると同時に，その配列の数を計測するカウンターとしても機能するわけである．DNAマイクロアレイは，遺伝子として同定された領域からのトランスクリプトのみを解析対象とするが，RNA-seqはそのような限界がないことも利点である．RNA-seqによって得られる膨大な情報は，トランスクリプトームの全貌に迫るものであった．その結果，ヒトゲノムにおける遺伝子発現の精緻な多様性や翻訳開始部位の詳細が解明されるようになった．

5 転写と翻訳における高度な多様性

スプライシングの多様性

RNA-seqの結果から，ヒトゲノムの92〜94％の遺伝子は，選択的スプライシングによって複数のmRNAを合成していることが明らかとなった．そのパターンは非常に多様であり，図3として例示した．同一遺伝子から産生される異なるmRNAをアイソフォームとよぶ．15種類の培養細胞株を用いた解析結果によると，存在比の少ないアイソフォームまで含めると，1つの遺伝子から平均12種にも達するアイソフォームが転写されている[6]．この結果は，ヒト細胞中には，膨大な種類のmRNAが存在することを示している．これらのアイソフォームの発現量は均等ではなく，10種のアイソフォームを発現している遺伝子では，最も主要なアイソフォームの発現比率の平均は約50％であり，半数を主要なアイソフォームが占めている[6]．選択的スプライシングのパターンによっては，機能が大きく異なるタンパク質が産生される．

選択的スプライシングの極端な例をショウジョウバエのDscam（*Down's syndrome cell adhesion molecule*）遺伝子にみることができる．この遺伝子は，神経細胞膜上に発現する1回膜貫通型タンパク質をコードしている（図4）．Dscam遺伝子のエキソン4，6，9，17にはそれぞれ12個，48個，33個，2個の可変エキソンが存在し，そのうちの1つのみが選択される．したがって，理論上38,016種類（12×48×33×2）の異なったDscamタンパク質を生じ得る．Dscamタンパク質は，神経細胞が自分自身と神経回路を形成せず，他の神経細胞とのみシナプスを形成するために，

7章 RNAとタンパク質の大規模解析

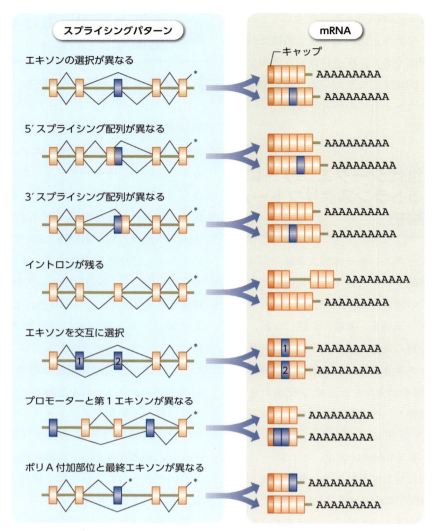

図3 さまざまな選択的スプライシングのパターン
選択的スプライシングを詳細に調べた結果，そのパターンにはさまざまなものがあることがわかった．多くの場合にアイソフォーム間で異なるタンパク質が生じる（＊：ポリA付加部位，■はキャップ）．

自己と非自己を区別する標識として機能する．単一の神経細胞には約50種のDscamタンパク質が発現しているが，その組成が類似している際には自己とみなされ，シナプスを形成しない．

翻訳開始部位の多様性

翻訳開始部位も従来考えられていたよりもはるかに多様であることがわかった．ある種の抗生物質は（*Streptomyces*属真正細菌に由来するlactimidomycinなど），リボソーム上にmRNAと開始tRNAが結合した状態に固定し，タンパク質生合成を阻害する作用がある．この状態のリボソームをRNase Iで消化すると，リボソームにより保護されたRNA配列以外は消化される．この試料をRNA-seq解析す

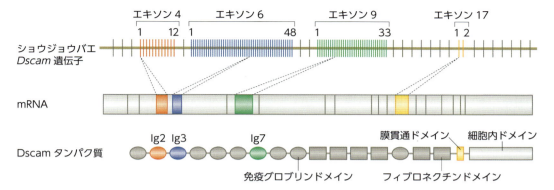

図4　ショウジョウバエの*Dscam*遺伝子におけるスプライシング

*Dscam*遺伝子のエキソン4, 6, 9, 17にはそれぞれ12個, 48個, 33個, 2個の可変エキソンが存在し, そのうちの1つのみが選択される. したがって, 理論上38,016種類（12×48×33×2）の異なったDscamタンパク質を生じ得る. Dscamタンパク質は, 神経細胞が自分自身と神経回路を形成せず, 他の神経細胞とのみシナプスを形成するために, 自己と非自己を区別する標識として機能する.

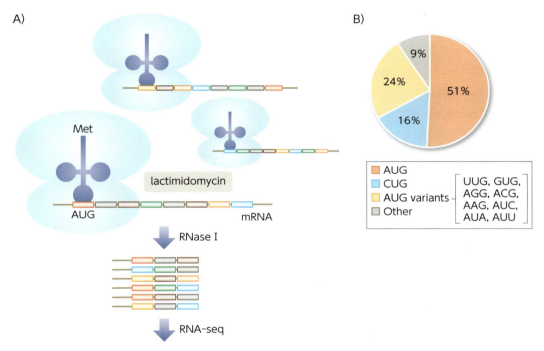

図5　動物細胞における翻訳開始コドンの割合

A）培養細胞に抗生物質（lactimidomycin）を添加し, リボソームを翻訳開始状態に固定した. リボソームにRNase I を加え, リボソームに保護されたRNAを網羅的に配列決定することにより, 翻訳開始部位を解析した. B）円グラフは, 翻訳開始コドンの割合を表す. 文献7をもとに作成.

ると, 細胞中でリボソームが翻訳を開始している配列が網羅的に解読できる（図5A）[7].

その結果, 従来は大部分の開始コドンはメチオニンに対応するAUGコドンであると考えられてきたが, 実際にはAUGコドンの割合は約50％であり, ついでCUGコドン（16％）, AUGと1塩基のみ異なる類似コドン（24％）が続いていた（図5B）. また, 約半数

のmRNAが，複数の翻訳開始部位をもっていた．驚くべきことに，40％を超えるmRNAの翻訳開始部位は，従来の予想とは異なり，別の部位にあった．したがって，mRNA合成と同様に，タンパク質生合成のステップにおいても，かなりの多様性が賦与されることがわかる．転写と翻訳におけるこれらの多様性に加え，タンパク質の翻訳後修飾を考慮すると，タンパク質の種類は膨大なものになる．

6 スプライシングのメカニズム

遺伝子から転写された一次転写産物[※1]は，エキソンおよびイントロン配列の両方を含み，スプライソーム（spliceosome）によってスプライシングを受け，エキソンのみからなる成熟mRNAとなる．スプライソームは，100種類以上のタンパク質と5種類のsnRNAの巨大な複合体で，一次転写産物からイントロンを取り除く機能をもつ．イントロンは，5′末端側にGUの配列，3′末端側にAGの配列をもつ場合が多い（図6）．

スプライシングの主役はRNAであり，RNAによっては全くタンパク質に依存せずにスプライシングが進行する．この現象は1982年に，テトラヒメナ（繊毛性原生動物の一種）のrRNAイントロンのスプライシングで，チェックら（Thomas R. Cech, 1947～）によって発見された[8]．この発見までは，生物反応のすべてはタンパク質酵素が触媒していると考えられており，画期的な発見であった（その功績でチェックは1989年にノーベル化学賞を受賞している）[※2]．RNA酵素の意味を強調するリボザイム（ribozyme）という名称も使われている．RNA単独でスプライシングが進行するためには，切断／結合される部位が互いに接近する必要があり，RNAの高次構造がそれを可能にする．しかし真核細胞のmRNAは，このようなスプライシングに必要な高次構造を，単独ではとることができない．そのためスプライソームの助けを借りて，切断／結合される部位を接近させてスプライシングが進行するが，基本的な反応スキームはRNA単独のスプライシングと変わらない（図6）．

スプライシングの促進と抑制

スプライシングは，スプライシング促進配列（SE：splicing enhancer）およびスプライシング抑制配列（SS：splicing silencer）に結合する因子によって制御される．スプライシング促進配列と抑制配列は，ともにエキソンおよびイントロンのどちらにも存在するので，存在部位を合わせて表示する際には，ESE（exonic splicing enhancer）などとよぶ．スプライシング促進配列には，SRタンパク質ファミリー[※3]が結合してスプライシングを促進し，そのエキソンをmRNAに取り込ませる．逆に，抑制配列にはhnRNPタンパク質ファミリー（heterogenous nuclear ribonucleoprotein）[※4]が結合し，そのエキソンをスキップする方向に作用する（図7）．

※1　primary transcript．プレmRNA（pre-mRNA）ともよばれる．
※2　チェックとは独立に，アルトマンら（Sidney Altman, 1939～）は，大腸菌tRNA前駆体の切断に関与するRNase Pの活性中心がRNAであることを明らかにし，同時にノーベル賞を受賞している．
※3　セリンとアルギニンに富むことが名前の由来である．
※4　pre-mRNAを含むheterogenous nuclear RNAに結合する一群のタンパク質．

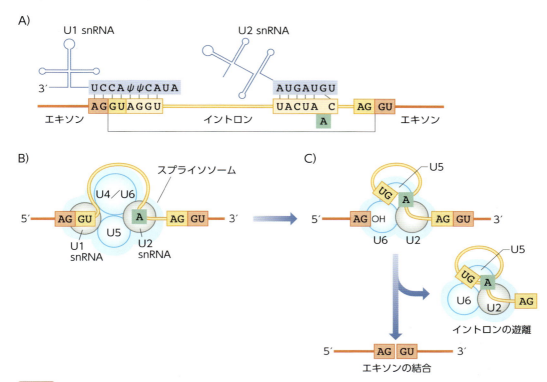

図6　真核生物のスプライシング
エキソンおよびイントロンを含む一次転写産物は，スプライソソームによってスプライシングを受けイントロンが除去される．A）スプライソソーム中のU1およびU2 snRNAはそれぞれイントロンの5′側および3′側の境界に存在する配列と相補鎖を形成し，スプライソソーム中で切断／結合部位が近接するように配置する．この時U2 snRNAとミスマッチを形成するアデニン残基（A）は，スプライシング反応に重要な機能を果たす．B）このA残基は，イントロン5′端のG残基と結合し，投げ縄構造を形成する．C）5′側エキソンの遊離したヒドロキシ基（-OH）が，次のエキソンと結合することで，イントロンが遊離する．

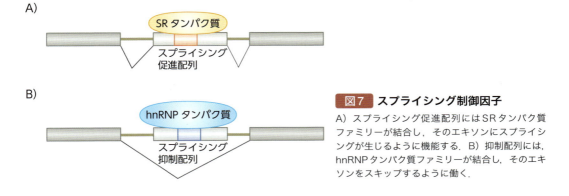

図7　スプライシング制御因子
A）スプライシング促進配列にはSRタンパク質ファミリーが結合し，そのエキソンにスプライシングが生じるように機能する．B）抑制配列には，hnRNPタンパク質ファミリーが結合し，そのエキソンをスキップするように働く．

　しかし，これらのタンパク質は普遍的にどの組織でも発現しているが，組織特異的なスプライシングを制御する一群の因子も脳，筋肉，脾臓，肝臓など多数の組織で同定されている．脳は組織の中で，発現している遺伝子数や選択的スプライシングの組合せにおいて最も複雑な組織の1つである．脳の特異的なスプライシング因子としてNovaが知られて

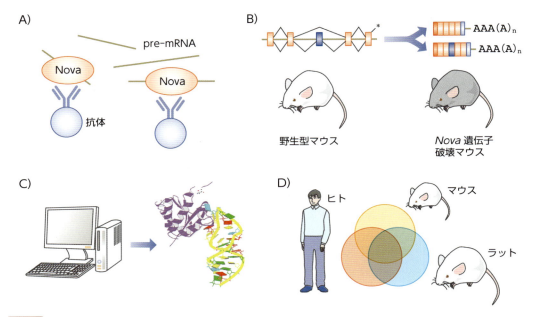

図8 脳特異的スプライシング制御因子Novaの標的配列の解析[9]
解析は4つのアプローチを併用して行なわれた．A）Novaが結合している一次転写産物をNova特異的な抗体を用いて回収し，その塩基配列を決定する．B）野生型マウスとNova遺伝子破壊マウスとのスプライシングパターンを比較する．C）ソフトウェアを用いた，Nova結合配列とRNAの高次構造予測を行なう．右図はProtein Data Bank（http://www.rcsb.org/pdb/explore.do?structureId=2anr）より引用．D）マウス・ラット・ヒトとの間で保存されたNova結合配列を検索する．

いる．Novaは神経細胞のシナプスタンパク質の発現を制御し，神経細胞の興奮と抑制のバランスのとれた調和に必要であると考えられている．Nova遺伝子破壊マウスは，出生後運動神経の過剰な興奮により死に至ることからもNovaの重要性がわかる．そこで，Novaがどのようなスプライシング制御を行なうかについて，以下の4つのアプローチを組合わせて詳細な検討がなされている[9]（図8）．

脳特異的スプライシング因子Novaの機能解析

① Novaとpre-mRNAを架橋剤で架橋した後，pre-mRNA上のNova結合配列を抗Nova抗体による免疫沈降法により回収し，その塩基配列を解析する（図8A）
② 野生型マウスとNova遺伝子破壊マウスのスプライシングパターンの比較から，Novaによってスプライシングを受けるpre-mRNAを同定する（図8B）
③ pre-mRNA上のNova結合配列（C/U–C–A–C/U）の配置とRNA高次構造をソフトウェアを用いて予測し，Nova結合部位を推定する（図8C）
④ ラットやヒトとの間でも保存されているNova結合部位を検索する．また，スプライシング後のタンパク質読み取り枠が維持されるかどうか検討する（図8D）

その結果，エキソン下流のイントロンにNovaが結合すると，そのエキソンはスキップされずに残ることがわかった．また，エキソン内部またはエキソン上流のイントロンにNova結合部位が存在すると，60％の確率でそのエキソンはスキップされる．もし両者が

共存すると，その確率は90％まで高まると予測された．実際に実験を行なって，この予測が正しいか検証したところ，90％の予測は正しいことが判明した．

このように，複数のNova結合部位が協調的に機能して，選択的スプライシングを規定していることが明らかとなった．さらに興味深いことに，Nova結合部位の近傍には，別の脳特異的スプライシング因子Foxの結合部位が見出され，このようなpre-mRNAの選択的スプライシングが，NovaおよびFox両因子によって制御されることも示されている．大規模な選択的スプライシングの解析は，他のスプライシング因子についても行なわれており，組織特異的なスプライシングについて重要な知見が蓄積しつつある．

7 ノンコーディングRNA（ncRNA）

タンパク質をコードしていないRNAを総称してノンコーディングRNA（ncRNA：non-coding RNA）とよぶ．1960年代から，すでに20～10,000 bp以上のものまでのバラエティーに富む多くのノンコーディングRNAの存在が確認されていた．近年の大規模RNA解析により，ゲノムの大部分が転写されていることも明らかとなっているが，その多くはタンパク質をコードする遺伝子以外の領域である．この事実は，従来のセントラルドグマ，すなわち遺伝子からmRNAができ，そしてタンパク質が産生されるというルールからは外れているようにみえる．しかし，こうしたノンコーディングRNAにもさまざまな機能があ

ることが明らかとなりつつある．本章では，代表的なノンコーディングRNAとして，miRNA（microRNA）とX染色体の不活性化にかかわるRNAについてふれる．この他にも，転写因子に結合してその活性を制御するRNA，ヒストン修飾酵素と結合し染色体の構造を制御するRNA，遺伝子プロモーターから大量に合成されている短鎖RNAや，核内構造体の構成因子となるRNAなど多種多様なRNAの存在が明らかにされつつある．

8 miRNA（microRNA）

miRNAは，その名の通り21～25塩基の小さなRNAである．miRNAは，1993年に線虫の遺伝学的研究から発見され，その後，多くの動植物に普遍的に存在することが明らかとなった．miRNAは，miRNAと相補的な塩基配列をもつmRNAに結合し，mRNAの翻訳抑制や分解促進により，その発現を抑制する．類似の機能をもつ小分子RNAとして，ウイルスなどに由来する長い二本鎖RNAから作られるsiRNA（small interfering RNA）や，生殖細胞ゲノムを転移性配列などから守るpiRNA（PIWI-interacting RNA）などが知られている．

miRNA発見の契機となった研究について述べる．線虫の発生において，*lin-4*遺伝子は*lin-14*遺伝子発現を抑制する機能がある[※5]．*lin-4*遺伝子を欠損した線虫内では，大量のLin-14タンパク質が発現し，その発生が異常となる．正常なLin-14タンパク質レベルを維持するためには，*lin-4*遺伝子と，*lin-14*遺伝

※5　linは発生時の細胞系譜を表すlineageに由来する．

```
5' UUCCCUGAGACCUCAAGUG.UGA    lin-4
3' AAG.GACUC......UCGU-ACU
   AAG.GACUC.-....　　　.ACU
   AAGGGACUC.-...UUUAC-GCU    lin-14
   AAG.GACUC.-....U..　.CU    3' UTR
   AAGGGACUC.-....CAU..CU
   AAG.GACU.......UGU..-UU
   A.GGGACUC.-.........ACU
```

図9 *lin-4* 遺伝子転写産物（*lin-4* miRNA）と *lin-14* mRNA 3' 非翻訳領域の配列[10]

lin-4 miRNA の塩基配列は，*lin-14* mRNA 3' 非翻訳領域の複数の配列と相補的である．

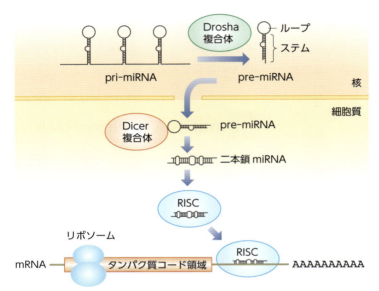

図10 miRNA の合成経路

miRNA は miRNA 遺伝子から pri-miRNA として転写され，核内で Drosha 複合体によって切り出されて pre-miRNA となる．pre-miRNA は細胞質へ移行し，Dicer 複合体により，二本鎖 miRNA となる．RISC 複合体に取り込まれた二本鎖 miRNA のうち一方が残り，mRNA の 3' 非翻訳領域に結合する．

子から産生される mRNA の 3' 非翻訳領域の両方が必要であることが遺伝学的な実験から示されていた．ところが，*lin-4* 遺伝子をクローニングして塩基配列を決定したが，タンパク質をコードする領域は存在せず，その転写産物として 61 および 22 塩基の RNA が見出された[10]．このうち 22 塩基の RNA が現在 miRNA として知られるものであり，61 塩基の RNA はその前駆体である．22 塩基の *lin-4* miRNA は，*lin-14* mRNA の 3' 非翻訳領域の複数の配列と相補的であり，*lin-14* 遺伝子発現を抑制するためには，*lin-4* miRNA と *lin-14* mRNA との相補鎖形成が重要であると考えられた（図9）．

その後の研究から，miRNA にはたくさんの種類があることが明らかにされた．現在では，2,588 種類ものヒト miRNA がデータベースに登録されている（http://www.mirbase.org/）．

miRNA の生合成機構と mRNA への結合

最終的に機能する miRNA は 21〜25 塩基の長さであるが，その前駆体は数百〜数千塩基の pri-miRNA（primary miRNA）として，RNA ポリメラーゼ II によって転写される（図10）．miRNA をコードする領域は，遺伝子間にもあるいは遺伝子のエキソンにもイントロンにも存在する．イントロンに逆向きに配向

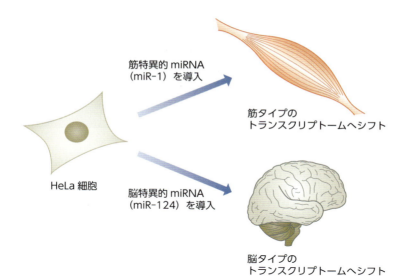

図11 miRNAによる組織特異的mRNA発現制御

ヒト子宮頸がん由来の培養細胞であるHeLa細胞に，筋特異的miR-1を導入すると，96種類のmRNA量が減少した．その多くは，筋で発現量の低いものであった．すなわちmiR-1は，HeLa細胞のトランスクリプトームを筋タイプの方向へシフトさせている．また，脳特異的miR-124の導入では，脳で発現レベルの低いmRNAの量が低下した．したがって，miRNAは多くの標的をもち，組織特異的なmRNAレベルの調節に関与すると考えられている．

しているmiRNA領域もある．pri-miRNA中には，分子内の相補配列によってステムループ構造（図のキノコ様の構造）をとる領域が存在する．おおよそ半数のpri-miRNAは，複数のステムループ構造をもち，したがって複数のmiRNAへプロセスされる．

pri-miRNAは，核内でDrosha複合体によって切断され，ステムループ構造が切り出される．このステムループ構造は，pre-miRNA（precursor miRNA）とよばれる．pre-miRNAは核から細胞質へ移行し，Dicer複合体によって，二本鎖miRNAへとプロセスされる．二本鎖miRNAは，RISC（RNA-induced silencing complex）複合体へと取り込まれ，mRNAと相補的な配列が選択され，RISC複合体はmRNAと結合する．この結合は，mRNAの翻訳開始，伸長過程の抑制やmRNAの不安定化などをもたらす結果，産生されるタンパク質レベルを抑制する．

miRNAが標的とするmRNAの選択には，miRNAの2〜7番目（seed配列）の塩基配列が重要であり，この配列と相補的な配列をもつmRNAが標的となる．seed配列の3′側の配列（13〜17番目）とmRNAとの間に形成されるRNA-RNA二本鎖には，RISC複合体中の二本鎖RNA結合タンパク質が結合すると考えられている．

miRNAによるトランスクリプトームの変化

ヒト子宮頸がん由来のHeLa細胞に筋特異的なヒトmiRNAであるmiR-1を導入したところ，96種類のmRNAレベルの低下がみられた[11]（図11）．減少したmRNAは筋組織で発現が低いものであり，筋で発現しているmiR-1がその抑制を担っている可能性が示唆されている．これら96種類のmRNAの88％が，miR-1のseed配列と相補的な配列を3′非翻

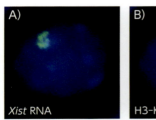
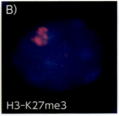
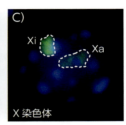

図12 *Xist* RNAの不活性化X染色体への局在

A) *Xist* RNAは，不活性化X染色体全体を覆うように分布し，転写が抑制された遺伝子のプロモーター領域に局在するH3-K27me3（ヒストンH3の27番目リジン残基がトリメチル化修飾を受けたもの）(B) と一致したパターンを示す．不活性化されていないX染色体（図CのXa）上には，*Xist* RNAもH3-K27me3も局在していない．写真提供：小川裕也博士．

訳領域にもっていた．同様に，脳特異的なmiR-124をHeLa細胞に導入した場合には，174種類のmRNA量が低下したが，これらは脳で発現量が低いものであった．これらの結果は，miRNAが多数のmRNAを標的とし，その量を制御していることを示唆している．また，同一のmRNAが複数のmiRNAで制御されることも示されている．したがって，mRNAとmiRNAの関係は，多対多の関係であり，非常に複雑な制御機構が想定される．

さらに，発生期に特異的なmiRNAや，がんや心血管症の発症に伴って発現が変化する多数のmiRNAが報告され，miRNAの多彩な機能が注目されている（12章参照）．

9 X染色体の不活性化とRNA

長いノンコーディングRNA（通常100 bp以上のRNA）の機能はほとんど解明されていない．その中で，機能が解明された数少ない例の1つとして，X染色体の不活性化に関与するRNAが知られている．

哺乳動物の雌のX染色体は2本あり，そのうちの一方が不活性化されている．この現象は，この分野に貢献した研究者Mary Lyon（1797〜1849）にちなみ，ライオニゼーション（lyonization）とよばれている．ライオニゼーションは，雌雄でX染色体上の遺伝子発現量を等しくするために起こる．

X染色体上には，XIC（X-inactivation center）とよばれるX染色体不活性化に必須な領域が存在する．この領域には*Xist*（*X inactive-specific transcript*）遺伝子が存在し，ヒトでは16,481塩基からなる*Xist* RNAが転写される．*Xist* RNAは，不活性化されているX染色体の*Xist*遺伝子のみから転写される．*Xist* RNAはタンパク質をコードするmRNAではなく，RNAそのものが不活性化されたX染色体全面を覆うように存在している（図12）．*Xist* RNAには，DNAメチル化酵素，ヒストン修飾酵素などが結合し，不活性化されるX染色体を遺伝子発現が生じないヘテロクロマチン構造へ変える．興味深いことに，多分化能をもつES（embryonic stem）細胞やiPS（induced pluripotent stem）細胞では，ライオニゼーションは生じておらず，細胞の分化に伴ってどちらか一方のX染色体が不活性化されることがわかっている．

10 プロテオーム解析

本章の後半ではプロテオミクスについて述べる．タンパク質の集合を表すプロテオームを研究対象とするプロテオミクスは，ヒトゲノム解読の恩恵を最も受けた分野の1つである．プロテオミクス技術は，2012年にNature Methods誌のMethod of the Yearに選ばれており，技術の革新性にはめざましいものがある．プロテオミクスでは，DNAやRNAを調べてもわからないが，タンパク質を調べて初めてわかることに研究の重点が置かれている．例えば，タンパク質リン酸化のような翻訳後修飾は，細胞内シグナル伝達研究の上で重要であるが，このような情報はタンパク質の解析からのみ得られるものである．また，タンパク質間相互作用は，細胞内シグナル伝達の経路を明らかにする上で重要なので，ヒトゲノムにコードされるタンパク質1つ1つがどのようなタンパク質と相互作用するかを解析する大がかりなプロジェクトも進行している．こうした解析から，どのようなネットワークによって細胞の応答が制御されているかを明らかにすることができる．疾患は，細胞内シグナル伝達系の破綻と捉えることもできるので，このようなシグナル伝達系のネットワークの解析は，疾患の発症メカニズムを考える上でも重要である．

11 PMF法によるタンパク質の同定

ヒトゲノム解読によって得られた遺伝子の情報は，プロテオミクスにとって最も重要な基盤となった．その結果，質量分析計の性能向上と相まって，タンパク質の同定は簡便な技術となった．はじめに，その原理を簡単に説明する．同定したいタンパク質（精製標品でもSDSポリアクリルアミドゲルのバンドでもよい）をプロテアーゼ消化し，ペプチドに分解する．多くの場合，トリプシンかリジルエンドペプチダーゼが用いられる．前者はタンパク質をアルギニンかリジンのC末端側で，後者はリジンのC末端側で切断する．生じたペプチドを真空中でイオン化させ，その質量を精密に測定する（図13A）．図の横軸は，ペプチドイオンの質量（m）をイオン価数（z）で割った値である（ペプチドは，真空中の電場をm/zに応じて飛行するので，測定される値はm/zである）．図の縦軸は検出されたペプチドイオンの頻度である．

一方，ヒトゲノムのすべての遺伝子から産生されるタンパク質を1つ1つ選択し，プロテアーゼ消化を行なった場合に生じるペプチドの質量は，アミノ酸配列から計算できる（図13B）．測定したペプチドの質量のデータを，遺伝子ごとに比較して，最もよく一致する遺伝子を予測する．プロテアーゼ消化により生じたペプチドのすべてが測定されるわけではないが，測定された質量はアミノ酸配列から予測されるペプチドの質量にすべて含まれているはずである．こうして，数ng程度のごく微量の試料があればタンパク質の同定ができるようになった．この方法は，タンパク質固有のペプチドの質量パターンを指紋のように利用して同定するので，PMF（peptide mass fingerprinting）法とよばれる．この解析は，微量なペプチドの質量を精密に測定できるようになったこと，ヒトゲノムが解読されてほとんどの遺伝子配列が明らかにされたこと，この2つの条件がそろって初めて可能となったものである．

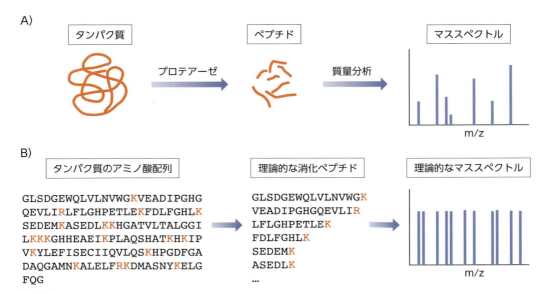

図13　PMF（peptide mass fingerprinting）によるタンパク質の同定
A）タンパク質をプロテアーゼ消化し，質量を測定する．B）一方，ヒトゲノム配列の解読から，ヒト遺伝子にコードされるタンパク質のアミノ酸配列をもととして，そのタンパク質をプロテアーゼ消化した際に生じるペプチド質量を予測する．この値を遺伝子ごとに測定値と対比させ，最もよく一致するものを選択する．

12　質量分析によるアミノ酸配列の決定

　ペプチドイオンを真空中でアルゴンなどの不活性なガスの分子に衝突させたり，弱い電子線を照射したりすると，ペプチド結合が部分的に切断されて種々の断片ができる（図14）．N末端側から切断された断片をbイオンと称し，図の4つのアミノ酸からなるペプチドからは，b_1からb_3までの断片が生じる．その時のC末端側の断片をyイオンとよび，bイオンおよびyイオンのすべての質量と元のペプチドの質量からアミノ酸配列を決定することができる．ペプチド結合切断の条件を選べば，リン酸化のような翻訳後修飾を保ったまま切断することもでき，リン酸基の質量分だけ重い質量となるので，リン酸化部位の同定も可能である．

13　LC-MSによるプロテオーム解析

　タンパク質混合試料をそのままプロテアーゼ消化し，疎水性相互作用を利用した高速液体カラムクロマトグラフィーで分離しつつ，ペプチドのアミノ酸配列を順次決定する装置も実用化されている．この装置をLC-MS（liquid chromatography–mass spectrometry）という．強いて訳せば，高速液体クロマトグラフィー－質量分析計直結システムである．

　ある瞬間にカラムから溶出されてきたペプチドの混合物を，真空中で蒸発させイオン化させる．これらのペプチドイオンの質量を第一の質量分析室で測定する（図15）．このパターンから，シグナル強度の強いペプチドを選択する．数ミリ秒後に溶出されるペプチドはほぼ同じ成分であるので，選択したペプチ

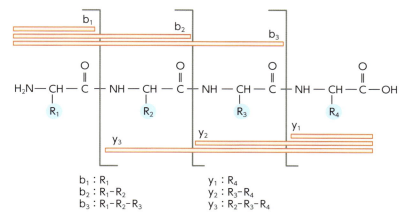

図14　質量分析によるアミノ酸配列の決定
ペプチドを部分断片化し，生じたすべての分子の質量を測定する．その結果，アミノ酸配列を決定することができる．例えば，b_1イオンとb_2イオンの質量差は，側鎖R_2をもつアミノ酸に対応したものとなる．

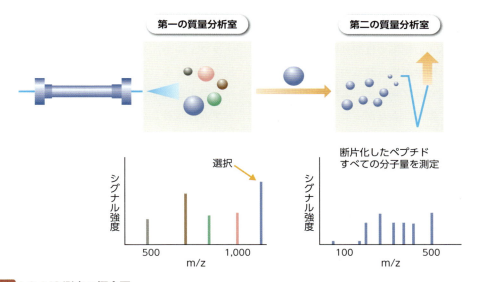

図15　LC-MS測定の概念図
高速液体クロマトグラフィーで分離したペプチドを第一の質量分析室で調べ，アミノ酸配列を決定すべきシグナル強度が上位のペプチドを選択する．ついで，選択したペプチドのみを第二の質量分析室でペプチドを断片化して生じた分子のすべての質量を測定し，その結果からアミノ酸配列を決定する．

ドについて，第二の質量分析室で，前項の方法でペプチドを断片化しつつアミノ酸配列を決定する．最新の機器では，1秒間に数十ペプチドのアミノ酸配列を決定することが可能となっている．

細胞全体の抽出液をプロテアーゼ消化した試料中のペプチド数は100万を優に超える数なので，高速液体クロマトグラフィーの分離能力をはるかに超えている．そこで，あらかじめSDSポリアクリルアミドゲル電気泳動や等電点による分離などでタンパク質を分画し，各分画ごとにプロテアーゼ消化して解析する方法や，イオン交換クロマトグラフィーでペプチドをグループ分けしてから解析する方法

などが用いられる．このような方法を組合わせることにより，ヒト由来の組織や培養株を試料として大規模なプロテオーム解析が行なわれた[12]．その結果17,294個の遺伝子（タンパク質をコードする遺伝子の約84％）に由来するタンパク質が同定された．このうち2,535個の遺伝子は，その産物がこれまで同定されていなかったものであった．

プロテオーム解析の向き不向き

ペプチドの分離はカラムクロマトグラフィーで行なうため，常にアナログ的な要素がつきまとい，ペプチドの分解能がタンパク質同定数の最大のネックとなっている．この点は，DNAやRNAの解析では配列情報に基づくデジタル的な結果が得られるのとは対照的であり，分解能ではプロテオーム解析は核酸の解析に比べて劣る．したがって，プロテオーム解析は，タンパク質を解析しなければわからない情報の解析に特化するのが望ましいと考えられている．

プロテオーム解析をタンパク質複合体の解析に応用した例としては，分裂期染色体タンパク質の網羅的な同定，mRNAのスプライシングにかかわるスプライソソーム複合体の解析，紡錘体構成タンパク質の網羅的同定などの例がある．近年の研究例として，クラスI主要組織適合抗原に提示されたペプチドの網羅的解析や[13]，DNA修復複合体の解析[14]などがある．

14 翻訳後修飾の多様性

真核生物のプロテオームを非常に複雑にしている要因が，翻訳後修飾である．翻訳後修飾の代表例として，リン酸化，アセチル化，メチル化，糖鎖付加，脂質付加，ユビキチン化，SUMO（small ubiquitin-like modifier）化などがあり，プロテオーム解析でもよく研究されている．

リン酸化は，大きな負電荷をもつ官能基が付加される反応であるので，タンパク質の構造が大きく変化し，その結果，基質タンパク質の活性，他のタンパク質との相互作用，細胞内局在，分解速度などが変化する．したがって，細胞内シグナル伝達の重要なメカニズムの1つとなっている．リン酸化を解析する時には，リン酸基に親和性をもつ官能基を固相化したアフィニティーカラムクロマトグラフィーで，リン酸化ペプチドを精製してから解析する（例として図16）．その結果，リン酸化されていない大多数のペプチドは，カラムに吸着しないので，ペプチド数を大幅に減じて解析することができる．タンパク質のチロシンリン酸化は，特異的な抗体を用いてチロシンリン酸化ペプチドのみを回収して解析することができる．リン酸化セリンやスレオニンに対する特異的な抗体はない．

リン酸化の定量

リン酸化は，増殖因子などの細胞外刺激やストレスに伴って変動する．この変動を定量的に解析するための工夫がなされている．炭素原子Cの同位体である[^{13}C]で標識したアミノ酸を用いると，2つの試料から由来する同一ペプチドを区別して測定することが可能である．例えば，[^{13}C]リジンを含む培地で培養した細胞に由来するペプチドは，通常の[^{12}C]リジンを含む培地で培養した細胞の同じペプチドと化学的性質は同じであるため，両者は同時に高速液体クロマトグラフィーか

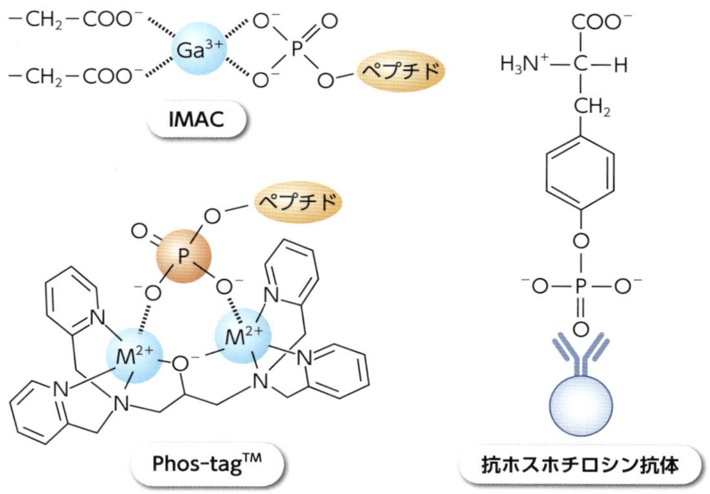

図16　リン酸化ペプチドの精製

リン酸化ペプチドの精製法を示す．IMAC（immobilized metal affinity chromatography）は，ガリウムなどの3価の金属イオンをカラムに固相化したもので，リン酸化ペプチドのリン酸基が金属イオンに配位することを利用して精製する．Phos-tag™は，IMACの1つであるが，リン酸基に対する特異性が高い（参考文献23より引用）．チロシンリン酸化ペプチドは，抗ホスホチロシン抗体で精製可能である．同じ方法は，リン酸化タンパク質の精製にも応用可能である．

ら溶出される．しかし，質量分析計では質量が6異なるペプチドとして区別できる．細胞抽出液をリジルエンドペプチダーゼで消化すれば，すべてのペプチドはそのC末端にリジンをもつため，質量差6を賦与することができる．窒素の同位体［^{15}N］を併用すれば，さらに試料数を増やして比較することも可能である．

培養細胞を用いたこの方法をSILAC（stable isotope labeling by amino acids in cell culture）という（図17）．

リン酸化ペプチドを精製後に同様な解析を行なうと，その量的な差は2つの細胞におけるリン酸化の差を反映したものになることから，リン酸化の網羅的な解析に応用されている．SILACは，ヒトの組織試料など培養できないものには適用できない．そこで，ペプチドのN末端を化学修飾し，その修飾試薬に同位体を用いることで質量差を付加し，異なる試料から由来する同一ペプチドを比較することも可能である．

リン酸化の大規模定量解析

LC-MSによるリン酸化の大規模変動解析の先駆けとなったのは，2006年のOlsenらの論文である[15]．この論文中では，5,700個のリン酸化部位が同定され，そのうち約15％が上皮成長因子EGF（epidermal growth factor）の添加により変動していた（表1）．細胞周期に伴って変動するリン酸化を解析した研究では，20,000を超えるリン酸化部位が同定され，その多くについては，その部位が何％リン酸化されているか定量的な測定も行なわれている．その結果，細胞分裂期にリン酸化される部位の半分以上は，その部位の75％以上がリン酸化されていることがわかった．現在では，培養細胞株あたり約11,000種のタンパク質中の38,000カ所にも達するリン酸化部位が同定

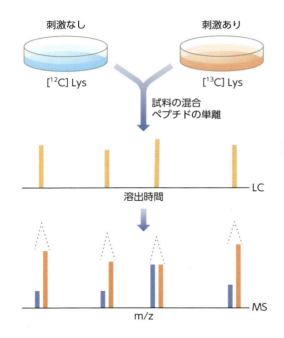

図17 SILACの概念図

2つの培養細胞の一方を [^{12}C] リジンを含む培地で，もう一方を [^{13}C] リジンを含む培地で培養し，抽出液をリジルエンドペプチダーゼで消化すると，すべてのペプチドに質量差6を賦与することができる．試料を混合後，カラムで展開すると，異なる細胞に由来する同じ配列のペプチドは，化学的な性質は同じであるため，同じ時間に溶出される．これを質量分析にかけた場合に，2つのペプチドは質量が6異なるところにシグナルを与えるため，その量比を定量的に評価することができる．この分析法をSILAC (stable isotope labeling by amino acids in cell culture) という．それぞれのペプチドのアミノ酸配列を決定すれば，そのタンパク質の2つの試料における存在比を評価できる．

表1 EGF添加によって変動するリン酸化部位の解析 [15]

リン酸化部位	リン酸化部位数	割合（%）	EGFによってリン酸化が変動する部位	割合（%）
セリン	4,901	86.4	724	82.0
スレオニン	670	11.8	106	12.0
チロシン	103	1.8	53	6.0

HeLa細胞にEGFを添加した際のリン酸化の変動をSILAC法により調べた結果である．全体で5,700カ所近いリン酸化部位が同定され，そのうち約15％がEGF刺激により変動することが示された．EGF受容体はチロシンキナーゼ受容体であるので，変動したリン酸化部位の中では，有意にチロシンリン酸化部位の割合が高くなっている．

され，同定されたタンパク質の約80％がリン酸化されることが示されている[16]．このように，定量的なリン酸化も測定できるようになり，プロテオミクスはシグナル伝達研究の上で重要な手法となっている．

その他の翻訳後修飾

ユビキチンは，76個のアミノ酸からなる小さなタンパク質で，タンパク質のリジン残基に結合する．ユビキチン上の他のリジン残基にさらにユビキチンが結合して，ポリユビキチン化が生じ，プロテアソームでのタンパク質分解や，他のタンパク質との相互作用の部位となる．モノおよびジユビキチン化もシグナル伝達系で機能する．ユビキチン化，SUMO化を受けたタンパク質の解析は，抗ユビキチン抗体，抗SUMO抗体を使い，修飾を受けたタンパク質を回収して解析する．さまざまな糖鎖を特異的に認識するレクチンを用いた，特定の糖鎖付加を受けたタンパク質の

解析も同様に可能である．糖鎖タンパク質は，さまざまながんの診断マーカーとなっているので，マーカー探索の一手法として位置づけられる．このように，タンパク質の個々の翻訳後修飾の解析法もつぎつぎと開発されているので，プロテオミクス解析によって多くの知見がもたらされることが期待されている．

■ 文献

1) ENCODE Project Consortium. : An integrated encyclopedia of DNA elements in the human genome. Nature, 489 : 57-74, 2012
2) Yue, F. et al. : A comparative encyclopedia of DNA elements in the mouse genome. Nature, 515 : 355-364, 2014
3) de Klerk, E. et al. : Alternative mRNA transcription, processing, and translation : insights from RNA sequencing. Trends Genet., 31 : 128-139, 2015
4) Ota, T. et al. : Complete sequencing and characterization of 21,243 full-length human cDNAs. Nat. Genet., 36 : 40-45, 2004
5) Okazaki, Y. et al. : Analysis of the mouse transcriptome based on functional annotation of 60,770 full-length cDNAs. Nature, 420 : 563-573, 2002
6) Djebali, S. et al. : Landscape of transcription in human cells. Nature, 489 : 101-108, 2012
7) Lee, S. et al. : Global mapping of translation initiation sites in mammalian cells at single-nucleotide resolution. Proc. Natl. Acad. Sci. USA, 109 : E2424-2432, 2012
8) Kruger, K. et al. : Self-splicing RNA : autoexcision and autocyclization of the ribosomal RNA intervening sequence of Tetrahymena. Cell, 31 : 147-157, 1982
9) Zhang, C. et al. : Integrative modeling defines the Nova splicing-regulatory network and its combinatorial controls. Science, 329 : 439-443, 2010
10) Lee, R. C. et al. : The C. elegans heterochronic gene lin-4 encodes small RNAs with antisense complementarity to lin-14. Cell, 75 : 843-854, 1993
11) Lim, L. P. et al. : Microarray analysis shows that some microRNAs downregulate large numbers of target mRNAs. Nature, 433 : 769-773, 2005
12) Kim, M. S. et al. : A draft map of human proteome. Nature, 509 : 575-581, 2014
13) Räschle, M. et al. : DNA repair. Proteomics reveals dynamic assembly of repair complexes during bypass of DNA cross-links. Science, 348 : 1253671, 2015
14) Bassani-Sternberg, M. et al. : Mass spectrometry of human leukocyte antigen class I peptidomes reveals strong effects of protein abundance and turnover on antigen presentation. Mol. Cell. Proteomics, 14 : 658-673, 2015
15) Olsen, J. V. et al. : Global, in vivo, and site-specific phosphorylation dynamics in signaling networks. Cell, 127 : 635-648, 2006
16) Sharma, K. et al. : Ultradeep human phosphoproteome reveals a distinct regulatory nature of Tyr and Ser/Thr-based signaling. Cell Rep., 8 : 1583-1594, 2014

■ 参考文献・図書

17) 武田淳一，他：完全長cDNAデータベース．実験医学，26 : 1056-1061, 2008
18) 伊藤恵美，林崎良英：高等生物の転写制御ネットワークの解明―FANTOMプロジェクトを中心に．実験医学，31 : 2384-2389, 2013
19) 近藤真啓：細胞接着分子Dscamの分子多様性と特異的神経配線の決定．実験医学，24 : 2140-2143, 2006
20) 『拡大・進展を続けるRNA研究の最先端』（塩見春彦，他／編），実験医学増刊28巻10号，羊土社，2010
21) 『生命分子を統合するRNA-その秘められた役割と制御機構』（塩見春彦，他／編），実験医学増刊31巻7号，羊土社，2013
22) 服部成介：リン酸化プロテオーム解析で汎用的に用いられる技術．実験医学，27 : 2550-2551, 2009
23) 木下英司，他：フォスタグケミストリー．生物物理化学，56（suppl-1）: 3-7, 2012

Column ゲノムDNAを合成する

ゲノムを自由にデザインすることは，新しい生物を創成することである．その第一歩として，現存する生物のゲノムを合成する試みがなされている（板谷光泰：実験医学，29：1128-1133, 2011）．

板谷らは，大腸菌にクローニングしたラン藻ゲノム断片をベクターに挿入し，枯草菌ゲノム上で順につなぎ合わせることにより，3,500 kbのラン藻ゲノム合成に成功している（Itaya, M. et al.：Proc. Natl. Acad. Sci. USA, 102：15971-15976, 2005）．したがって，合成されたラン藻ゲノムは，枯草菌ゲノムとつながって存在している．

一方，ヒトゲノム解読チームを率いていたベンター博士らは，酵母を宿主細胞とし，化学合成した1,080 bpの基本ユニットを酵母菌内でつなぐステップを繰り返すことにより，1.08 Mbのマイコプラズマゲノムを合成した（Gibson, D. et al.：Science, 329：52-56, 2010）．さらに，酵母から抽出したマイコプラズマゲノムDNAを移植することにより，合成したゲノムに依存して増殖するマイコプラズマの創出に成功した．合成したゲノムの目印として，4カ所にマイコプラズマゲノムにはない配列が挿入されている．その中の配列

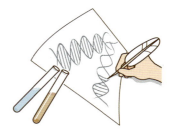

をアミノ酸に翻訳すると，研究所や研究者の名前が記されている（アルファベットのUはアミノ酸表記にはなく，代わりにVが用いられている）．

ゲノムを合成できることは，自由な代謝系の組合せを意味する．重金属や流出した石油の除去，有機物の合成，発酵などさまざまな用途が拓けるだろう．

8章 エピジェネティクスと遺伝子発現

エピジェネティクスとはDNAの塩基配列変化を伴わずに遺伝情報発現が変化する現象であり，新しいタイプの遺伝子発現調節機構として近年注目を集めている．分子レベルで起きている化学的な変化はDNAのメチル化とヒストンタンパク質の化学修飾である．これによりクロマチン構造が変化し，結果として遺伝子発現が促進されたり抑制されたりする．エピジェネティックな変化の特徴は，細胞分裂後もその変化が受け継がれることにある．つまり親細胞に施された修飾はそのまま娘細胞に継承される．発生，分化のみならず，がん，精神疾患などさまざまな病気にはエピジェネティクスが深くかかわっていることが知られており，これを標的とする治療薬も登場している[1]．

1 DNA配列だけでは人生は決まらない

これまでの章では，ヒトゲノムについて，主にそのDNA配列について述べてきた．3章で述べたようにDNA配列は，両親，すなわち父親と母親から受け継ぐ．そして一生涯変化することはない[※1]．

ヒトはみな，たった1個の細胞であった時代がある．母親由来の卵子と父親由来の精子が合体した受精卵は1 mmの10分の1（0.1 mm）の大きさであるが，この受精卵こそが，ヒトの始まりである．受精卵が分裂を繰り返し，約60兆個もの細胞になってヒトの身体が形成される[※2]．60兆個の細胞は，脳を形づくる神経細胞であったり，肝細胞，皮膚の細胞であったり，とさまざまであるが，細胞ひとつひとつに受精卵と同じゲノム情報が含まれている．同じゲノム情報，すなわち，同じDNA配列が含まれているのに，なぜ，脳や肝臓など全く異なった機能，形状をもった細胞になるのであろうか．それは，ゲノム情報の中で"読まれる"箇所が異なるからである．すなわち，ゲノム情報の中で発現している箇所が違い，作られるタンパク質が異なるからである．

話を元に戻そう．DNA配列は身体を作る細胞すべてで同じであり，一生涯変化することはない．それでは，DNA配列が全く同一である一卵性双生児ではすべての形質が同じなのであろうか．一卵性双生児を用いたさまざまな研究が行なわれており，一方がある病気を発症したのに，もう一方は発症しない例などがあることが数多く明らかになってきた．ま

※1　B細胞とT細胞だけは例外で，B細胞は抗体の遺伝子，T細胞はT細胞受容体の遺伝子の配列が変化する．
※2　一般的には60兆個と考えられているが，30兆個などとする説もある．

たこの差異は年齢を重ねるとともに大きくなっていくことも報告されている．特に，がん，自己免疫疾患，糖尿病，アルツハイマー病，パーキンソン病，喘息などは，一卵性双生児のペアの一方で発症するが他方では発症しない場合があり，その原因が「エピジェネティックな変化」とよばれるものの違いによるものだとする報告がある[2]．IQ値も生育環境に大きく左右され，DNA配列が同じであるのにもかかわらず，大きく違いが生じる場合があることが明らかになっている[3]．すなわち，DNA配列だけでは人生は決まらない．病気など多くの形質が現れる際にはエピジェネティクスもかかわっており，それが環境によって大きく影響を受ける[2,4]．高次生命現象である「学習」に関して，本章のテーマであるエピジェネティクスがどれくらい影響しているかについては，ここではふれない．成人における認知能力は，遺伝要因（DNA配列）によって決まる部分もあるが，環境要因にも大きく左右されることがわかっている．この環境要因のうち，いくつかはエピジェネティクスにより決まる．それでは，エピジェネティクスとは何か．次の項目で詳しく述べていこう．

2 エピジェネティクスとは何か

最近，エピジェネティクスという単語をよく耳にするし，実際，現代の分子生物学はこの用語なくしては語れなくなってきている．それほど重要なエピジェネティクスとは何なのだろうか？ エピジェネティクスにはよい日本語訳がなく，それがより一層この術語をわかりにくいものにしている．

「エピ（epi）」とは「後生的な」という意味で，「ジェネティクス（genetics）」は「ジェネシス（genesis，創造）」に由来する．エピジェネシス（epigenesis）とは「後生説」という意味であるが，その後「遺伝学」を意味する「ジェネティクス（genetics）」と相まって「遺伝より後のことを扱う学問分野」を意味するエピジェネティクスという術語ができた．エピジェネティクスは，イギリスの発生学者ワディントン（Conrad Hal Waddington, 1905～1975）による造語である．

DNAの塩基配列は，細胞が分裂した後も正確に受け継がれ，親から子，子から孫へと継承されていくという事実はすでに証明され，

Column　一卵性双生児の違いを生むエピジェネティクス

一卵性双生児は，互いに塩基配列情報が全く同じだが，性格などはかなり違うし，外見上も非常に似てはいるものの，多少異なっており，しばらく接しているうちに個々の特徴がわかってきて二人を識別可能になる．塩基配列情報は全く同じなのに，こうした微妙な形質の差が現れるのは，エピジェネティックな情報が個々で異なることによると考えられている．一卵性双生児は，加齢とともにエピジェネティックな情報の違いが増してくることもわかっている（本文参照）．一卵性双生児の親で，二人を識別できない人はほとんどいない．それほどに二人の外観は異なっており，その一因はエピジェネティックな情報の違いにあると考えられている．

確立した概念となっている．すなわち，DNA配列は遺伝する．エピジェネティックな情報も，細胞が分裂した後，娘細胞に受け継がれることがわかってきている．その実態は，DNAのメチル化やヒストンタンパク質に施されているアセチル化，メチル化，リン酸化などの化学修飾である（図1）．これらの化学修飾が病気や発生の過程でさまざまに変化することが知られており，遺伝情報の発現に変化をもたらすことにより，発生，分化，がん化に大きくかかわっていることが明らかになってきた（図2）．

3 エピジェネティックな変化の種類

エピジェネティクスとは，エピジェネティックな変化が起こることにより遺伝情報発現に変化がもたらされることを扱う学問分野である．それではエピジェネティックな変化とは何か．要約すると，DNA塩基配列に変化を伴わない遺伝情報の変化である．すなわち，生命の設計図であるDNAの文字列にはなんら変化がみられない．それではどこが変化しているのか．具体的に分子レベルで起きている

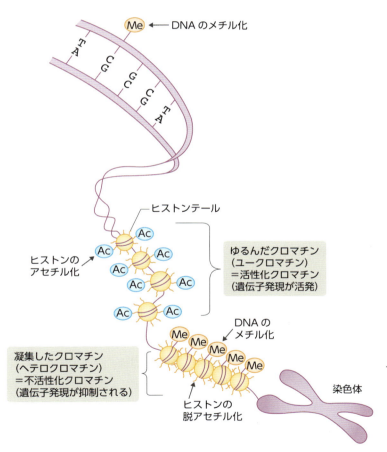

図1　エピジェネティックな変化と遺伝子の発現
エピジェネティックな変化を簡略化して描いた．エピジェネティックな変化には，①DNAのメチル化，②ヒストンの化学修飾がかかわっており，どちらもDNAの配列には変化を与えない．また，クロマチン構造に変化をもたらし，その結果，遺伝子発現が変化する．ここではヒストンの化学修飾はアセチル化とメチル化しか示していないが，この他にリン酸化，ユビキチン化も起こる．Me：メチル基，Ac：アセチル基．

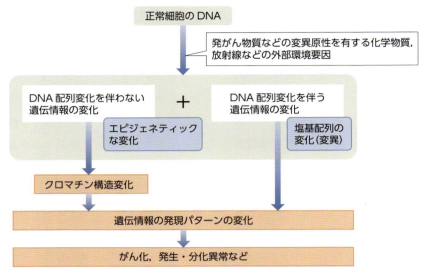

図2 がん化,発生などにおけるエピジェネティックな変化の役割

化学的な変化は以下の通りである.
① **DNAのメチル化**
② ヒストンのアセチル化
③ ヒストンのメチル化
④ ヒストンのリン酸化
⑤ ヒストンのユビキチン化
⑥ ②～⑤以外,SUMO化などその他のヒストンの化学修飾
⑦ ①～⑥によって誘起されるクロマチン構造の変化

エピジェネティックな変化は可逆的変化

塩基配列情報とエピジェネティックな情報の大きな違いは,その情報が常に不変であるか,時には変化するかということにある.もちろん,塩基配列も,紫外線や放射線,変異原物質(発がん物質)などにより変化し,それががん化を引き起こすことは周知の事実である.しかし,そうした変化は稀であり,また,ひとたび起こると変化が非可逆的で,元の配列に戻ることはまずない.これに比べ,エピジェネティックな変化は,可逆的であり,酵素の作用により比較的容易に付加されたり,除去されたりする.

例えば,エピジェネティックな情報は生殖細胞形成の過程でリセットされ,個体の発生の過程で書き換えられる[5].近年話題のES細胞やiPS細胞は多種多様な細胞に分化することができる多能性幹細胞である.iPS細胞に例をとってみると,エピジェネティックな情報が細胞分化能にいかに大きな影響を与えているかが明らかとなる.iPS細胞は成人の皮膚細胞に山中因子とよばれる4つのタンパク質を発現させる,などをすることにより作られる.したがって,皮膚に分化しきった細胞とiPS細胞とのDNAの塩基配列は全く同一である.iPS細胞が獲得した分化多能性はエピジェネティックな変化によるものと考えられている.

もう1つ例をあげよう.今や,イヌ,ネコ,サルなどさまざまなクローン動物が誕生しているが,体細胞クローン動物は,まず動物の分化

した皮膚などの細胞から核を取り出し，あらかじめ核を除いておいた未受精卵に入れ，シャーレで培養する．細胞分裂が進み，胚盤胞になった段階で代理母の子宮に戻して育て，誕生させる．ここでも元の皮膚細胞のDNA塩基配列はクローン動物の全身のどの細胞とも全く同じである．皮膚細胞が分裂して新たな個体ができることはありえない．にもかかわらず，皮膚細胞の核を移植された未受精卵は通常の過程（精子と卵子の受精）でできた受精卵と同じように，分裂，増殖し，分化し，1個の個体となる．これは，皮膚細胞におけるエピジェネティックな情報がクローン作製過程でリセットされ，分化多能性を獲得したと考えられる．情報のリセットは，分化した皮膚などの細胞から核を取り出し，あらかじめ核を除いておいた未受精卵に入れたときに起こると考えられる．すなわち，核の中のクロマチンに働きかけ，エピジェネティックな情報を書き換える能力が卵子の細胞質にあると考えられるわけだが，その実態はいまだによくわかっていない．

エピジェネティックな変化を原因とする疾患

一方で，エピジェネティックな情報の異常は，がんなど病気の発症の原因となることがわかっている．それは多岐にわたるが，DNAのメチル化異常は，がんの診断にすでに活用されている．また，エピジェネティックな情報の異常は精神疾患にも関与することが明らかにされている．

エピジェネティックな情報は可塑性をもつので，この性質を利用した治療薬が開発されている．脱メチル化剤やメチル化阻害剤の中には，血液のがんの治療に有効なものもある〔HDAC（histone deacetylase）阻害剤やDNAメチル化阻害剤〕．

それでは，エピジェネティックな変化が起こるとなぜ，がんなどの病気が発症するのだろうか．これまでも述べてきたように，エピジェネティックな変化が起こると，遺伝情報の発現が変化する．がん化はがん遺伝子とがん抑制遺伝子の発現異常が原因で起こることがわかっている（**6章**参照）．がん遺伝子の発現が亢進するようなエピジェネティックな変化が起きれば，細胞はがん化する．また，p53などのがん抑制遺伝子にDNAのメチル化が起これば，それまで発現し，がん化を抑えていたp53タンパク質の発現が抑制され，がん化を抑えることができなくなる．

ゲノム科学とその技術の進歩，特に次世代シークエンサーの登場により，エピジェネティックな情報の解析は新たな局面を迎えた．現在，DNAのメチル化の全ゲノム網羅的解析や，ヒストンタンパク質のメチル化，アセチル化などの全ゲノム網羅的解析が精力的に行なわれており，多くの新しい知見が生まれている．このように，エピジェネティックな情報をゲノム全体にわたって調べる学問をホールゲノムエピジェネティクス（whole genome epigenetics）という．

4 DNAがメチル化されると転写が抑制される

DNAのメチル化は，脊椎動物および植物の分化，発生などにおいて重要な役割を果たしている．また，がん化や精神疾患とも深くかかわっており，脱メチル化剤が抗がん作用を示すことも明らかとなってきた．DNAがメチル化されると転写が抑制され，結果的に遺伝子発現が抑制される．

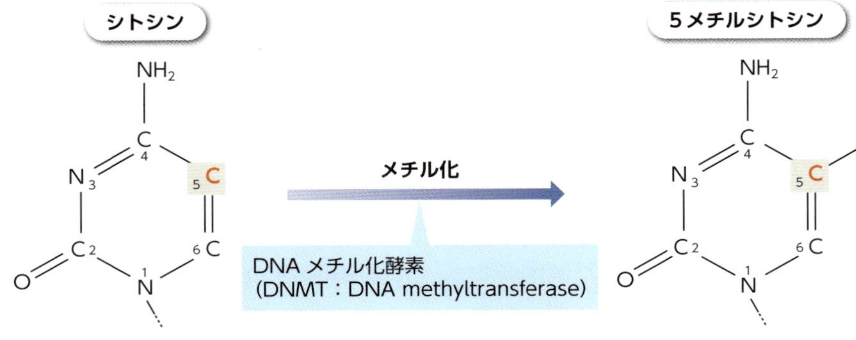

図3 シトシン塩基のメチル化

メチル化されるのは一部のCpG配列のシトシン

真核生物では，DNAがメチル化を受ける場合，シトシン塩基（C）の5位にメチル基が入る（図3）．このメチル基はS-アデノシル-L-メチオニンという分子からDNAメチル化酵素という酵素の働きにより転移される．シトシン塩基の次にグアニン塩基が続く5′-CG-3′の配列はCpG（pはリン酸を示す）と表記されるが，脊椎動物では，この塩基配列部分のみがメチル化の標的となり，CpGのうちC塩基のみがメチル化される（図4）．ヒトやマウスのゲノムDNAではCpG配列のうち約70％がメチル化されており，メチル化されたCpG配列の多くは転写が抑制された遺伝子のプロモーターに分布している．酵母，線虫，ショウジョウバエのゲノムは全くメチル化されていない．メチル化の多くは，転写が抑制された遺伝子のプロモーター中に見出される．また，哺乳類では，雌の2本のX染色体のうち1本は不活性化されているが，このX染色体不活性化やゲノム刷り込み現象（後述）において，転写が抑制されている遺伝子の転写制御領域が高度にメチル化されていることがわかっている．

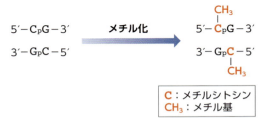

図4 CpG配列がメチル化の標的
脊椎動物ではDNA塩基配列の中でCpG配列だけがメチル化の標的となる．

真核生物のゲノム上のCpG配列は，遺伝子のプロモーター領域に多くみられ，CpGアイランドとよばれる．ゲノム上にCとGが並ぶ配列が島状に散在していることからこの名がある．転写が活発な遺伝子のプロモーター上に存在するCpGアイランドのシトシンは多くの場合メチル化されていない．プロモーター部位が低メチル化状態にある遺伝子は，活発に転写されており，メチル化が多数起きているプロモーターの支配下にある遺伝子の転写は抑制されている．つまり，CpGのシトシンの5位にメチル基が付加されると，プロモーターは不活性となり転写は抑制される．

転写抑制の仕組み

それでは，なぜ，メチル化されると遺伝子

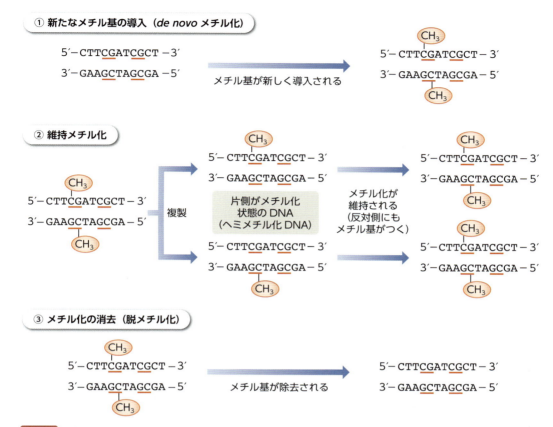

図5 3種類のメチル化調節
CpG配列にメチル基が導入されるが，図に示すようにCpG配列の中でもメチル化されるものとされないものがある．

の転写が抑制されるのだろうか．1つの仮説は，プロモーター上に存在する転写因子の結合配列にメチル基が導入されることにより，転写因子がDNAに結合できなくなるためというものである．もう1つの仮説は，メチル化されたDNAを特異的に認識して結合するタンパク質が存在し，このタンパク質がプロモーターに結合することと，それによりもたらされるヒストン修飾の変化がクロマチン[※3]の構造を変え（クロマチンリモデリングを起こし），転写を抑制するというものである．

DNAのメチル化状態の調節機構

DNAのメチル化の調節は，①新たにメチル基を付加する活性（de novo メチル化[※4]）と，②DNA複製と協調して娘細胞にDNAメチル化パターンを伝える活性（維持メチル化），③メチル化を消去する活性（脱メチル化），の3つに分けることができる（図5）．すべての過程に複数の酵素がかかわっていると考えられ，②は，特定の細胞で形成されたDNAメチル化パターンを細胞分裂後も娘細胞に伝える役割を果たす．

※3 クロマチンとは，真核細胞の核内に存在するDNAとヒストンタンパク質の複合体である．細胞が分裂する際は，クロマチンが凝縮して光学顕微鏡で観察可能な形態，すなわち染色体の形をとる．
※4 「de novo」とは「新生の」という意味である．

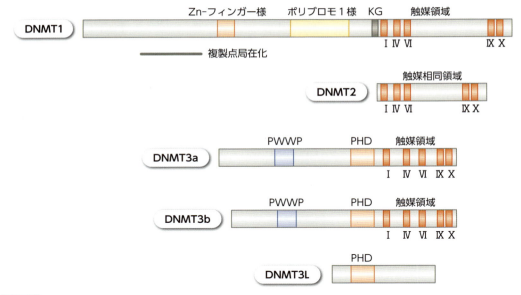

図6 5種類のDNAメチル化酵素の構造と機能ドメイン
模式図の上に構造モチーフ名を示した．

哺乳類のDNAメチル化酵素

哺乳類のDNAをメチル化する酵素は，メチル基を付加するDNAメチルトランスフェラーゼ（DNMT：DNA methyltransferase, DNAメチル化酵素）であり，その相同分子でそれぞれ特性が異なるDNMT1，DNMT2，DNMT3a，DNMT3b，DNMT3Lの5種類が知られている（図6）[6, 7]．DNMT1，DNMT3a，DNMT3bの3つが協調的にゲノムのCpGメチル化を形成し，維持している．このうち，ゲノムに新たなメチル基を導入する酵素（de novoメチル化酵素）はDNMT3aとDNMT3bである．DNMT1は，DNA複製の複合体と同じ場所に局在し，メチル化DNA複製後に生じるヘミメチル化DNA[※5]に働いて，メチル化する酵素活性をもち，維持メチル化にかかわる酵素である．

哺乳類ではゲノム全体のメチル化の状態が一変する時期が生涯で2回ある．1回目が受精して胚が発生する初期の時期で，2回目は生殖細胞が成熟する時期である（図7）．胚発生の初期（受精後約3日目）に，胚のゲノムDNAに大規模な脱メチル化が起こり，メチル化情報はここでいったんリセットされる．また，哺乳類の生殖細胞では，性特異的なメチル化が起こり，これにより遺伝子発現が抑制される．このようにして特定の遺伝子が発現抑制を受けることをゲノム刷り込み現象（ゲノムインプリンティング）とよぶ．この現象にかかわるメチル化酵素がDNMT3Lである．DNMT3Lは，DNMT3a，DNMT3bと相同性があるが，それ自身には酵素活性がない．しかし，生殖細胞におけるインプリント遺伝子のメチル化形成にかかわることがわかって

※5　DNA二本鎖のうち片方のDNAのみがメチル化されているDNA，「ヘミ」は半分という意味，図5②参照．

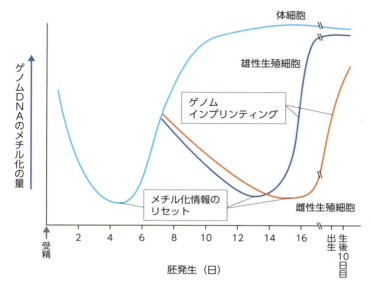

図7 哺乳類のゲノムのメチル化状態の変化

哺乳類では胚発生の初期と生殖細胞が成熟する時期にゲノムのメチル化の状態が大きく変化する.

いる．DNMT2は，その遺伝子が，分裂酵母からヒトに至るまで存在していてよく保存されているが，どのような機能があるのかまだわかっていない．

ヒトの認知能力は遺伝要因によっても決まるが，環境要因にも大きく左右される．この環境要因のうちいくつかはエピジェネティックな変化である．DNMT3bの多型が認知と関係していることが明らかになっている．例えば一卵性双生児が異なる環境で育った場合にIQが異なる場合があるのは，DNMT3b多型がかかわっている．

メチル化消去機構は未解明

メチル化を消去する機構については諸説あるが，いまだに不明である．積極的にメチル基を外す機構と，DNA複製の際にDNMT1が働かなくなる結果，メチル化維持が保たれず，自然消滅する，という2つの機構が考えられるが，決め手はなく，今後の研究の発展が待たれる．

5 ヒストン修飾とクロマチンリモデリング

ヒストンの構造と性質

真核生物ではDNAは裸では存在しておらず，ヒストンとよばれるタンパク質に巻きついて折りたたまれ，細胞の核の中に収納されている．ヒストンタンパク質はいわば糸巻きにたとえることができ，DNAという糸を巻きつけている．1章図1にDNAがどのように細胞に収納されているかを示した[8]．

ヒストンタンパク質はH1，H2A，H2B，H3，H4の5種類に分けられる．このうちH2A，H2B，H3，H4の4種類のヒストンは，コアヒストンとよばれ，それぞれが2分子ずつ集まり8量体（ヒストンオクタマー）を形成している．1つのヒストンオクタマーは，約146塩基対のDNAを左巻きに約1.65回巻きつけている．この構造はヌクレオソームとよばれ，クロマチン構造の最小単位である．H1はリンカーヒストンともよばれる．ヌクレオソー

ムとヌクレオソームの間のDNAに結合し，つなぎの役割をしている．

コアヒストンのN末端に存在する20〜30個のアミノ酸は立体構造をとらず直鎖状で，ヒストンテールとよばれる（図1）．ヒストンテールは塩基性アミノ酸であるリジンやアルギニンを多く含んでいるため，正電荷を帯びており，リン酸基の寄与により負電荷を帯びているDNAと安定に相互作用し，堅く結合する．

ヒストンテールの受けるさまざまな化学修飾

ヒストンテールにはさまざまな化学修飾がみられる．これらはすべて翻訳後に修飾される．ヒストンテールが受ける化学修飾には①アセチル化，②メチル化，③リン酸化，④ユビキチン化，⑤SUMO化などその他の修飾，があるが，これらの組合せによってクロマチンの構造変化（クロマチンリモデリング）が惹起され，遺伝子の発現が変化する（図1）[6, 7, 9, 10]．

遺伝子は，クロマチンが開いた状態になった時に発現し，クロマチンが閉じた状態となった時には発現しない．ヒストン修飾によってクロマチンの再構成（リモデリング）が起こり，クロマチンは開いた状態になったり，閉じた状態になったりする．このことが，遺伝子発現に与える影響は多大で，現在，ゲノム全体について，DNAメチル化とヒストン修飾の状態の解析が次世代シークエンサーを用いて盛んに行なわれている．

ヒストンH3，H4のアセチル化と転写活性化

ヒストンH3，H4がアセチル化されると，多くの場合，転写は活性化される．なぜアセチル化されると転写が活性化されるのだろうか．2つのメカニズムが考えられている．1つは次のようなものである．ヒストンテールを構成しているH3，H4に負の電荷をもつアセチル基が結合することにより，正の電荷が失われて電気的に中和状態になる．その結果，DNAのヒストンへの巻きつきが緩くなり，転写しやすい状態になると考えられる（図1）．もう1つは，アセチル化されたリジン残基が転写因子を呼び込み転写が活性化されるというものである．ヒストンは，ヒストンアセチル化酵素〔ヒストンアセチルトランスフェラーゼ（HAT：histone acetyltransferase）〕によりアセチル化され，ヒストン脱アセチル化酵素〔ヒストンデアセチラーゼ（HDAC：histone deacetylase）〕によりアセチル基が外される．動物や植物の細胞の中には多種類のHATとHDACが存在する．

ヒストンのメチル化と転写の制御

これに対し，ヒストンのメチル化は，ヒストンタンパク質のどの部位がメチル化を受けるかによって転写が活性化されたり，抑制されたりする（表1）．メチル化はヒストンタンパク質のリジン残基に起こることが多い．ヒストンタンパク質のうちH3のN末端から4番目に位置するリジンがメチル化されると転写活性化が起こることがわかっている．ヒストンタンパク質H3のN末端から4番目のリジン残基ということで，「H3K4メチル化」と表記することが多い．Kはリジン残基の一文字表記である．リジン残基は図8のようにε（イプシロン）アミノ基がメチル化を受けるが，メチル基が1個入ったモノメチル化，2個入ったジメチル化，3個入ったトリメチル化と，3つの状態がある．3つの状態それぞれで，遺

表1 ヒストン修飾の種類と遺伝子の転写

修飾の種類	ヒストン						
	H3K4	H3K9	H3K14	H3K27	H3K79	H4K20	H2BK5
モノメチル化	活性化	活性化		活性化	活性化	活性化	活性化
ジメチル化	活性化, 抑制	抑制		抑制	活性化		
トリメチル化	活性化	抑制		抑制	活性化, 抑制		抑制
アセチル化		活性化	活性化				

Kはリジン残基の略号である．例えば，H3K4はヒストンH3のN末端から4番目のリジン残基を表している．

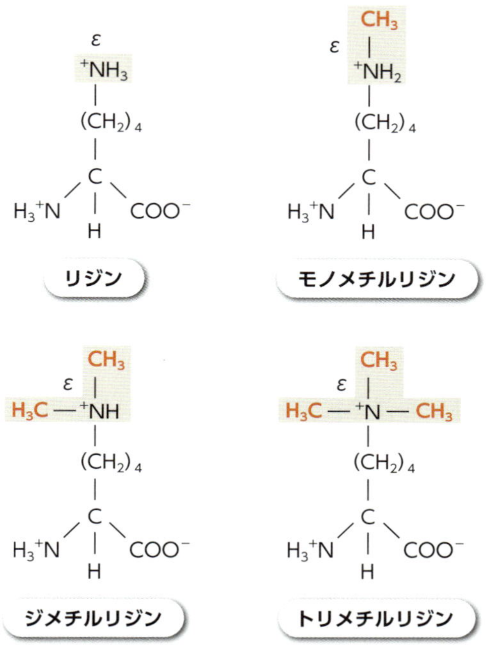

図8 リジン残基のメチル化

伝子の転写が活性化されたり，抑制されたりする．

メチル化は可逆的な反応であり，脱メチル化酵素によりメチル基が外れ，遺伝子の発現状態もそれに応じて変化する．H3K4メチル化のうちジメチル化されたものを「H3K4me2」と表すが，遺伝子発現が活発な遺伝子中にも抑制状態にある遺伝子中にも見出される．しかし，同じ場所がトリメチル化されたもの（H3K4me3）は，そのほとんどが活発に転写され発現している遺伝子中に見出されており，多くの真核生物における活性化クロマチンのエピジェネティックな目印となっている．H3K4がメチル化されているところでは，H3K9，H3K14，H4K16の3つの箇所のアセチル化を伴うことが多く，これらアセチル化も併せて，遺伝子発現が活発な領域を示すマーカーとなっている．

H1，H2A，H2B，H3のリン酸化による転写制御

リンカーヒストンであるH1とコアヒストンのH2A，H2B，H3はリン酸化の標的となり，遺伝子発現がリン酸化により変化する．例えばH3のセリンのリン酸化は細胞周期において重要な役割を担っていると考えられている．具体的には，細胞分裂期（M期）での染色体凝縮および染色体分配にかかわっている可能性がある．また，分裂間期に起きるH3のセリン残基のリン酸化は，前初期遺伝子群[※6]の転写活性化を引き起こす．この時，同時にH3のリジンがアセチル化される．また，DNAの二本鎖に切断が起こると，H2Aのサ

※6 ホルモン，細胞増殖因子，神経伝達物質などの外界刺激に応答して一過性に発現が誘導される遺伝子群のこと．転写因子をコードしているものが多い．

ブタイプであるH2AXのC末端側がリン酸化される．このリン酸化は，二本鎖DNA切断修復，あるいはアポトーシスにかかわっていることがわかっている．

ヒストンのユビキチン化と遺伝子発現制御

最後に，ヒストンにユビキチンが付加されるユビキチン化によっても遺伝子発現が調節される．ユビキチン（ubiquitin）は，76個のアミノ酸からなるタンパク質で，他のタンパク質に付加されることによりそのタンパク質を修飾する．タンパク質分解，DNA修復，翻訳調節，シグナル伝達などさまざまな生命現象にかかわっているが，ヒストンがユビキチン化されると遺伝子発現が活性化されたり抑制されたりする．特にコアヒストンであるH2A，H2Bのユビキチン化については，遺伝子発現との関連が詳しく解析されている．

6 次世代シークエンサーが推し進めるエピゲノム研究

エピゲノム研究は，次世代シークエンサーの登場で飛躍的に進歩した．エピゲノムとは，前述したように，DNAの塩基配列は変わらずにDNAやヒストンへの化学修飾が規定する遺伝情報のことである．そして次世代シークエンサーとは，短時間，低コストで莫大な量の塩基配列を読むことができる装置である[11]．詳細は1章で述べたが，2003年に終了したヒトゲノム完全解読に使われたシークエンサーがサンガー法により塩基配列を解読する装置であったのに対し，次世代シークエンサーは，全く異なる原理で塩基配列を高速に解読する．アメリカ主導で開発されたものが世界を席巻しているが，USBメモリ程度の大きさの持ち運び可能な次世代シークエンサーも開発されており，この装置の場合，パソコンがあれば，どこでもシークエンス可能である．ほどなく，個人ゲノム解読は1時間で終わり，数万円しかかからなくなるだろうと言われている．また，ナノポアのようなハンディなシークエンサーの登場で，自宅でも個人ゲノムの解析が容易になる日も近いだろう．

さて，こうした次世代シークエンサーの登場は，エピゲノム解析をも一変させた．ゲノムの一部分ではなく，全ゲノム領域にわたって，エピジェネティックな変化を調べることができるようになった．DNAのメチル化を全ゲノムで調べるためには主に「バイサルファイト・シークエンス（BSP：bisulfite sequencing PCR）法」が使われている（図9）．また，ヒストンの修飾状態を調べるためには「ChIP-seq法」が用いられている．どちらも，メチル基やアセチル基などに目印をつけ，そのDNA領域をシークエンスするという方法である．この際，ホールゲノム（全ゲノム）を対象に行なうので，莫大な量のDNAをシークエンスする必要があり，次世代シークエンサーでないと処理できない．

2015年2月，Nature誌にエピゲノムロードマップの完成を報告する論文が発表された[12]．ロードマップエピゲノミクスコンソーシアムから8報の論文と関連論文が一挙に公開されている．論文では，ヒトの全身の細胞におけるエピゲノムを調べ，データベース化している．具体的には，成人と胎児の脳，心臓，肺，腎臓，皮膚，へその緒，白血球，ES細胞，ES細胞由来の分化段階初期の細胞，iPS細胞など，合計127種類の組織と細胞のエピゲノムを調べて解析している．その結果，自己免疫

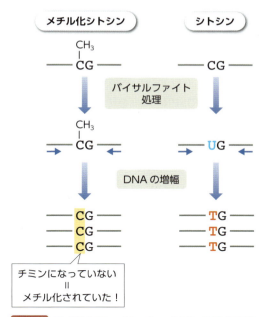

図9 バイサルファイト・シークエンス法の原理
ゲノム上の特定の箇所のC（シトシン）がメチル化されているか否かがこの方法で明らかとなる．文献2より引用．

疾患の原因となるDNA配列とエピゲノムの詳細が明らかになってきた．また，ヒトES細胞が分化していく過程は非常に面白く，なぜ分化するのかという大きな疑問にも一定の答えを出した．すなわち，転写因子の結合の動態とエピゲノムとの関連を解析したのである．アルツハイマー病の原因となるエピゲノム解析も行なっている．こうした解析は，全ゲノムで行なっているため，取りこぼしがなく，病気の全体像をつかみやすい．確実に，がんをはじめとするさまざまな病気の原因解明，そして創薬へとつながっていくであろう．

7 CRISPR-Cas9を用いたエピゲノム解析の大躍進

次世代シークエンサーがエピゲノム解析を一変させたと同等かそれ以上に，新技術であるCRISPR-Cas9もエピゲノム解析革新をもたらしている．CRISPR-Cas9はゲノム配列を自由に変えることのできるゲノム編集技術である（11章7参照）．変異を入れたいDNA配列に相補的な合成オリゴヌクレオチドに付加配列をつなげた「ガイドRNA」と「Cas9タンパク質」を細胞に導入すれば，ねらったDNA配列を自由に変えることができる．ガイドRNAとCas9タンパク質はさまざまな方法を使って細胞内に導入することができ，方法自体はすでに確立している．この方法が何よりも優れているのは，初心者であっても，簡単に期待する結果を得られることであろう．ある遺伝子の機能を知るには，遺伝子が働かなくなるようにし，何が起こるかを調べるのが手っ取り早い．遺伝子を破壊して働かなくしたマウス，すなわちノックアウトマウス（KOマウス）を作って，そのマウスがどうなるかを調べればよい．従来はKOマウスを作製するのに1年以上かかっていた．それがCRISPR-Cas9を用いれば，1カ月で作製可能である．しかも，同時に複数個の遺伝子をノックアウト可能である．

さて，エピゲノム解析にCRISPR-Cas9がどのように役立つかである．Cas9はDNA切断酵素であり，DNAがメチル化されていても切断する．酵素活性部位を破壊したdead Cas9は，ガイドRNA存在下に標的配列に結合するがDNAを切断することができない．dead Cas9にエフェクターを結合させることにより，標的とするDNA配列にDNAメチル化あるいはヒストンの修飾変化を起こさせることが可能である[13, 14]．自由に，しかもDNA配列特異的にエピゲノムを変化させ，その結果，細胞がどうなるか，あるいは個体がどうなるかを調べることができるため，病気の原因など

を誘起することができ，病気の原因の解明，創薬につながる．こうした方法は「エピゲノム編集」とよばれている．enChIP-seq（engineered DNA binding molecule-mediated chromatin immunoprecipitation-seq）といって，標的ゲノム領域に結合しているタンパク質，エンハンサー，ncRNAの解析を行なう方法も応用として有用である．

最近になって，シングルセル解析が加速してきた．1個の細胞の中のゲノムの情報発現を調べる技術が，フリューダイム社などが提供している装置と次世代シークエンサーの活用により可能となってきた．がん治療はこの10年で大きく進歩し，以前は助からなかったがん患者の中には完治する例も数多く出てきた．しかし，依然として，日本人の死亡原因の1位はがんである．胃がんなどの固形癌を調べてみると，1つ1つのがん細胞のゲノム変異が異なっており，その結果，転移しやすさが細胞ごとに異なっていることがわかってきた．ひとくくりに「がん」といっても多様な細胞集団であることが明らかになったのである．そこで，1つ1つの細胞を調べる必要性が出てきた．エピゲノムも個々の細胞で違いがあることが考えられる．現在，シングルセルでのエピゲノム解析技術の開発が盛んであり，実際に解析が行われている．シングルセルでのエピゲノム解析は，がんの実態を正確に捉えることができ，がんの診断，治療に大いに貢献していくことが期待される[15]．

8 エピジェネティックな治療薬とCRISPR-Cas9

エピゲノムの異常が病気の原因となっている場合，CRISPR-Cas9を使って，病気の治療を行なうことも可能である．近年，エピジェネティックな治療薬が，特定のがんに対して使われるようになってきている．「DNAメチル化酵素（DNMT）阻害剤」と「ヒストン脱アセチル化酵素（HDAC）阻害剤」が欧米を中心に実用化されている[9]．

DNMT阻害剤はDNAのメチル化を低下させ，メチル化で不活性化されたがん抑制遺伝子の発現を再活性化させることが明らかになっている．HDAC阻害剤はヒストン脱アセチル化酵素の活性を阻害し，ヒストンのアセチル化を亢進させる．ヒストンのアセチル化は遺伝子発現を促進するので，がん抑制遺伝子などの発現が活性化される．したがって，DNMT阻害剤もHDAC阻害剤も抗がん効果が期待できる．しかし，こうした治療薬はゲノム全体に作用してしまうため，副作用も大きく，臨床試験が途中で中断された例もある．そこで登場するのがCRISPR-Cas9である．CRISPR-Cas9ならば，標的を絞ることができ，作用を，特定の遺伝子（群），あるいは，ゲノムの特定領域に限局することができる．現在，CRISPR-Cas9を用いた技術進展は爆発的で，そう遠くない将来，がんやその他の病気に有効なエピジェネティックな治療薬が登場するであろう．

■ 文献・図書

1) 鈴木拓,今井浩三／企画：がんのエピゲノム異常.実験医学,32(19),2014
2) 『驚異のエピジェネティクス』(中尾光善／著),羊土社,2014
3) Castillo-Fernandez, J.E. et al.：Epigenetics of discordant monozygotic twins：implications for disease. Genome Med., 6：60, 2014
4) 平澤孝枝,久保田健夫：精神発達障害とエピジェネティクス.ゲノム医学,5：467-472, 2005
5) 斎藤通紀／企画：生殖細胞－全能性を獲得し,世代を紡ぐサイクル.実験医学,32(6),2014
6) 岡野正樹：DNAメチル化とエピジェネティックス.ゲノム医学,5：429-436, 2005
7) 『注目のエピジェネティクスがわかる』(押村光雄／編),羊土社,2004
8) 『ゲノムでわかることできること』(水島-菅野純子／著),羊土社,2001
9) 佐々木裕之：ゲノムの高度活用戦略—エピジェネティクス.『現代生物科学入門 第1巻ゲノム科学の基礎』(浅島誠,他／編),4章,岩波書店,2009
10) 水島-菅野純子,他：ゲノムの構造と遺伝子発現.『遺伝子工学集中マスター』(山本雅,仙波憲太郎／編),1章,羊土社,2006
11) 水島-菅野純子,菅野純夫：次世代シークエンサーの医療への応用と課題.モダンメディア,57：1-5, 2011
12) EPIGENOME ROADMAP. Nature, 518：313-369, 2015
13) 伊川正人：ゲノム編集がひらく遺伝子改変マウスの未来.領域融合レビュー,3：e008, 2014
14) Rusk, N.：CRISPRs and epigenome editing. Nat. Methods, 11：28, 2014
15) 菅野純夫／監：次世代生物学の扉を開く1細胞解析法.細胞工学,34(3),2015

Column

DNAのメチル化と精神疾患

DNAメチル化酵素1（DNMT1）は,DNAのメチル化を維持する酵素であるが,統合失調症患者では,脳内のGABA系神経細胞においてDNMT1の発現が増加しており,メチル化調節を受けるreelinとGAD67の遺伝子発現が減少している[4].GAD67はGABA（γ-アミノ酪酸）の合成に必須な分子で,reelinは大脳皮質の層構造の決定に重要な分子である.したがって,これらが減少することと精神疾患とのかかわりは非常に興味深い.メチル化が精神疾患の原因と断定するのは早計であるが,メチル化異常のような後天的障害と病態を結びつける報告は近年数多くなってきており,注目に値する[4].

9章 個人に合わせた医療

ヒトゲノムには驚くほどの多様性があり，従来は不明であった体質や病気へのかかりやすさなどが規定されていると考えられるようになった．その結果，医療の上でも，個人個人の違いを考慮することが望まれるようになってきた．こうした概念は象徴的に，「テーラーメード医療」，「オーダーメード医療」，「個別化医療」などとよばれている．特に，薬物の代謝は薬物の用量を考える上で極めて大事であるが，この代謝にも大きな個人差が認められている．薬物によっては，同じ量の薬物を投与されたにもかかわらず，薬効が異なることも明らかとなった．また同じ疾患でも，ゲノムの多型によって，治療の奏功率が異なることも報告されている．章の後半では，がんの原因となる遺伝子変異を明らかにし，増殖の鍵となる因子を標的とした分子標的薬について紹介する．

1 薬物の代謝

薬物は効果に個人差がある

3章で，お酒の強さもメンデル遺伝にしたがうことを学んだ．お酒に強い人は，代謝速度が速く，血中アルコール濃度は低くなり，簡単には酔わない．こういう人には，適量はかなり多いだろうし，逆にお酒に弱い人にとっては，もっと少ない量が適量だろう．お酒を全く受けつけない人もいる．お酒を気分がよくなる薬と考えた場合に，適正量が人によって全く違うことが容易にわかる．お酒の量は自分でコントロールできるが，薬剤はそうではない．現在の薬の処方は，「成人1回2錠，毎食後に服用」などと書かれているように個人差は全く考慮されていない．

経口投与された薬物は消化器によって吸収され，血液やリンパ液中を循環する．薬物は標的器官に作用し，やがて代謝されて排泄さ

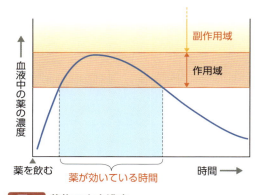

図1　薬物の血中濃度

薬物は吸収された後，血液およびリンパ液を循環し，薬効を発揮する．薬物濃度は代謝により低下し，やがて有効濃度よりも下がる．薬物濃度は，副作用を生じる領域に達してはならない．

れる．図1は，その経過を模式的に示したものである．薬を飲んだ後，血液中の薬物濃度は徐々に上昇し，作用域とよばれる有効に作用する濃度に達する．その後も薬物濃度は上昇するが，最高濃度は，副作用の危険性がある副作用域に入ってはならない．作用域と副作用域の濃度差が大きな薬物ほど，副作用の

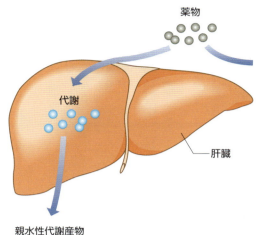

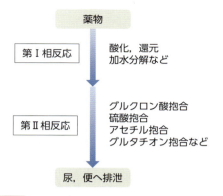

図3 薬物の代謝反応の概要
薬物は第Ⅰ相および第Ⅱ相の反応により代謝され，親水性が増加し，体外に排泄される．

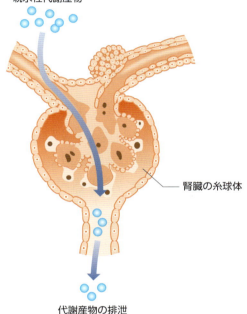

図2 薬物の代謝
多くの薬物は肝臓で代謝されて，より親水性の化合物となり，尿中または便中に排泄される．

危険性は少ないが，抗がん剤のように，薬物によってはこの範囲が狭いものも知られている．代謝によって薬物濃度は減少していき，やがて薬効は期待できなくなる濃度となる．この模式図は，平均的な人を想定して描かれている．しかし，このパターンから外れてしまう人もかなりの割合で存在することがわかってきている．

薬物代謝の2ステップ

薬物は，標的器官に作用すると同時に，主に肝臓で不活性な物質に代謝されたのち，最終的に尿中または胆汁を経て便中に排泄される（図2）．この過程を薬物代謝とよんでいる．細胞膜を透過する薬物の多くは脂溶性の性質を示し，さらに一定の水溶性を示す構造をしている．薬物代謝の結果，薬物の水溶性が増し排泄されやすくなると同時に，薬物としての活性を失う．

薬物代謝の反応は，主に2つのステップからなっている（図3）．最初の第Ⅰ相は，酸化，還元，加水分解反応などであり，第Ⅱ相は，薬物に水溶性の物質を付加して親水性を増す抱合反応である．第Ⅰ相の主な反応である酸化反応は，シトクロムP450（cytochrome P450：CYPまたはP450と略記されることもある）によって触媒される．P450は，吸収極大波長が450 nmの色素（pigment）タンパク質という意味であり，分子量に由来するものではない．シトクロムP450には，おおよそ30ものサブファミリーが知られており，後述のようにグループ分けがなされている．第Ⅰ相には他に，アルデヒド還元酵素による還元反

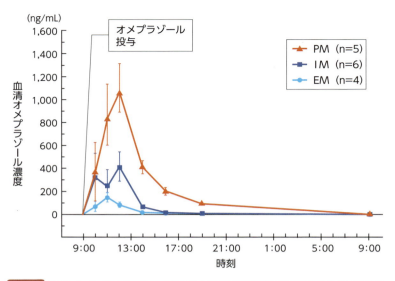

図4 血清オメプラゾール濃度におよぼすCYP2C19遺伝子多型の影響
健常人15人にオメプラゾール20 mgを単回投与した際の血清薬物濃度の経時変化を表す．PM，IM，EMでは血清濃度が大きく異なっている（文献1をもとに作成）．

応や，エステラーゼによる加水分解反応などが知られている．第Ⅱ相の抱合反応としては，グルクロン酸を付加するグルクロン酸抱合が主なものであるが，その他，硫酸抱合，アセチル抱合，グルタチオン抱合など他の物質を抱合するものもある．

2 シトクロムP450の遺伝子多型と代謝速度の違い

オメプラゾールの代謝と薬効

胃潰瘍や十二指腸潰瘍の治療のため，胃酸分泌抑制剤オメプラゾールが用いられる．オメプラゾールはまた，ヘリコバクター・ピロリの除菌にも用いられる．ヘリコバクター・ピロリ除菌治療におけるオメプラゾールの役割は，胃内pHを上昇させることにより，併用されるアモキシシリン，クラリスロマイシンなどの抗菌剤の溶解性を高めてその活性を発揮させることにある．

オメプラゾールは，主にシトクロムP450の1つであるCYP2C19により酸化され，ヒドロキシオメプラゾールとなり代謝される．CYP2C19には，酵素活性が失われる遺伝子多型があり，後にみるようにそのアレル頻度は日本人では約40％にも達する．2コピーの遺伝子がともに野生型である人（EM：extensive metabolizer），片方の遺伝子のみが野生型である人（IM：intermediate metabolizer），両方の遺伝子がともに変異型である人（PM：poor metabolizer）の血清薬物濃度の時間経過が調べられている（図4）[1]．それぞれのグラフとX軸との間の面積は血清濃度の積分となるが，この値をAUC（area under curve）とよぶ．AUCを各々の人で比較すると，PMはEMの12倍，IMでもEMの3倍となり，同じ量の薬物投与にもかかわらず，その血清濃度には大きな開きがあることがわかった．

血清濃度の違いを反映して，胃内pHもEMでは2.1，IMで3.3，PMで4.6となり，薬効

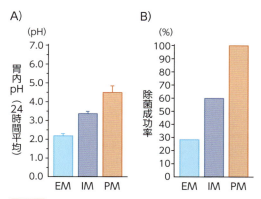

図5 オメプラゾール投与後のEM，IM，PMにおける胃内pH（A）およびアモキシシリン併用によるヘリコバクター・ピロリ除菌の成功率（B）

*CYP2C19*遺伝子多型によるEM，IM，PM群について，オメプラゾール投与後24時間の胃内pHの平均値とアモキシシリン併用によるヘリコバクター・ピロリ除菌治療の成功率を示す（文献1をもとに作成）．

が異なる結果となった（図5A）[1]．胃内pHの違いに対応して，アモキシシリンとオメプラゾール併用によるヘリコバクター・ピロリ除菌の成功率は，PMでは100％であったのに対して，IMでは60％，EMではわずか29％であった（図5B）[1]．これらの結果は，薬物の効果が，代謝速度の個人差によって大きく異なることを示している．除菌できなかったEMの人に，さらに薬物量を増やした場合には，除菌が成功している．したがって，遺伝子型を薬物投与前に調べ，患者に合わせた投与量を設定すれば，除菌成功率ははるかに高まることが期待されている．こうした結果を受けて厚生労働省は，2007年にヘリコバクター・ピロリ除菌療法における*CYP2C19*遺伝子多型検査を先進医療に認定している．

シトクロムP450のメンバーと遺伝子多型

シトクロムP450は，分子量が45,000から

図6 シトクロムP450の命名

CYPに続くアラビア数字はファミリーを示し（CYP1～4），それに続く大文字のアルファベットはサブファミリーを示す．最後の数字はサブファミリーに属する個々のメンバーを示している．遺伝子多型による各アレルは*をつけた数字で表す．

60,000のヘム鉄を活性中心にもつタンパク質であり，薬物の酸化反応を触媒する．シトクロムP450にはたくさんの種類が存在するが，その命名法について簡単にふれる．

シトクロムP450は，アミノ酸配列の相同性（40％以上）によって4つのファミリー（CYP1～CYP4）に大別される（図6）．ファミリーはさらに高いアミノ酸配列の相同性（55％以上）を示すもの同士のサブファミリーに分けられ，アルファベットの大文字で区別される．例えば，CYP2ファミリーには，CYP2A～CYP2Wのサブファミリーがある．さらにサブファミリーの構成メンバーには，個々に数字が振られて，特定の分子種を表す．前項のCYP2C19は，CYP2ファミリーの，Cサブファミリーの19番目の構成メンバーということになる（図6）．遺伝子多型によるアレルを表示するには，さらに*1，*2などの番号が振られる．*1は野生型であり，その他のアレルはみつかった順に*2，*3……となる．現在知られているシトクロムP450の遺伝子多型とその酵素活性に与える効果については，The Human Cytochrome P450（*CYP*）Allele Nomenclature Database（http://www.cypalleles.ki.se/）にまとめて掲載されている．

表1 シトクロムP450の主な遺伝子多型

薬物代謝酵素	変異アレル	酵素活性	アレル頻度（％）	
			日本人	欧米人
CYP2D6	CYP2D6*4	なし	0〜2	12〜21
	CYP2D6*5	なし	4〜6	4〜6
	CYP2D6*10	低下	38〜45	1〜2
	CYP2D6*14	なし	1〜2	0
CYP2C19	CYP2C19*2	なし	29	13
	CYP2C19*3	なし	13	0
CYP2C9	CYP2C9*2	低下	0	8〜13
	CYP2C9*3	低下	2	7〜9
CYP2A6	CYP2A6*2	なし	0	1〜3
	CYP2A6*4	なし	18〜20	1

シトクロムP450の各分子種について，遺伝子多型，酵素活性に与える影響，日本人および欧米人におけるアレル頻度についてまとめた（文献2, 3をもとに作成）.

　シトクロムP450には多くの分子種があり，複雑なようであるが，その発現量や基質特異性から，次の5種類のものが極めて重要なものとされている．すなわち，CYP1A2，CYP2C9，CYP2C19，CYP2D6，CYP3A4である．CYP3A4は最も発現量が高く，シトクロムP450全体の約半量を占める主要なものである．CYP3A4には，酵素活性を変化させるアレル頻度の高い遺伝子多型は知られていない．CYP2D6，CYP2C19，CYP2C9には，アレル頻度が比較的高く活性の変化を伴う遺伝子多型が知られている．その結果，個人により酵素活性も異なる（表1）[2,3].

シトクロムP450の遺伝子多型と活性

　日本人における*CYP2D6*1*すなわち，野生型のアレル頻度は40％程度であり，*CYP2D6*10*が約40％，*CYP2D6*4*，*CYP2D6*5*，*CYP2D6*14*が合わせて10％弱となっている．*CYP2D6*4*，*CYP2D6*5*，*CYP2D6*14*では，酵素活性が失われている（表1）．*CYP2D6*10*から作られるタンパク質は2個のアミノ酸置換が生じた結果，酵素活性が数分の1に低下するが，酵素活性を失うわけではないのでその影響は中間的なものとなる．

　*CYP2C19*2*では5番目のエキソンにあるG塩基がAに変異することによって，スプライシングの部位が新たに形成されるが，異常なスプライシングによって産生されるタンパク質の酵素活性は失われる．*CYP2C19*3*では，エキソン4内部のG塩基がAに変異することによって終止コドンとなり，タンパク質合成が停止してしまうので，やはり酵素活性を失う．日本人において，*CYP2C19*2*と*CYP2C19*3*を合わせたアレル頻度は約40％となる．したがって両アレルともに変異型のPMは16％，一方のアレルが変異型のIMは48％，両アレルともに野生型のEMは36％と考えられる（アレル頻度の計算は**3章7**参照）.

　CYP2C9遺伝子の変異アレル*CYP2C9*2*と*CYP2C9*3*は，欧米人ではそれぞれ10％程度

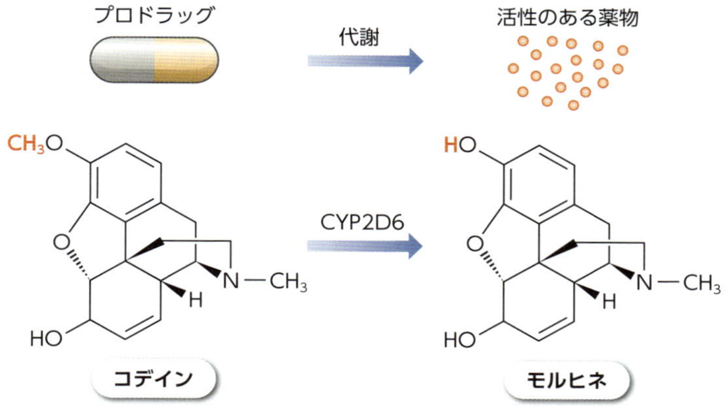

図7 ▶ プロドラッグ
コデインのように，薬物そのものには活性がほとんどないが，代謝されて薬効を発揮するものをプロドラッグという．

の頻度を示し，いずれも酵素活性の低下を招くものである．しかし，日本人におけるこれらのアレルの頻度は低い（表1）．

CYP2D6 遺伝子多型と薬効への影響

鎮痛剤に含まれているコデインは，CYP2D6によってモルヒネに代謝され，鎮痛作用を発揮する．このように，代謝されて活性を示す化合物となる薬物をプロドラッグという（図7）．前項でみたように，*CYP2D6* の変異アレルをもつ人の割合はかなり高いと考えられるが，こうした変異アレルをもつ人に対しては，コデインの鎮痛作用が充分に発揮されないと考えられ，別の鎮痛剤の使用を考慮する必要がある．乳がん治療薬であるタモキシフェンも，CYP2D6により代謝されてエンドキシフェンとなり，エストロゲン受容体のアンタゴニストとして作用する．乳がんの一部は，エストロゲン依存性の増殖を示すことから，このシグナルを阻害することによって細胞増殖を抑制するものである．CYP2D6の遺伝子多型とタモキシフェンの治療効果との関連性が指摘されている．

CYP2D6は，これらの薬剤以外にも幅広い薬剤の代謝に関与することが知られており，抗うつ剤，統合失調症治療薬，抗不整脈薬など臨床に用いられる薬剤のおおよそ1/4はCYP2D6により代謝される．こうした薬剤の体内動態もCYP2D6の遺伝子多型の影響を受ける．

3 グルクロン酸抱合酵素 UGT1A1

薬物代謝の第II相の抱合反応では，グルクロン酸抱合が主要な抱合反応である．グルクロン酸抱合は，UDP-グルクロン酸を基質としてグルクロン酸を薬物に転移させるUDPグルクロン酸転移酵素（UGT：uridine diphosphate glucuronosyltransferase）によって触媒される．UGTの1つであるUGT1A1をコードする *UGT1A1* 遺伝子には113種類もの遺伝子多型が知られている[※1]．

※1 その一覧と変異の酵素活性への影響が，ウェブ上で公開されている（UDP-Glucuronosyltransferase Alleles Nomenclature page：http://www.pharmacogenomics.pha.ulaval.ca/sgc/ugt_alleles）．

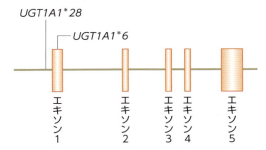

図8 主な *UGT1A1* 遺伝子多型

*UGT1A1*28* では，プロモーター内 TATA box の TA 配列の繰り返し回数が，野生型アレルでは6回であるのに対して7回となり，転写活性が低下する．*UGT1A1*6* では，エキソン1の一塩基変異によって71番目のアミノ酸がグリシンからアルギニンに変化し，酵素活性が低下する．

UGT1A1は，本来はビリルビンにグルクロン酸を抱合させてビリルビングルクロニドへと代謝する酵素であり，ビリルビングルクロニドは胆汁へ排泄される．変異アレルの中で，*UGT1A1*28* のアレル頻度は欧米で約40％，日本人で13％と比較的高い．*UGT1A1*28* では，プロモーター領域でRNAポリメラーゼが結合するTATA box中のTA配列の繰り返し回数が，野生型では6回であるのに対して7回となっており，その結果プロモーター活性が1/3以下に低下する（図8）．高ビリルビン血症を主徴とするギルバート症候群では，患者すべてが *UGT1A1*28* ホモ接合体となっており，また症状を呈していない健常人でも *UGT1A1*28* のホモ接合体の人の血中ビリルビン濃度は，有意に高いことが示されている．*UGT1A1*6* も，日本人を含むアジア人のアレル頻度が15〜23％と高く，一アミノ酸置換によって酵素活性が低下する．*UGT1A1*6* は，新生児黄疸発症との関連性が報告されている．

UGT1A1 遺伝子多型とイリノテカンの副作用

肺がん，子宮頸がん，卵巣がん，胃がん，大腸がんなど多くの腫瘍の治療に塩酸イリノテカンが用いられている．塩酸イリノテカンは，日本で開発された医薬品で，I型DNAトポイソメラーゼ阻害作用により抗腫瘍効果を発揮する．塩酸イリノテカンは，細胞内でカルボキシルエステラーゼにより加水分解され，SN-38という名称の化合物に代謝される．SN-38の細胞増殖抑制効果は，塩酸イリノテカンより100〜2,000倍ほど強く，実際に抗腫瘍効果を発揮するのはSN-38である（図9）．したがって，塩酸イリノテカンもプロドラッグの1つである．塩酸イリノテカン開発の経緯としては，当初SN-38が発見され，その体内動態を改善するために作製された種々の誘導体の1つが塩酸イリノテカンである．

SN-38は，UGT1A1によってグルクロン酸抱合を受けてSN-38グルクロニドに代謝され，胆汁中に排泄される．したがって，UGT1A1の酵素活性の高低は，SN-38の濃度に大きく影響することが考えられる．そこで，*UGT1A1* 遺伝子多型と塩酸イリノテカンの副作用との関連性が多くの国で調べられた．その結果，*UGT1A1*6* あるいは *UGT1A1*28* のホモ接合体（*UGT1A1*6/UGT1A1*6*，*UGT1A1*28/UGT1A1*28*）や *UGT1A1*6* と *UGT1A1*28* のヘテロ接合体（*UGT1A1*6/UGT1A1*28*）では，塩酸イリノテカン治療による重篤な副作用（好中球の減少や下痢など）の発生頻度が，明らかに高いことがわかった[4]．現在では，*UGT1A1* 遺伝子多型の判定は保険適用となっており（図10），塩酸イリノテカンの添付文書にも *UGT1A1* 遺伝子多型によっては副作用が生じることが明記されている．

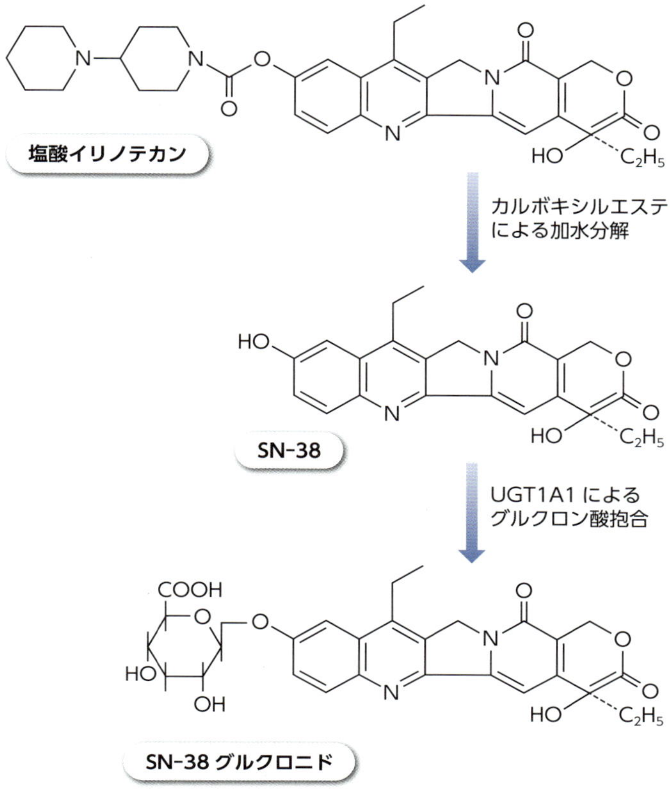

塩酸イリノテカン
N
N
O
O
O
N
N
O
O
HO
C_2H_5
カルボキシルエステラーゼ
による加水分解
HO
SN-38
UGT1A1 による
グルクロン酸抱合
COOH
OH
SN-38 グルクロニド

図9 塩酸イリノテカンの代謝

塩酸イリノテカンはプロドラッグであり，カルボキシルエステラーゼにより加水分解を受け，活性のあるSN-38へと変換される．SN-38はUGT1A1によってグルクロン酸抱合を受け，不活性化されて排泄される．

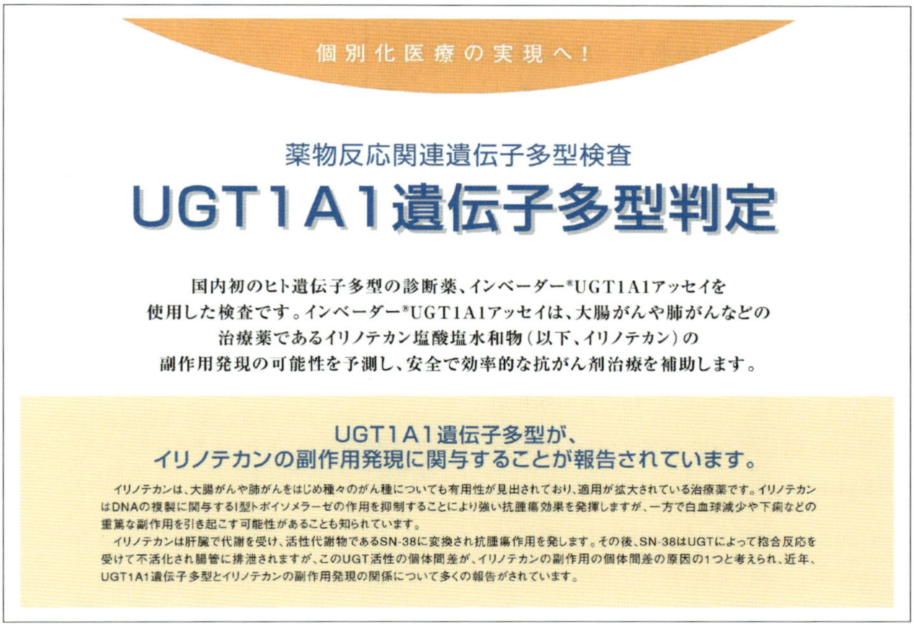

個別化医療の実現へ！
薬物反応関連遺伝子多型検査
UGT1A1遺伝子多型判定
国内初のヒト遺伝子多型の診断薬、インベーダー®UGT1A1アッセイを
使用した検査です。インベーダー®UGT1A1アッセイは、大腸がんや肺がんなどの
治療薬であるイリノテカン塩酸塩水和物（以下、イリノテカン）の
副作用発現の可能性を予測し、安全で効率的な抗がん剤治療を補助します。
UGT1A1遺伝子多型が、
イリノテカンの副作用発現に関与することが報告されています。
イリノテカンは、大腸がんや肺がんをはじめ種々のがん種についても有用性が見出されており、適用が拡大されている治療薬です。イリノテカンはDNAの複製に関与するI型トポイソメラーゼの作用を抑制することにより強い抗腫瘍効果を発揮しますが、一方で白血球減少や下痢などの重篤な副作用を引き起こす可能性があることも知られています。
イリノテカンは肝臓で代謝を受け、活性代謝物であるSN-38に変換され抗腫瘍作用を発します。その後、SN-38はUGTによって抱合反応を受けて不活化され腸管に排泄されますが、このUGT活性の個体間差が、イリノテカンの副作用の個体間差の原因の1つと考えられ、近年、UGT1A1遺伝子多型とイリノテカンの副作用発現の関係について多くの報告がされています。

図10 *UGT1A1* 遺伝子多型検査

UGT1A1 遺伝子多型の検査は保険収載となり，塩酸イリノテカンの副作用を防ぐために推奨されている（提供：株式会社ビー・エム・エル）．

4 C型肝炎のインターフェロン治療奏功率とSNP

　C型肝炎はC型肝炎ウイルス（HCV：hepatitis C virus）の慢性感染による疾患であり，肝臓がんの主要な原因である．治療には，インターフェロンとヌクレオシド類似物質であるリバビリンの併用療法が行なわれているが，この治療法が奏功しない症例がアジア人では30%程度存在することが知られている．ゲノム全体にわたって一塩基多型を奏功例と非奏功例の集団で比較したところ，インターフェロンファミリーメンバーであるIL-28B（インターフェロンλ3ともいう）の遺伝子近傍および遺伝子内部に存在する一塩基多型と極めて強い相関が認められた[5,6]．

　そのうちの1つの一塩基多型（rs8099917）は，TまたはGであるが，対象症例全体ではGアレルの比率は12%である．C型肝炎ウイルスが消失した著効例（140名），ウイルス量が減少した部分奏功例（186名），治療効果のない無効例（128名）の各集団について，T/Tホモ接合体，T/Gヘテロ接合体，G/Gホモ接合体の割合が調べられた．その結果，無効例ではT/GあるいはG/Gの割合が合わせて77%にも達したのに対し，部分奏功例および著効例では，この割合はそれぞれ10%程度であった（図11）[5]．この生物学的な意義はまだ明らかではないが，GアレルをもつIL-28B遺伝子の発現が減弱している可能性があげられている．人種ごとにこの療法の奏功率が異なること，しかも奏功率とIL-28遺伝子近傍の別の一塩基多型のアレル頻度との間に，高い相関が認められることも報告された（図12）[6,7]．これらの結果から，C型肝炎治療におけるインターフェロンとリバビリン併用療

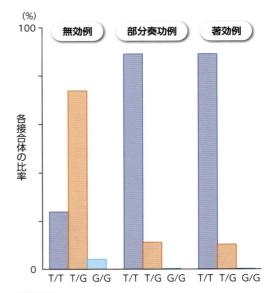

図11 C型肝炎治療の奏功と遺伝子多型

インターフェロンとリバビリン併用療法が無効であった症例と，著効および部分的な効果を示した症例では，rs8099917における一塩基多型が大きく異なっている（文献5をもとに作成）．

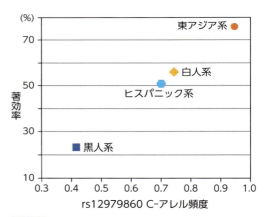

図12 人種別にみた*IL-28B*遺伝子近傍の一塩基多型と治療奏功率

HCV治療の奏功率は人種によって異なるが，奏功率と*IL-28B*遺伝子近傍の一塩基多型（rs12979860）のアレル頻度には強い相関が認められる（文献6, 7をもとに作成）．

法の治療奏功の確率が高い精度で予測できる．インターフェロンは高価な薬剤であるので，経済的なメリットが考えられる．「IL28Bの遺伝子診断によるインターフェロン治療効果の

予測評価」も厚生労働省の先進医療に指定されている．現在では，C型肝炎ウイルスのプロテアーゼを標的とした治療効果の高い薬剤が開発され，別の治療選択肢を提供している[8]．

5 薬の副作用と遺伝子多型

スティーブンス・ジョンソン症候群（SJS：Stevens-Johnson syndrome）は，紅斑，水疱，びらんを主徴とする皮膚や粘膜の過敏症であり，発症が広範囲にわたると生命に危険がおよぶ重篤な疾患である．また目にも症状が現れ，失明することもあり，治癒後後遺症が残ることがある．原因は不明であるが，薬の副作用としてこれらの症状が出現する場合には，免疫応答にかかわるHLA（human leukocyte antigen）領域の遺伝子多型と発症リスクが強く相関することが示されている[9]．

カルバマゼピンは，抗てんかん薬として処方される薬剤である．台湾で行なわれた研究によれば，漢民族ではカルバマゼピン服用によるスティーブンス・ジョンソン症候群発症リスクが高い．発症者のシトクロムP450の多型との相関はみられず，HLA-B遺伝子座の変異型アレルであるHLA-B*1502との間に強い関連性が認められた．この変異アレルの漢民族における頻度は10％以下であるが，発症者は44症例全員がこの多型をもっていた．

この結果を受けて，アメリカ食品医薬品局（FDA：Food and Drug Administration）により警告文書が発表されている．その主な内容は，カルバマゼピンによるスティーブンス・ジョンソン症候群を含む重篤な皮膚反応は白人では発症リスクが低いが，漢民族では高いこと，遺伝子的にリスクがあると考えられる患者は，カルバマゼピンによる治療開始前にHLA-B*1502多型を検査すべきである，とするものである．

6 がんの治療における分子標的薬

さまざまながんにおける異常な細胞増殖のメカニズムが明らかになると，増殖の鍵となる分子を標的とした分子標的薬の開発が可能となる（6章9参照）．同じ臓器のがんでも，個人によって変異している遺伝子は異なるので，適切な分子標的薬を選択する必要がある．また，従来の抗がん剤は，微小管阻害剤やDNA合成阻害剤など細胞一般に作用する薬剤であるため，がん細胞以外の組織の細胞も傷害を受ける．その結果，血球細胞の減少，下痢，嘔吐，脱毛，感覚障害などさまざまな副作用が問題となっていた．これに対し，分子標的薬は特定の因子に標的を定めることにより，副作用の軽減が期待されている（図13）．

現在，日本においてがんの治療に使用されている主な分子標的薬を，表2として示す．分子標的薬には，細胞内でキナーゼを阻害する低分子阻害薬と，受容体の細胞外領域やそ

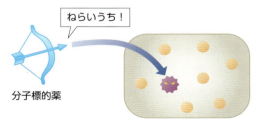

図13 分子標的薬
分子標的薬は，がん細胞の増殖の鍵となる因子を狙い撃ちするものであり，より高い治療効果と副作用の軽減が期待されている．

表2 がんに処方される主な分子標的薬

標的因子			薬剤名	対象となる主ながん
チロシンキナーゼ	EGF受容体ファミリー	EGFR	アファチニブ	非小細胞肺がん
			エルロチニブ	非小細胞肺がん，膵臓がん
			ゲフィチニブ	非小細胞肺がん
			セツキシマブ	結腸・直腸がん，頭頸部がん
			パニツムマブ	非小細胞肺がん
		EGFR/HER2	ラパチニブ	乳がん
		HER2	トラスツズマブ	乳がん，胃がん
			ペルツズマブ	乳がん
	血管新生にかかわる受容体型チロシンキナーゼ	VEGFR	アキシチニブ	腎細胞がん
		VEGFR, PDGFR, KIT	スニチニブ	消化管間質腫瘍（GIST），腎細胞がん，膵神経内分泌腫瘍
		VEGFR, PDGFR, Raf	ソラフェニブ	腎細胞がん，肝細胞がん
		VEGFR, KIT	パゾパニブ	悪性軟部腫瘍，腎細胞がん
		VEGFR, KIT, TIE2	レゴラフェニブ	結腸・直腸がん，GIST
	リガンド	VEGF	ベバシズマブ	結腸・直腸がん，非小細胞肺がん，乳がん，卵巣がんなど
	融合型チロシンキナーゼ	EML4-ALK	クリゾチニブ	非小細胞肺がん
		BCR-ABL	イマチニブ	慢性骨髄性白血病
			ダサチニブ	慢性骨髄性白血病
			ニロチニブ	慢性骨髄性白血病
セリン/スレオニンキナーゼ	mTOR		エベロリムス	腎細胞がん，膵神経内分泌腫瘍
			テムシロリムス	腎細胞がん
細胞表面抗原	CD20		リツキシマブ	B細胞性非ホジキンリンパ腫，マントル細胞リンパ腫など
	CD30		ブレンツキシマブベドチン	ホジキンリンパ腫
	CD33		ゲムツズマブオゾガマイシン	急性骨髄性白血病

日本で認可されている主な分子標的薬をまとめた．

のリガンドと結合する抗体医薬品とがある（図14）．低分子阻害薬の多くは，inhibitorを表すため語尾にibを付けて命名され，抗体医薬品は単クローン抗体（monoclonal antibody）の略称であるmabを語尾に付与される．がん以外の疾患として，自己免疫疾患や臓器移植における免疫抑制のために処方される分子標的薬もある．

がんの抗体医薬品は，EGF受容体（上皮成長因子受容体：epidermal growth factor receptor）とそのファミリー，血管内皮細胞増殖因子の受容体（VEGF受容体：vascular endothelial growth factor receptor）やそのリガンドを対象としている．その作用機序とし

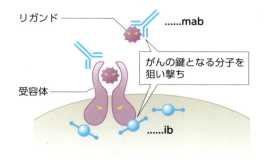

図14 抗体医薬品と低分子阻害薬
分子標的薬には，受容体やそのリガンドなどに作用する抗体医薬品と，細胞内でキナーゼ活性を阻害する低分子阻害薬とがある．

て，受容体からのシグナル誘起を阻害する他に，受容体に結合して免疫細胞の攻撃を受けやすくするなどのメカニズムが知られている．最近では，抗体分子に細胞毒性成分を結合させ，効果を高めた医薬品も実用化されている．血球系のがんでは，細胞表面抗原に対する抗体が用いられる．低分子薬剤は細胞膜を透過し，細胞内のキナーゼ活性を阻害する．

がんの発症要因としての遺伝子変異が詳しく解析されるようになり，異なるがんで同じ遺伝子変異が原因となる例も多く認められるようになってきた．従来のがんの治療は，臓器別に大きな方針が定められていたが，これからはがんの原因としての遺伝子変異ごとに治療方針が定められるようになる可能性がある．

肺がんの分子標的薬

肺がんでは，EGF受容体の発現が亢進したり，変異によりリガンドなしに恒常的に活性化している症例がある．このような症例を対象として開発された薬剤が，ゲフィチニブ（gefitinib，商品名イレッサ）であり，非小細胞肺がんに対する治療薬として，2002年7月に世界に先駆けて日本で承認された．ゲフィチニブは低分子化合物であり，細胞内でEGF受容体のチロシンキナーゼ活性を阻害する薬物である．

ゲフィチニブは，当初から副作用としての間質性肺炎が大きな問題となっており，薬効が期待できる患者を選択して投与する必要がある．ここ数年の研究から，EGF受容体の変異の有無によって，薬効に大きな差があることを報告するデータが蓄積しつつある[10]．その結果，EGF受容体の遺伝子変異を調べることで，薬効が期待できる患者にのみゲフィチニブを投与することが可能となった．図15に示すように，EGF受容体に変異をもつ患者では，ゲフィチニブは従来の抗がん剤による治療（カルボプラチンとパクリタキセルの併用）より優れているが，EGF受容体変異のない患者では全く逆の結果となっている．その分子的機序として，ゲフィチニブが正常型に比べ変異型EGF受容体のチロシンキナーゼ活性を著しく強く阻害することがあげられている．

非小細胞肺がんの一部では，ALKチロシンキナーゼをコードする遺伝子とEML4遺伝子の融合によりALKの恒常的活性化をもたらし，がんの発症要因となる（図16）（6章5参照）[11]．こうしたがんを対象に開発されたALK阻害薬が，クリゾチニブ（crizotinib）である[12]．EGF受容体変異により発症したがんにはゲフィチニブが有効であるが，クリゾチニブは無効であり，その逆も正しい．したがって分子標的薬の使用に際しては，がんの発症要因を同定し，適切な分子標的薬を選択し投与しなければならない．そのため，分子標的薬の開発と

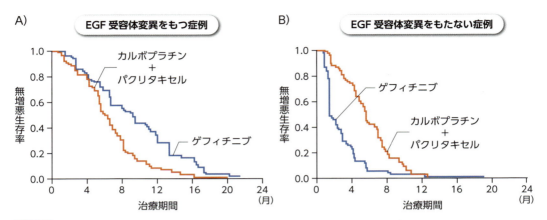

図15 肺がん治療における従来の抗がん剤療法とゲフィチニブ治療の効果の比較

肺がん患者に対し，カルボプラチンとパクリタキセルの併用療法またはゲフィチニブ投与を行ない，症状の増悪を伴わない生存率を治療期間に対してプロットした．EGF受容体遺伝子に変異がある症例（A）では，従来の化学療法より優れた効果が認められるが，変異なしの症例（B）では逆の関係となっている（文献10をもとに作成）．

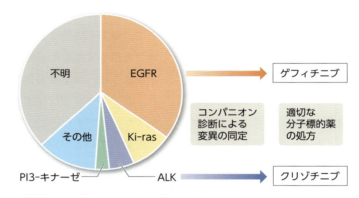

図16 コンパニオン診断による適切な分子標的薬の選択

肺がんは，小細胞肺がんと非小細胞肺がんに分けられ，さらに非小細胞肺がんは，腺がん，扁平上皮がん，大細胞がんに分類されている．この中で，現在は腺がんが最も多く，肺がん全体の50〜60％を占めている．図は，日本人肺腺がん症例における代表的な遺伝子変異を示す．EGF受容体遺伝子変異が最も多く（35.0％），ついでKi-ras（8.5％），ALK（5.0％），PI3-キナーゼ（2.7％）が続く．これらの変異に対応した適切な分子標的薬の選択が，高い治療効果につながる（文献11をもとに作成）．

同時に，その対象となる疾患を選び出す診断法が必要である．こうした診断法を，分子標的薬とペアで必要という意味で，コンパニオン診断という（図16）．

イマチニブの劇的な効果（慢性骨髄性白血病）

分子標的薬の名を一躍轟かせたのは，慢性骨髄性白血病治療薬イマチニブ（imatinib）である．慢性骨髄性白血病では，bcr-abl融合遺伝子を生じる症例が知られ（6章5参照），恒常的に活性化しているAblチロシンキナーゼ活性の阻害薬がイマチニブである．イマチニブは，インターフェロンを中心とした従来の治療法に比べて，圧倒的な優位性を示し，劇的な治療効果を示した．外国での治験成績が極めて優れていたため，日本でも輸入申請後わずか半年で承認された．

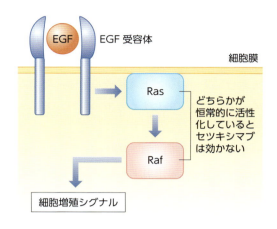

図17 EGF受容体からのシグナル伝達

EGF受容体は細胞膜上にあり，EGFを結合することによって活性化される．そのシグナルは，RasついでRafと伝えられ，細胞増殖シグナルとして核へと伝えられていく．セツキシマブは，EGF受容体を標的としたモノクローナル抗体であるが，下流のRasあるいはRafが恒常的に活性化していれば，EGF受容体を阻害してもその効果は少ない．

大腸がんおよび乳がんの分子標的薬

セツキシマブ（cetuximab）は，EGF受容体に結合し，細胞増殖シグナルの誘起を阻害するモノクローナル抗体である．セツキシマブは，EGF受容体陽性の治癒切除不能な進行・再発の結腸・直腸がんの治療薬として用いられる．細胞膜上のEGF受容体にEGFが結合すると，受容体の二量体化を引き金として，細胞内のRas，続いてRafを活性化することで，細胞増殖のシグナルを誘導する（図17）．EGF受容体陽性のがんのうち，約40％のものでは遺伝子変異によってKi-Rasにアミノ酸置換が生じており，EGF受容体からのシグナルがない場合でも恒常的に活性化している．このようながんにセツキシマブを投与しても効果が認められないことが示されている．またRasの下流で活性化するB-Rafが遺伝子変異によって活性化している場合にもセツキシマブ治療は無効である．セツキシマブは高価な医薬品なので，経済的なメリットを考慮して，治療開始前に*Ki-ras*遺伝子検査を実施することが推奨されており，遺伝子検査自体も保険収載となっている．

大腸がん，腎細胞がん，肝細胞がんなどには，血管増殖因子受容体およびそのリガンドを阻害するさまざまな分子標的薬が処方されている．がんは，そのサイズが増大すると，栄養および酸素供給のための血管新生が必要となる．これを阻害することにより，がんの増殖を阻止する狙いである．

乳がんでは，EGF受容体ファミリーの1つであるHER2（human epidermal growth factor receptor 2）が過剰に発現している症例が認められる．このような症例に対しては，HER2に対する抗体医薬品であるトラスツズマブ（trastuzumab）が用いられる．ラパチニブ（lapatinib）は，HER2のキナーゼ活性を阻害する低分子薬剤である．

7 個人に合わせた医療の将来

本章でみてきたように，薬物代謝にかかわる酵素の遺伝子多型によって，薬物の代謝には大きな個人差があることがわかってきた．また，副作用と遺伝子多型にも関連性があることがわかっている．代謝速度に合わせて薬物投与量を決めるなどのきめ細かな医療を行なえば，より治療の効果が高まると考えられ，また副作用の危険性も低くすることができる．あらかじめ治療の効果を予測し，患者に合わせた治療法を選択することも可能となってきている．

しかし，本章に記載したような，遺伝子多型と薬物濃度の関係が明確なものはまだわず

かである．その理由として，複数のシトクロムP450で代謝される薬物が数多く存在すること，代謝の第Ⅰ相，第Ⅱ相の反応には数多くの因子が関与すること，代謝以外にも細胞内へ薬物を輸送するトランスポーターや細胞外に薬物を排出するポンプにも遺伝子多型による活性の高低があることなどによる．こうした複数の因子の関与を含めた研究が進めば，より多くの薬物を個人差に合わせて投与することが可能になってくると考えられる．

現時点では，遺伝子検査にかかる費用は，1項目あたり2万円程度と比較的高価であり，簡便な検査とはいえない．薬物ごとにこうした検査を実施することは，まだ現実的ではない．しかし将来的には，新生児検査の一環として主要な代謝酵素の遺伝子多型を調べ，本人の健康保険証のICチップに情報を埋め込んでおく，などが考えられる．こうした方法をとれば，1つの薬ごとに検査をする必要はなくなり，コスト的にもかなりの軽減が見込まれる．

がんの分子標的薬は，特定の分子のみを標的とするため，副作用の軽減が期待される反面，他の分子の活性化に起因するがんには無効である．したがって，個人のがんの発症要因をコンパニオン診断により精査し，最も適切な薬剤を選択する必要がある．がんの原因の詳細を明らかにすることで治療成績の向上が期待される．

■ 文献

1) Furuta, T. et al.：Influence of CYP2C19 pharmacogenetic polymorphism on proton pump inhibitor-based therapies. Drug Metab. Pharmacokinet., 20：153-167, 2005
2) 猿渡淳二, 他：薬物代謝酵素の遺伝子多型とEM/PM. 日本臨牀, 60：58-63, 2002
3) Kurose, K. et al.：Population differences in major functional polymorphisms of pharmacokinetics/pharmacodynamics-related genes in Eastern Asians and Europeans：implications in the clinical trials for novel drug development. Drug Metab. Pharmacokinet., 27：9-54, 2012
4) 市川度, 他：塩酸イリノテカンと*UGT1A1*遺伝子多型. 大腸癌FRONTIER, 2：44-48, 2009
5) Tanaka, Y. et al.：Genome-wide association of IL28B with response to pegylated interferon-α and ribavirin therapy for chronic hepatitis C. Nat. Genet., 41：1105-1111, 2009
6) Thomas, D. L. et al.：Genetic variation in IL28B and spontaneous clearance of hepatitis C virus. Nature, 461：798-801, 2009
7) 田中靖人, 他：座談会「C型肝炎ウイルス感染と宿主因子：特にIL28Bについて」. 肝臓, 51：327-347, 2010
8) 日本肝臓学会肝炎診療ガイドライン作成委員会編.「C型肝炎治療ガイドライン（第3.2版）」2014年12月 (www.jsh.or.jp/files/uploads/HCV_GL_ver3.2_Dec17_final.pdf)
9) Chung, W. H. et al.：Medical genetics：a marker for Stevens-Johnson syndrome. Nature, 428：486, 2004
10) Mok, T. S. et al.：Gefitinib or carboplatin-paclitaxel in pulmonary adenocarcinoma. N. Engl. J. Med., 361：947-957, 2009
11) Serizawa, M. et al.：Assessment of mutational profile of Japanese lung adenocarcinoma patients by multi-target assays：a prospective, single-institute study. Cancer, 120：1471-1481, 2014
12) Solomon, B. J. et al.：First-line crizotinib versus chemotherapy in ALK-positive lung cancer. N. Engl. J. Med., 371：2167-2177, 2014

■ 参考文献・ウェブサイト

13) 厚生労働省が認定した先進医療技術の一覧とその概要が示されている. http://www.mhlw.go.jp/topics/bukyoku/isei/sensiniryo/kikan03.html
14) 莚田泰誠：PGxの今後：GWASによる薬剤応答性関連遺伝子の同定. 臨床病理, 62：83-88, 2014

Column

分子標的薬と薬価

2012年の世界の大型医薬品ランキング（https://www.utobrain.co.jp/news/20130724.shtml）によると，上位3位（売上高85〜96億ドル）を自己免疫疾患を対象とした分子標的薬（抗体医薬品）が占めている．がんを対象とした抗体医薬品であるリツキシマブ，トラスツズマブ，ベバシズマブは，6〜10位（62〜72億ドル）にランクインしている．これらは，適応とする症例数が比較的多い医薬品である．この他に，35位（30億ドル）までにランクインした抗がん剤は，イマチニブのみである．30億ドル以上の売上げの医薬品としては，生活習慣病（糖尿病，高血圧，脂質異常症など）や神経疾患（統合失調症，うつ病，てんかんなど）を対象としたものが多くランクインしている．こうした疾患は，投薬期間が長いのが特徴であり，その売上げに貢献しているものと考えられる．

がんの発症要因となる遺伝子変異が詳細に解析され，それに合わせた分子標的薬を選択する時代が到来している．従来の化学療法薬による治療のように，臓器別のがんに共通の治療プロトコルではなく，発症要因別の投薬が求められている．したがって，対象となる症例が細分化され，世界全体で売上げが数千億円に達するような医薬品（ブロックバスターという）は，がんを対象とした分子標的薬からは生まれにくい状況になってきている．例えば，肺がんでALK遺伝子の変異が認められる症例は，全体の5％程度であり，症例数自体があまり多くない．こうした中で新規の医薬品を開発するには従来通り膨大なコストがかかるが，対象となる症例数が開発コストに見合うほど多数でない場合には，新規医薬品の価格を高価なものとする要因となる．

10章 遺伝子検査と遺伝子治療

遺伝子検査は，遺伝病の原因となる変異を検出するもの，個人に合わせた医療のために行なうもの，がんなどに生じた体細胞変異を検出するものに大別される．遺伝子治療は，遺伝子を薬剤として用いる医療である．ヒトの疾患には，遺伝子の機能異常によって生じるものがあり，欠損している機能を遺伝子導入によって補うことができる．治療の対象は他の治療法がない疾患に限られ，生殖細胞系列は対象としない．また，がん細胞を選択的に死滅させる遺伝子治療用ウイルスの開発も進められている．

1 遺伝子検査

遺伝子検査は，医療機関で実施される遺伝子変異を検出する検査である．遺伝子検査の結果に基づいて被験者の診断がなされるため，一連の診療行為を指して遺伝子診断という言葉もよく用いられる．遺伝子検査は，対象とする変異により「遺伝学的検査」と「体細胞遺伝子検査」に大別される（表1）．これらの検査以外に，病原体の検出を目的とした「病原体遺伝子検査」がある．また，医療機関を仲介せず，直接民間企業で受託している検査に，「DTC（direct to consumer）遺伝学的検査」がある．

表1 遺伝子検査の機関と検査の種類

検査機関	検査の種類	対象ゲノム	検査の対象
医療機関	遺伝学的検査	被験者のゲノム	単一遺伝子疾患
			薬物代謝（ファーマコゲノミクス検査）
	体細胞遺伝子検査	がんなどのゲノム	がんなど
	病原体遺伝子検査	病原体ゲノム	細菌およびウイルス感染症
民間受託企業（DTC遺伝学的検査）	遺伝学的検査	被験者のゲノム	多因子疾患，種々の形質

遺伝子検査は大別して，医療機関で実施されるものと消費者が直接受託企業に依頼する検査がある．さらに，次世代に伝えられる生殖細胞系列を対象とする「遺伝学的検査」とがんなどに生じた「体細胞遺伝子検査」があり，感染症を対象とする「病原体遺伝子検査」も実施される．なお，日本臨床検査標準協議会（JCCLS）による定義では，「遺伝子検査」「遺伝学的検査」「体細胞遺伝子検査」「病原体遺伝子検査」はそれぞれ，「遺伝子関連検査」「ヒト遺伝学的検査」「ヒト体細胞遺伝子検査」「病原体遺伝子検査（病原体核酸検査）」であるが，本書では便宜上，前者の用語を用いることとする．

「遺伝学的検査」と「体細胞遺伝子検査」

ゲノム（核ゲノムおよびミトコンドリアゲノム）は被験者に固有のものであり，生涯変わることはなく，また次世代に受け継がれるものである．これらのゲノムを対象とした検査を「遺伝学的検査」という[1]．ゲノムに生じた変異は，単一遺伝子疾患や多因子疾患の発症の原因となり，また薬物代謝に影響をおよぼす．医療機関では，単一遺伝子疾患の原因となる変異（4, 5章参照）と薬剤代謝系酵素の遺伝子多型（ファーマコゲノミクス検査，後述）が検査の対象となる．

がんは，ゲノムに生じた遺伝子変異が原因であり，変異した遺伝子から産生される細胞増殖の鍵となる因子が分子標的薬の治療対象となり，がんで変異している遺伝子の同定が薬剤選択に必須である（6章参照）．これらの変異は次世代に受け継がれるものではなく，このような変異を対象とした検査を「体細胞遺伝子検査」とよぶ．

単一遺伝子疾患の遺伝子検査

単一遺伝子疾患の遺伝子検査は，重篤な疾患を対象として行なわれる．被験者本人と親や兄弟姉妹とは，ゲノムの約1/2を共有しており，祖父母，叔父，叔母とは1/4を，いとことは1/8を共有している（図1）．したがって，単一遺伝子疾患の遺伝子検査は被験者の今後の人生に大きな影響をおよぼすものであり，かつ場合によっては，その血縁者にも大きな影響を与える可能性がある．ゆえに，検査前の説明やカウンセリング，検査後のサポート，情報管理などのしっかりした体制が求められる．未成年者は，自らの意思表示が困難な場合もあり，特にその検査には留意が必要

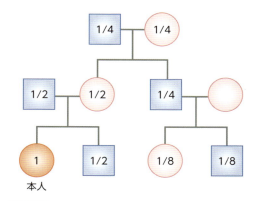

図1 本人と親族で共通するゲノムの割合
本人からみて親や兄弟姉妹とはゲノムを約1/2共有している．また，叔父叔母とは1/4を，いとことは1/8を共有している．このような状況下で，遺伝子検査は慎重に行なわれなければならない．

である．

単一遺伝子の異常による疾患（4章参照）は，その原因となる変異を調べることで遺伝子検査が可能である．例えば，ハンチントン病はタンパク質コード領域のグルタミンに対応するコドンの数が異常に増加することで発症する（5章参照）．したがって，当該領域をPCR法で増幅し，その産物の長さを検定することで診断が可能である．また，1塩基の変異による疾患もSNP解析用チップにより容易に診断が可能である．しかし，遺伝子検査は疾患の治療法の有無によって，大きく事情が異なる．

ハンチントン病は，医学の進んだ現在でも，有効な治療法が確立されていない．ハンチントン病遺伝子は，常染色体に存在し，優性の遺伝様式をとる．つまり，両親のいずれかが患者であれば，子ども達は50％の確率で患者となる．将来，治療法のない重篤な疾患に必ず罹患する，という診断結果をあるがままに受け入れられる人の割合はごく少数だろう．ハンチントン病の家系に生まれ，ハンチント

ン病遺伝子の同定に大きな貢献をしたウェクスラー博士（5章参照）も，自らの遺伝子を調べることはなかったとされる．知る権利があるのと同様に，知らざる権利も尊重されるべきであろう．

遺伝子検査のカウンセリングは，専門の知識をもった医師や専任のスタッフがあたることが望ましい．カウンセリングにおいては，被験者とのコミュニケーションが最も大切であり，そのための訓練が必要である．また，重篤な疾患が将来において予測される場合，ソーシャルワーカーや薬剤師などさまざまなスタッフがチーム医療を行なう必要があるだろう．信州大学医学部附属病院遺伝子診療部，京都大学医学部附属病院遺伝子診療部，千葉大学医学部附属病院遺伝子診療部などでは，一般向けに遺伝相談施設や遺伝学的検査施設の紹介情報，各種ガイドライン，相談者への説明資料などをウェブ上で公開している．

ファーマコゲノミクス検査

薬物代謝にかかわる酵素の遺伝子には多型が存在し，その代謝に個人差が認められる多数の薬剤が知られている（9章参照）．特定の薬剤については，薬物投与前に遺伝子検査を実施し，個々の患者に最も適切な投薬量を選択することが推奨されている．このような遺伝子検査をファーマコゲノミクス検査とよぶ（PGx検査ともよばれる）．ファーマコゲノミクス検査は，当初は単一遺伝子疾患の遺伝子検査と同基準で実施されていたが，単一遺伝子疾患の遺伝子検査に比べて被験者に与える影響が軽微であることから，2009年に情報の漏洩防止など厳密な管理体制の下で，一般の臨床検査とほぼ同様に行なわれるように改訂された[2]．

がんの「体細胞遺伝子検査」

前述のように，がんにおける遺伝子変異は次世代に受け継がれるものではなく，このような変異を対象とした検査を「体細胞遺伝子検査」とよぶ[1]．6章で学んだように，同じ肺がんでも変異している遺伝子は異なり，EGF受容体遺伝子が変異しているがんではゲフィチニブが，*ALK*遺伝子が変異しているがんにはクリゾチニブが処方される．体細胞遺伝子変異は，被験者本人のみに生じているので，単一遺伝子疾患の遺伝子検査のような血縁者への影響は考慮しなくてよい．

DTC遺伝学的検査

近年，遺伝子検査という言葉がインターネット上のウェブサイトやマスコミを賑わせている．これらの検査の共通の特徴として，医療機関が実施する検査ではないこと，消費者が爪，唾液などの試料を自ら採取して検査会社に送り，その結果が返送される形をとること，などがあげられる．DTCが意味するところのdirect to consumerとは，第三者の介在なしに検査を受けられるという実態を表している．

検査対象はさまざまな疾患へのかかりやすさ，体質，才能など多くのものがあり，そのほとんどはGWAS（4章10参照）による一塩基多型に関するデータを根拠としている．しかしGWASの結果については，研究者間の合意が得られていないものも多い．それゆえ，「遺伝子検査ビジネス」の問題点として，検査の妥当性と根拠が確定したものではないこと，また感度や精度，結果の解釈などについて充分な情報が提供されていないことがあげられる．被験者との面談がないため，検査の意義や検査結果について被験者が正しく理解する

のは相当に困難である．

　しかし，「遺伝子検査ビジネス」の長所もある．第一に，消費者が自身のゲノムとその多型，および健康・病気との関連について関心をもつことである．また，より健康な生活を送るために活かせる検査項目も含まれており，活用次第では充分に役立てることもできる．

　日本で展開されている「遺伝子検査ビジネス」に含まれている検査項目には，単一遺伝子疾患はなく，被験者に対する影響が比較的軽微なものが多く含まれている．GWAS研究が最も大規模に展開されたII型糖尿病では，発見された100近い感受性遺伝子をすべて統合しても，80％にも達するとされる遺伝要因の10〜20％程度しか説明できていない（5章8参照）．このうち主要な11の疾患感受性遺伝子の多型データを統合的に評価しても，実際の糖尿病患者のうち60％しか検出することができず，同時に健常な人の40％を陽性と判定してしまう結果が得られている[3]．この精度は，年齢，性，BMIの3要素による予測より劣る[3]．したがって，DTC遺伝学的検査での糖尿病リスクの予測精度は，かなり低いと考えられる．また，同一人物の試料を複数のDTC遺伝学的検査にかけたところ，相当数の判定が一致しない，という結果が得られている．しかし，インターネット上で各会社の広告を見る限り，そのような状況を正確に判断することはできない．

　アメリカ食品医薬品局（FDA）は，Google社が出資している大手DTC検査会社「23andMe」社に対し，2013年11月にすべてのDTC検査を即時停止するよう命じた[4]．その理由として，同社が実施している検査項目のみでは，がんの罹患リスクやファーマコゲノミクス検査において偽陽性と偽陰性を生じ，消費者に誤った情報を与える可能性があるためとしている．同社の検査項目リストをみると，乳がんおよび卵巣がんの発症確率を数倍に高めるBRCA1およびBRCA2遺伝子の変異は，合わせて3カ所のみが検査対象であるが，両遺伝子の変異は遺伝子全体に散在していることが知られているので，多くの偽陰性が生じるはずである．その後，ブルーム症候群の検査に限り認可されたが，残りの疾患に関してはまだ認可されていない（2015年現在）．日本では，DTC遺伝学的検査は法規制の対象となっていない（同年現在）．

　本書の読者のように，GWASに対して正しい知識を備えている消費者の割合は，DTC遺伝学的検査利用者の中では，限りなくゼロに近いであろう．こうした状況下では，送付された検査結果を正しく評価できず，検査結果と一緒に送られてくるサプリメントや生活習慣指導などの有償のサービスにすがる者も出てくるであろう．また，自身や子どもの才能や体質を過度に悲観し，取り返しのつかない決断に導かれる可能性もあるだろう．このような状況を憂慮し，アメリカ人類遺伝学会はDTC遺伝学的検査に関する声明を発表し，検査に関するすべての資料の公開，検査の精度と感度，検査のリスク，生活習慣改善における臨床的根拠の開示等を求めている[5]．

2 遺伝子治療

　遺伝子検査により，疾患の原因が遺伝子の変異によることが確定した時には，薬剤による治療が行なわれるが，有効な治療法がない遺伝病も多い．疾患の原因が，遺伝子の変異による機能喪失である場合，治療法の1つと

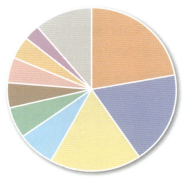

- アデノウイルス　　22.2%　(n=506)
- レトロウイルス　　18.4%　(n=420)
- DNA溶液注入　　17.4%　(n=397)
- ワクシニアウイルス　7.2%　(n=165)
- アデノ随伴ウイルス　6.0%　(n=137)
- リポフェクション　　5.0%　(n=115)
- レンチウイルス　　5.0%　(n=114)
- ポックスウイルス　　4.4%　(n=101)
- ヘルペスウイルス　　3.2%　(n=73)
- その他　　10.9%　(n=250)

図2 遺伝子治療に用いられている遺伝子導入法

遺伝子導入法として，ウイルスベクターを用いる，あるいはプラスミドDNAを直接あるいはリポソームに封入して導入する（リポフェクション）方法などがある．ウイルスベクターとしては，レトロウイルスおよびアデノウイルスが多用されてきた．数字は，1989年から2015年に実施された臨床試験の累計を表す（「Gene Therapy Clinical Trials Worldwide」http://www.wiley.co.uk/genmed/clinical/ より引用）．

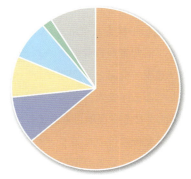

- がん　　64.0%　(n=1415)
- 単一遺伝子疾患　9.5%　(n=209)
- 心・血管疾患　　7.9%　(n=175)
- 感染症　　7.9%　(n=174)
- 神経疾患　　1.9%　(n=43)
- その他　　8.8%　(n=194)

- がん（肺がん，腎がん，前立腺がん，食道がん，脳腫瘍，黒色腫など）
- 単一遺伝子疾患（ADA欠損症，X-SCID，血友病，筋ジストロフィーなど）
- 心・血管疾患（閉塞性動脈硬化症，狭心症，心筋梗塞など）
- 感染症（HIV，B型肝炎ウイルス，C型肝炎ウイルスなど）
- 神経疾患（パーキンソン病，アルツハイマー病など）

図3 遺伝子治療の対象疾患

現在までに実施された遺伝子治療は，そのほとんどががんを対象として行なわれた（「Gene Therapy Clinical Trials Worldwide」http://www.wiley.co.uk/genmed/clinical/ より引用）．

して遺伝子治療が考えられる．遺伝子治療は，外来性の遺伝子や核酸を体内に導入して発現させるものであり，その安全性や治療効果の充分な検討が必要である．

遺伝子治療に用いられるベクター

遺伝子治療においては，組織や細胞に遺伝子を導入する必要がある．その方法として，レトロウイルス，アデノウイルス，アデノ随伴ウイルス，ヘルペスウイルスなどを改変したウイルスベクターを用いるもの，DNAを直接注入するもの，脂質リポソームに封入したプラスミドDNAを投与するものなどがある（図2）．遺伝子治療の対象は，特定の臓器や部位に限られており，実施されたものは，がんを対象としたものが多い（図3）．生殖細胞系列への導入は倫理的な観点から対象としないので，受精卵に遺伝子治療を実施することはなく，全身性に遺伝子を導入することは，現段階としては方法論としても考えられていない．近年では，変異が生じたエキソンをスキップさせる短鎖RNAや，miRNAやそのアンチセンスRNA（7, 12章参照）の投与も盛んに研究されている．

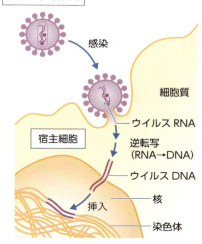
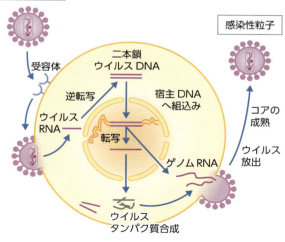

図4　レトロウイルスの生活環
A) レトロウイルスは，細胞に感染後ゲノムRNAが放出され，逆転写反応により二本鎖DNAに変換される．二本鎖ゲノムDNAは，宿主細胞染色体のランダムな部位に挿入される．B) 染色体に挿入されたウイルスゲノムDNAからウイルスmRNAが転写され，ウイルス粒子構成タンパク質が合成されるとともに，ウイルスゲノムRNAも転写され，細胞膜上で集合して感染性粒子が出芽する．

3　レトロウイルスベクター

レトロウイルスの生活環

レトロウイルスの生活環を図4に示す．レトロウイルスは，9,000塩基程度の一本鎖RNAゲノムをもち，ウイルス逆転写酵素によりゲノムRNAを二本鎖DNAに変換し，宿主細胞の染色体DNAのランダムな部位に挿入する（図4A）．染色体上のウイルスゲノムDNAからはウイルスmRNAが転写され，ウイルス粒子構成タンパク質が細胞質で合成され，同じくゲノムDNAから転写されたゲノムRNAとともに細胞膜で集合し，ウイルスは細胞膜から出芽する（図4B）．

レトロウイルスベクターは，このレトロウイルスを改変してつくられる．したがって，導入されたレトロウイルスベクターは，染色体が複製されるときには同時に複製されるので，いったんウイルスベクターを導入された細胞内には，ずっと希釈されることなく存在する．

レトロウイルスの構造

代表的なレトロウイルスであり，またヒト遺伝子治療用のベクターとしても用いられるマウス白血病ウイルスゲノムが染色体に挿入された構造を図5に示す．このウイルスはマウスおよびヒトの細胞に感染する．ゲノム両端に存在するLTR（long terminal repeat）は，プロモーターおよびエンハンサーとしての活性をもち，ウイルス遺伝子の転写を指令するとともに，周囲の宿主細胞遺伝子の発現を亢進させる作用がある．

ウイルス遺伝子は，5′側から順に*gag*, *pro*, *pol*, *env*遺伝子が存在し，それぞれウイルス

図5 マウス白血病ウイルスのゲノム構造

マウス白血病ウイルスが宿主細胞染色体に挿入された構造を示す．両端のLTRはプロモーター/エンハンサー活性をもち，ウイルス自身のmRNAの転写を指令するとともに，周囲の宿主細胞遺伝子の転写も促進する．ウイルス遺伝子として，5′端よりgag, pro, pol, envがあり，それぞれウイルスコアタンパク質，プロテアーゼ，逆転写酵素およびインテグラーゼ，表皮タンパク質をコードする．Ψはパッケージングシグナル領域を示す．

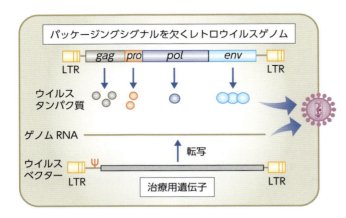

図6 レトロウイルスベクターの構造

レトロウイルスベクターは，LTRおよびゲノムRNAがウイルス粒子に取り込まれる際に必要なパッケージングシグナル（Ψ）以外の大部分のウイルスゲノムを，導入すべき治療用遺伝子で置換したものである．ウイルス構成タンパク質は，パッケージングシグナルをもっていないヘルパーウイルスの共感染や，これらを恒常的に発現するパッケージング細胞から供給される．

コアタンパク質，プロテアーゼ，逆転写酵素およびインテグラーゼ，ウイルス表皮タンパク質を産生する（図5）．この他に，ウイルス粒子集合の際にゲノムRNAが粒子内に取り込まれるのに必要なパッケージングシグナル領域（Ψ）がある．

レトロウイルスベクターの構造

レトロウイルスベクターは，ウイルスゲノムからLTRおよびパッケージングシグナル以外の大部分のゲノム領域を除き，導入すべき外来遺伝子で置換したものである（図6）．このような組換えウイルスベクターは，ウイルスの構成タンパク質を産生することができないので，これらの成分を供給できる特殊な細胞（パッケージング細胞とよぶ）の中で増殖させる．

この細胞には，パッケージングシグナルを欠失させたウイルスゲノムが組込まれており，すべてのウイルスタンパク質が合成されているが，パッケージングシグナルを欠いたウイルスゲノムRNAはウイルス粒子内には取り込まれない．この細胞に，作製したいウイルスベクターの二本鎖DNAを導入すると，転写された外来遺伝子を含むウイルスゲノムRNAがウイルスタンパク質とともに集合し，感染性をもつウイルス粒子として細胞培養液中に放出される仕組みである．組換えによって，パッケージングシグナルをもつ，自己増殖可能なウイルスが出現することを避けるため，ゲノムをいくつかに分けてウイルスタンパク質を供給するように工夫された系も報告されている．

レトロウイルスの宿主域

レトロウイルスは，比較的広い宿主細胞域

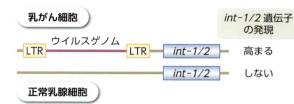

図7　マウス乳がんウイルスの発がん機構

マウス乳がんウイルスはがん遺伝子をもたないウイルスであるが，増殖・感染を繰り返す過程で染色体の $int-1/2$ 遺伝子近傍に入り込む．その結果，正常乳腺細胞では発現しない $int-1/2$ 遺伝子の発現が高まり，乳がんの発症につながると考えられる．

を示し，多くの組織に導入可能であるが，さらに宿主細胞域を拡げる工夫として，表皮 env タンパク質を VSV（vesicular stomatitis virus）やレンチウイルスのものに変えるという方法がある．レトロウイルスゲノムは能動的に核に移行せず，細胞が増殖する際の核膜崩壊に伴って染色体に挿入されるので，増殖性の細胞には導入効率がよいが，非増殖性の細胞には遺伝子導入はできない．一般にヒトの組織は，非増殖性であるので，通常の組織に導入することは難しい．また，挿入可能な遺伝子の長さは数千塩基程度であり，あまり長い遺伝子は導入できない．レトロウイルスの近縁のウイルスであるレンチウイルスは，神経細胞などの非増殖性の細胞にも遺伝子を導入することができる．ヒト免疫不全症ウイルス（HIV：human immunodeficiency virus）はレンチウイルスに属し，HIV を改変したベクターが開発されている．HIV は元来 CD4 陽性の免疫 T 細胞やマクロファージにのみ感染するので，レトロウイルスベクターと同様に，宿主域を拡げたものが用いられる．

レトロウイルスベクターの問題点

レトロウイルスベクターの最大の問題点は，ウイルスゲノムの宿主細胞染色体への挿入部位がランダムなことである．マウス白血病ウイルスやマウス乳がんウイルスは，腫瘍を誘発するがん遺伝子はもっていないが，動物に

図8　LTR プロモーター/エンハンサー活性を欠失させたレトロウイルスベクター

レトロウイルスベクター導入による挿入変異を回避するため，LTR のプロモーター/エンハンサー活性を失わせた構造に改変し，さらに導入遺伝子発現のためのプロモーターを付加したものも考案されている．

接種後一定期間後に腫瘍を作る（図7）．腫瘍におけるウイルスゲノムの挿入部位は共通であり，マウス乳がんウイルスでは，$int-1$ および $int-2$ 遺伝子の近傍であった．これら遺伝子の発現は正常乳腺ではみられないが，ウイルスにより腫瘍となった組織では発現が認められる．この現象は，ウイルスの感染と増殖が繰り返されるうちに，$int-1$ および $int-2$ 遺伝子の近傍にウイルスゲノムが組込まれ，ウイルス LTR がもつエンハンサー活性が，$int-1$ および $int-2$ 遺伝子発現を誘導し，細胞増殖に有利な状況を作り出し，腫瘍の発症に至ったものと考えられる．この現象は挿入変異とよばれ，後述のようにヒトの遺伝子治療に用いられた際に大きな問題となった．レトロウイルスベクターを用いて作製される iPS 細胞にも同じ危険性がある．この点を解消するため，LTR 構造を一部改変し，プロモーター/エンハンサー活性を除去し，挿入する遺伝子には別のプロモーターを付ける，などの試みもなされている（図8）．

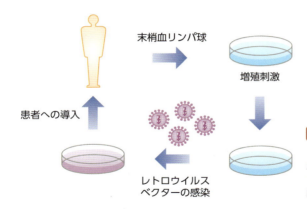

図9 ADA欠損症に用いられた遺伝子治療の戦略

患者末梢血のリンパ球細胞を増殖刺激し，さらにレトロウイルスベクターを感染させた．その後，感染細胞を体内に戻した．遺伝子治療は，2年間繰り返し行なわれた．

4 レトロウイルスベクターを用いた遺伝子治療

ADA欠損症の遺伝子治療

アデノシンデアミナーゼ（ADA：adenosine deaminase）は，アデノシン，デオキシアデノシンをイノシン，デオキシイノシンに変換するプリン代謝系酵素の1つであり，ADA欠損症では細胞内にアデノシン，デオキシアデノシンが蓄積し，DNA複製を障害する．特に，リンパ球が障害を受けやすいので，免疫T細胞およびB細胞が著しく減少し，重度の免疫不全症となる．重篤な患者は無菌のテントから出ることができなくなる．

1990年，世界で最初のレトロウイルスを用いた遺伝子治療が，この疾患を対象として行なわれた[6]．遺伝子導入の方法として，患者より採取した末梢血リンパ球を数日間T細胞増殖因子IL-2（interleukin-2）とPHA（フィトヘマグルチニン）で増殖刺激し，そこに*ADA*遺伝子を組込んだレトロウイルスを感染させて体内に戻す方法がとられた（図9）．このように体外で遺伝子導入を行なうことを*ex vivo*導入法という．2年間繰り返し遺伝子導入を行なった結果，T細胞数が上昇し，ADA活性も正常の20％まで上昇し，免疫応答が認められるようになった．この効果は数年間持続し，通学も可能となった．日本でも北海道大学で1995年から約2年間かけて，ADA欠損症に対して遺伝子治療が実施され，症状の改善をみている．これらの遺伝子治療では，ADA酵素そのもの（ポリエチレングリコール化して抗原性を下げたADA：PEG-ADAが用いられる）を補充する療法も併用されたので，症状の改善に遺伝子治療がどの程度貢献したかは明らかではないが，一定の効果をあげたものと理解されている．

X染色体連鎖重症免疫不全症の遺伝子治療

レトロウイルスベクターを用いた遺伝子治療の効果がより明確に示されたのは，2002年にフランスを中心として行なわれたX染色体連鎖重症免疫不全症に対する治療である．この患者では，IL-2をはじめとする種々のサイトカイン受容体の共通のサブユニットであるγ鎖を欠いているため，T細胞がほとんど増殖せず，重度の免疫不全症をきたす．

この患者骨髄より採取したCD34陽性の造血幹細胞に，γ鎖遺伝子を組込んだレトロウ

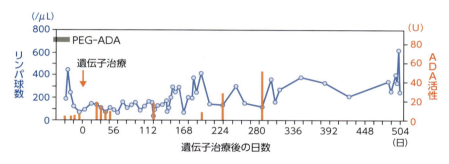

図10 北海道大学で行なわれたADA欠損症の遺伝子治療

PEG-ADA投与によって維持されていたリンパ球数の改善をはかるため，骨髄より採取したCD34陽性の造血幹細胞に，ADA遺伝子を組込んだレトロウイルスベクターを感染させ，患者に戻した．PEG-ADAを投与することなしに，ADA活性，リンパ球数がともに漸増する傾向が認められる．—○—：リンパ球数，｜：ADA活性，■：PEG-ADA投与期間．文献8をもとに作成．

イルスを感染させ，体内に戻したところ，治療を受けた20名中17名の患者でT細胞の数がほぼ正常となり，免疫機能が回復した．遺伝子導入を受けた幹細胞の数は一部でも，γ鎖遺伝子を導入された細胞は増殖の上で大きく有利なために，徐々にその数を増やしたものと考えられる．この遺伝子治療の成果は，画期的なものとして高く評価された．大部分の患者は通常の生活を送ることができるようになった．

ところが，遺伝子治療の2〜6年後に，5名の患者にT細胞白血病が発症した．このうち4名は治療が奏功したが，1名は死亡した．患者白血病細胞はクローン性の増殖を示し，いずれも用いたウイルスベクターが染色体上のLMO2遺伝子の近傍に組込まれていた．その結果，ウイルスLTRによるエンハンサー効果を受けてLMO2遺伝子発現が高まり，細胞が腫瘍化したと考えられている．この結果は，遺伝子治療の副作用をはっきりと示した例である[7]．

その後の状況と展望

X染色体連鎖重症免疫不全症に対する遺伝子治療の結果，T細胞白血病が発症した要因として，増殖因子受容体のγサブユニット鎖遺伝子とLMO遺伝子がともに過剰に発現したこと，重度の免疫不全であり免疫系による腫瘍細胞の排除ができなかったことなどが考えられた．これに対しADA欠損症は免疫不全が比較的軽度であり，増殖因子受容体遺伝子ではなくADA遺伝子の造血幹細胞への導入により遺伝子治療が可能であるので，白血病のリスクはより低いと考えられた．そこで，ヨーロッパや日本でレトロウイルスベクターによるADA遺伝子治療が実施され，数年後も目立った異常はなく治療効果があがることが示されている．

図10に北海道大学での遺伝子治療の効果を示すが，PEG-ADA投与によって辛うじて維持されていたリンパ球数が，遺伝子治療後はPEG-ADA投与なしに漸増し，ADA活性も増加傾向にある．この結果は，末梢血T細胞を対象としたADA遺伝子治療の結果より良好であった．ウイルスベクターが導入された造血幹細胞はADA活性をもつために増殖の上で有利であり，遺伝子導入の効果が長期間持続したと考えられている[8]．

X染色体連鎖重症免疫不全症の治療が白血病という重大な副作用を招いたのに対し，ADA欠損症の治療でそのような事例が発生しなかった理由は，完全にはわかっていない．対象とした細胞数，感染させたウイルス粒子数，併用した他の治療法の影響など，解明すべき点は多いが，今後も研究を重ねてより安全な治療法となることが望まれる．

5 アデノウイルスベクター

アデノウイルスベクターの特徴と性質

アデノウイルスは，36 kbの二本鎖DNAゲノムをもつウイルスである．ヒトの風邪の原因の一部となっているウイルスであり，重篤な症状の原因とはならず，大多数の成人は感染経験がある．アデノウイルスは，抗原性の差から50以上の血清型に分類されるが，遺伝子治療にはもっぱらアデノウイルス5型が用いられる．アデノウイルスは，細胞にCAR（coxsackievirus-adenovirus receptor）タンパク質とインテグリンを介して感染し，細胞質中に放出された二本鎖DNAゲノムは核に移行し，染色体に組込まれることなく複製される．アデノウイルスベクターはレトロウイルスと異なり，非増殖性の細胞にも導入できるメリットがあるが，CARタンパク質の発現量が低い骨格筋，平滑筋，内皮細胞，血球細胞や多くの腫瘍細胞などには導入効率が低い．しかしこの問題は，CARと相互作用するウイルス表面のファイバータンパク質に外来性のペプチドを融合させて発現させることにより，ベクターの標的細胞選択性を制御できることが報告され，より広範な細胞に感染させることも組織特異的に感染させることも可能となっている．

アデノウイルスは染色体ゲノムに組込まれないことから，レトロウイルスベクターのようなウイルスゲノム挿入により周囲の遺伝子発現を変化させる副作用はないが，細胞増殖に伴って希釈されていき発現が一過性に終わる欠点をもっている．逆に，一過性の遺伝子発現で治療効果が得られる場合には，染色体へのゲノムの挿入がないためより安全性が高いベクターである．また，抗原性が高いことから頻回投与は困難とされている．1990年にはウイルスベクターを大量投与された男性が死亡する事故があり，安全性の充分な検討が必要である．

アデノウイルスベクターの構造

アデノウイルスゲノムと，それを改変したベクターの構造を図11に示す．両端のITR（inverted terminal repeat）は，プロモーター活性をもつとともに，ゲノム複製時には起点となる．アデノウイルスは，感染細胞のDNA合成を誘導し，ウイルスゲノムもそれに伴って複製される．アデノウイルスゲノムには，DNA複製の前に発現がみられる初期遺伝子（E1〜E4遺伝子）と，ゲノム複製開始後に発現がみられる後期遺伝子（L1〜L5遺伝子）とがある．後期遺伝子の発現は，初期遺伝子産物によって誘導される．初期遺伝子産物のうち，E1Aタンパク質は，宿主細胞のがん抑制遺伝子産物Rbタンパク質と結合しS期の進行に必須な転写因子E2Fを解離させ，細胞をS期へと導く（図12A）．E1Bタンパク質は，同じくがん抑制遺伝子産物p53と結合してp53を不活性化し，ウイルス感染によるアポトーシス誘導を抑制することで，ウイルスの

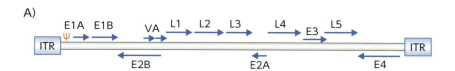

図11 アデノウイルスおよびアデノウイルスベクターのゲノム構造

A) 野生型アデノウイルス，B) E1遺伝子領域を欠損させ，外来性遺伝子で置換した第1世代ベクター（E3を欠損させたものも含む），C) さらにE2/E4遺伝子も欠損させた第2世代ベクター．D) 両端のITR配列とパッケージングシグナル（Ψ）以外の大部分のゲノムを欠損させた第3世代のベクターの構造を示した．

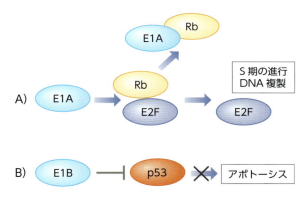

図12 アデノウイルスE1遺伝子産物の機能

A) E1Aタンパク質は，細胞のがん抑制遺伝子産物Rbと結合してE2Fを解離させ，E2FはS期進行に必要な遺伝子の転写を促すことにより，細胞をS期へと導く．B) E1Bタンパク質は，細胞のアポトーシス誘導を，その主役であるp53転写因子に結合して抑制することで，ウイルスゲノム複製に有利な状況を作り出す．

増殖に有利な状況を作り出す（図12B）．

第1世代のベクターはE1領域のみが削られたものが作製され，E1遺伝子を恒常的に発現しているHEK293（human embryonic kidney 293）細胞中でウイルスを増殖させる系が考案された．しかし，まだ残っているアデノウイルスタンパク質の発現によって遺伝子を導入された細胞が免疫学的に排除されることがわかり，初期遺伝子をすべて欠損させた第2世代ベクターを経て，91 bpからなるパッケージングシグナル（Ψ）を残してほとんどのウイルスゲノムを欠損させた第3世代のベクターが開発されている．ウイルス粒子に取り込まれるゲノムDNAサイズは，約27 kb～38 kbであるので，小さな遺伝子も導入できるようにするため，機能をもたないDNA領域（non-coding stuffer DNA）を両端に配置してある．これらのアデノウイルスベクターを作製する

には，①細胞にパッケージングシグナルを欠いたヘルパーウイルスを共感染させる，②ウイルスの初期遺伝子および後期遺伝子産物はヘルパーウイルスから供給される，③ヘルパーウイルスはパッケージングシグナルを欠いているためにウイルス粒子中には取り込まれない，という系が用いられる（図6のレトロウイルスベクターとほぼ同じ）．また，あらかじめアデノウイルスゲノム複製と粒子形成に必要な因子を発現している細胞もパッケージング細胞として用いられる．

6 アデノウイルスベクターを用いた腫瘍の遺伝子治療

アデノウイルスベクターは，主に腫瘍の治療としての応用が試みられてきた．導入された遺伝子として，宿主免疫系を増強させるサイトカインである*IL-2*，*IL-12*，インターフェロン-γや，多くの腫瘍で機能が失われているがん抑制遺伝子*p53*，また細胞毒性を誘導するヘルペスウイルスチミジンキナーゼ遺伝子などがある．

なかでも*p53*遺伝子を発現させるアデノウイルスベクターは，多くの治験が実施されている．p53は，DNA損傷や細胞のストレスに応答して活性化する転写因子であり，ダメージの程度により細胞周期を停止させる因子の発現を誘導したり，損傷が著しい時には細胞のアポトーシスを誘導して細胞死を導く．過半数の腫瘍ではp53の機能が変異によって失われており（**6章**参照），腫瘍細胞のアポトーシスによる細胞死が抑制され，DNA障害を誘導する抗がん剤が効きにくい原因となっている．

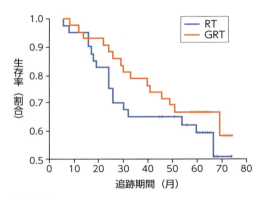

図13 中国におけるp53発現アデノウイルスベクターによる上咽頭がん治療の効果

患者全体の生存率曲線では，放射線療法単独群（RT）に比べ，遺伝子治療を併用した群（GRT）の方が，高い生存率を示した．

*p53*遺伝子導入による腫瘍の治療

1998年には，非小細胞肺がんを対象として，*p53*遺伝子導入による遺伝子治療が行なわれ，DNA損傷を誘導する放射線療法を併用することで50％以上の腫瘍に縮小が認められたとされている．日本でも，岡山大学で同様の治験が実施され，症状の改善をみている．中国では，*p53*遺伝子を組込んだアデノウイルスベクターを医薬品として認可し，商業ベースの医療として実施している．

2009年に，中国で実施された治療の結果が報告されている（**図13**）[9]．遺伝子治療を受けた17名の上咽頭がん患者のうち16名に，腫瘍組織における導入した*p53*遺伝子の発現が認められ，p53によって誘導される下流遺伝子の発現も確認された．遺伝子治療と放射線療法を併用された患者（GRT）の治療奏功率は，放射線治療単独群（RT）の2.8倍に達した．p53はDNA損傷に応答してアポトーシスを誘導する転写因子であることから，正常*p53*遺伝子の導入とともに腫瘍細胞のDNA損傷を誘導する抗がん剤や放射線療法を併用するこ

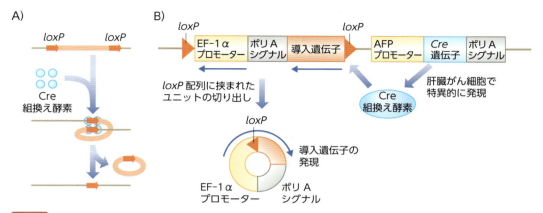

図14 組織特異的組換えによる高レベル発現をめざしたアデノウイルスベクター
A）Cre-loxP系の仕組み．B）Cre組換え酵素は，2つのloxP配列に挟まれた領域を切り出す活性がある．この組換えウイルスは，肝臓がん特異的なAFP（α-fetoprotein）遺伝子プロモーターにCre遺伝子を連結したユニットと，loxP配列に挟まれた領域に，強力なEF-1α遺伝子のプロモーター，ポリAシグナル，導入遺伝子を順に配置したユニットをもつ．発現の向きは←の向きである．肝臓がん細胞中ではCreタンパク質が作られ，loxP配列に挟まれたユニットが切り出されて環状化し，導入遺伝子が高レベルで発現する（文献10をもとに作成）．

とが有効と考えられる．そのため，併用する療法によって遺伝子治療の効果は異なっているようであり，必然的に多くの検討課題が残されているが，将来に期待のもてる結果である．

腫瘍組織だけで働くベクター

腫瘍治療用のウイルスとして，正常組織では増殖しないが，腫瘍組織だけで増殖ができるように考案されたONYX-015（dl1520）をはじめとするアデノウイルスがある．野生型のアデノウイルスは，E1Bタンパク質がp53と結合してp53を不活性化し，細胞のアポトーシスを抑制しつつ増殖する．E1Bを欠くアデノウイルスは，正常細胞に感染した時にはウイルス感染によるアポトーシスによって細胞が死ぬために周囲の細胞に感染が拡大しない．しかし，機能的なp53を欠いている腫瘍細胞では，増殖と感染のサイクルが繰り返されることが期待される．単独では効果が乏しいが，抗がん剤との併用によって効果があると報告されている．

腫瘍細胞は増殖が盛んな細胞であり，複製に伴う染色体末端短縮を補うため，テロメラーゼ活性が高い．そこで，岡山大学の研究グループは，テロメラーゼプロモーターの支配下にアデノウイルス初期遺伝子を発現させるようにしたウイルスを作製した．このウイルスは，がん細胞特異的な細胞溶解活性を示し，現在臨床試験が実施されている．同様に，前立腺がんだけで発現がみられるPSA（prostate-specific antigen）遺伝子プロモーターの下流に初期遺伝子を組込んだウイルスは，PSAを発現している細胞のみで増殖できることが示されている．一般的に，組織特異的なプロモーターの活性はあまり強力ではないので，期待されたほどの殺細胞性を示さないことも多い．

この点を解決する工夫として，図14に示した組織特異的なプロモーターとCre-loxPシステムを組合わせるベクターが考案されている[10]．Cre組換え酵素は，バクテリオファージP1由来の組換え酵素であり，34塩基から

なる2つの loxP サイト間でDNAの部位特異的組換えを触媒する．すなわち，2つの loxP 配列に挟まれた領域が切り出される（図14A）．この組換えウイルスは，腫瘍特異的なプロモーター[※1]に組換え酵素Creの遺伝子を連結したユニットと，loxPで挟まれた領域に，強力なプロモーター[※2]，ポリAシグナル，導入遺伝子の順に連結した発現ユニットをもっている（図14B）．EF-1α遺伝子のプロモーターは，図の左方向への転写を促進する向きに配置され，導入遺伝子は発現しない．このアデノウイルスを導入した肝臓がん細胞中ではCre遺伝子が発現し，Creタンパク質は，loxPで挟まれたDNAを組換えにより切り出す．Cre遺伝子の発現は比較的少量でも組換えには充分である．その結果，強力なEF-1αプロモーター直下に導入遺伝子の発現が誘導され，この遺伝子が細胞毒性を与える遺伝子であれば，腫瘍を死滅させることが期待される．

7 がん細胞のDNA合成を障害するベクター

ヘルペスウイルスのチミジンキナーゼは，抗ヘルペス薬であるアシクロビル（ACV）をリン酸化して，アシクロビル−一リン酸とする（図15）．続いて宿主代謝系によりリン酸化を受けたアシクロビル−三リン酸は，dGTPの類似物質としてDNA合成を阻害し，細胞を傷害する．アシクロビル−三リン酸は，デオキシリボースの構造が保たれていないので，DNA合成の基質として取り込まれると，DNA合成を停止させる．アシクロビルの一リン酸化は，ヘルペスウイルスのチミジンキナーゼによって速やかに進行するが，ウイルス感染のない正常組織では，この反応はほとんど進行せず副作用は少ない．したがって，ヘルペスウイルスのチミジンキナーゼを導入したアデノウイルスベクターを腫瘍細胞に感染させ，アシクロビルを投与することにより，腫瘍組織だけを死滅させることが期待される．

8 アデノ随伴ウイルスを用いたウイルスベクター

アデノ随伴ウイルス（AAV：adenoassociated virus）は，アデノウイルス培養液から発見された小さなウイルスで，パルボウイルス科に属する．成人のほとんどが感染を経験している．アデノ随伴ウイルスは，ヘパラン硫酸プロテオグリカン（heparan sulfate proteoglycan）に結合して感染し，非分裂組織を含む広範な組織に遺伝子を導入することができる．アデノ随伴ウイルスは自己複製能がなく，複製にはアデノウイルスの初期遺伝子が必要である．その理由として，アデノウイルス初期遺伝子タンパク質が，アデノ随伴ウイルスのプロモーター活性化，mRNAの細胞質への輸送，翻訳促進，二本鎖DNA形成の促進などを行なうことが明らかにされている．したがってアデノ随伴ウイルスは，安全性が高いベクターと考えられている．欠点として，小さなウイルスゲノムであるので，挿入できる遺伝子の大きさが制限される点がある．

ゲノムは約5 kbの一本鎖DNAであり，図16に示した通り，両端に145塩基のITRがあ

[※1] 文献10では肝臓がん特異的な AFP（α-fetoprotein）遺伝子のプロモーター．
[※2] 文献10では EF-1α 遺伝子のプロモーター．

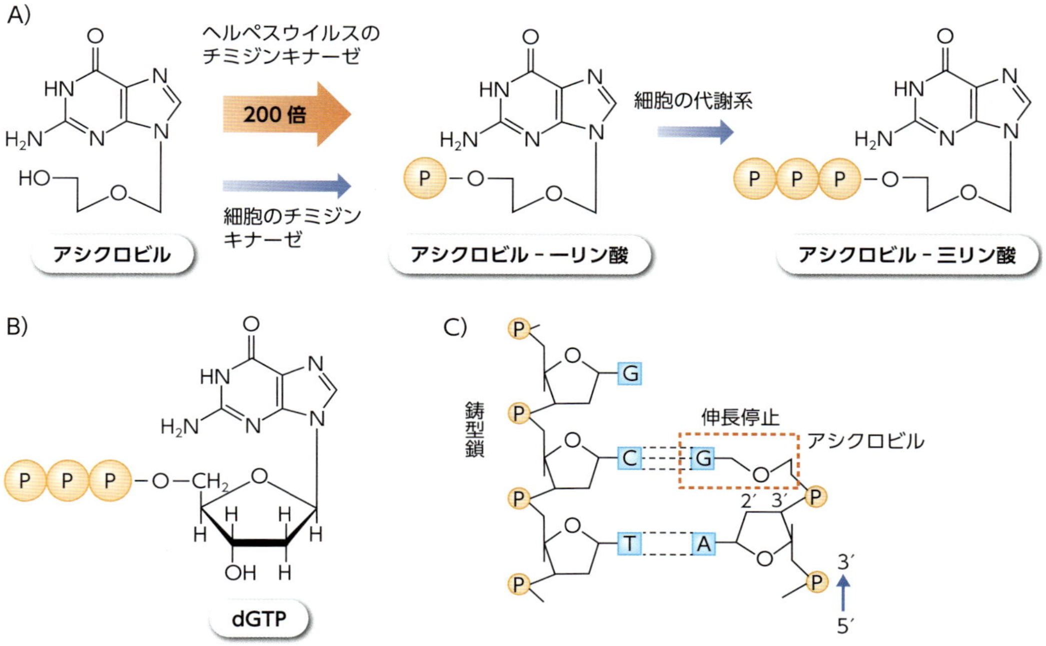

図15 チミジンキナーゼ-アシクロビルによる殺細胞ベクター

Aのアシクロビルは，グアノシンの類似物質であり，ヘルペスウイルスのチミジンキナーゼによってリン酸化を受け，さらに細胞の代謝系によってアシクロビル-三リン酸となる．アシクロビル-三リン酸は，dGTP（B）の類似物質としてDNA合成に取り込まれるが，デオキシリボース環がないためにDNA合成はそこで停止する（C）．細胞のチミジンキナーゼは，この反応が極めて遅く，ウイルスに感染していない細胞には，効果を発揮しない．腫瘍組織にチミジンキナーゼ遺伝子を導入したアデノウイルスベクターを感染させ，アシクロビルを投与すれば，腫瘍細胞が選択的に傷害されることが期待される．

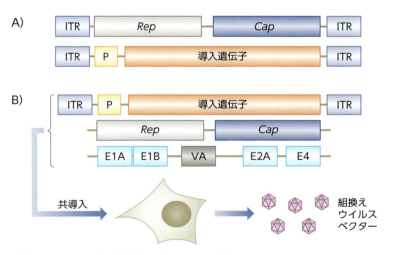

図16 アデノ随伴ウイルスのゲノム構造とウイルスベクター

A）アデノ随伴ウイルスゲノムは約5 kbの一本鎖DNAであり，両端に145塩基のITR（inverted terminal repeat）がある．ITRはプロモーター活性をもつとともに，ゲノム複製時には起点となる．ウイルス遺伝子として，複製やゲノム組込みに関与する*Rep*とウイルスカプシドタンパク質*Cap*の2つの遺伝子をもつ．ウイルスベクターとする際には，*Rep*および*Cap*遺伝子領域を，プロモーター（P）の下流に連結した導入すべき遺伝子で置換する．B）この組換えプラスミドと，*Rep*および*Cap*の発現ベクター，アデノウイルス初期遺伝子の発現ベクターの3つを細胞に共導入することで組換えウイルスベクターを産生することができる．

り，転写プロモーターおよびゲノム複製起点として機能する．ウイルス遺伝子として，複製やゲノム組込みに関与する*Rep*とウイルスカプシドタンパク質*Cap*の2つの遺伝子をもつ（図16A）．ウイルスベクターとする際には，*Rep*および*Cap*遺伝子領域を，プロモーターの下流に連結した導入すべき遺伝子で置換する．この組換えプラスミドと，*Rep*および*Cap*の発現ベクター，アデノウイルス初期遺伝子の発現ベクターの3つを細胞に共導入することで組換えウイルスベクターを産生することができる（図16B）．アデノ随伴ウイルスベクターは，大量調製が困難なため，これまでの臨床応用の実施例はあまり多くないが，2012年11月にヨーロッパで，高トリグリセリド血症治療薬としてリポタンパク質リパーゼ遺伝子を組込んだアデノ随伴ウイルスが認可された（商品名 Glybera）[11]．また，血友病の治療（血液凝固第IX因子欠損）やchoroideremia（進行性の視力低下を起こす疾患）の治療などの治験が進められている．日本では自治医科大学でパーキンソン病の遺伝子治療が治験として実施されている．

■ 文献

1) 日本医学会「医療における遺伝学的検査・診断に関するガイドライン」(http://jams.med.or.jp/guideline/genetics-diagnosis.pdf)
2) 日本臨床検査医学会，日本人類遺伝学会，日本臨床検査標準協議会：ファーマコゲノミクス検査の運用指針 (http://www.jccls.org/techreport/pgx_guideline_2012.pdf)
3) Miyake, K. et al.：Construction of a prediction model for type 2 diabetes mellitus in the Japanese population based on 11 genes with strong evidence of the association. J. Hum. Genet., 54, 236–241, 2009
4) FDAが23andMe社に送った警告状 (http://www.fda.gov/ICECI/EnforcementActions/WarningLetters/2013/ucm376296.htm)
5) アメリカ人類遺伝学会のDTC遺伝学的検査に関する声明 (http://www.ashg.org/pdf/dtc_statement.pdf)
6) Blaese, R. M. et al.：T lymphocyte-directed gene therapy for ADA- SCID：initial trial results after 4 years. Science, 270：475–480, 1995
7) Aiuti, A. & Roncarolo, M. G.：Ten years of gene therapy for primary immune deficiencies. Hematol. Hematol. Edue. Program, 6：682–689, 2009
8) 有賀正：遺伝子治療-現状の問題点と自験例のADA欠損症に対する治療を中心に-．日本小児科医会会報，30：35–40, 2005
9) Pan, J. J. et al.：Effect of recombinant adenovirus-p53 combined with radiotherapy on long-term prognosis of advanced nasopharyngeal carcinoma. J. Clin. Oncol., 27：799–804, 2009
10) Kanegae, Y. et al.：High-level expression by tissue/cancer-specific promoter with strict specificity using a single-adenoviral vector. Nucleic Acids Res., 39：e7, 2011
11) Bryant, L. M.：Lessons learned from the clinical development and market authorization of Glybera. Hum. Gene Ther. Clin. Dev., 24：55–64, 2013

■ 参考文献

12) 有賀正：遺伝子治療の総論．小児科診療，75：107–114, 2012
13) Siddhartha, S. G. et al.：Adenoviral Vectors：A promising tool for gene therapy. Appl. Biochem. Biotechnol., 133：9–29, 2006
14) 小澤敬也：AAVベクターによる遺伝子治療．実験医学，30：311–316, 2012

Column   ネアンデルタール人のゲノム解読

　ネアンデルタール人は，40万年ほど前に出現し，約3万年前に絶滅したとされている．ネアンデルタール人はヒト属に属するが，現代人ホモ・サピエンスとは別種である．DNAは比較的安定な物質であるため，ネアンデルタール人の骨の化石から抽出した試料を用いて塩基配列を解読することが可能である．当初は1細胞あたり数千コピー存在するミトコンドリアDNAが解読され，近年では次世代シークエンサーによって解読に必要な試料の量が大幅に低下したことから，ゲノム配列も解読されるようになった．

　ドイツの研究グループはネアンデルタール人ゲノムの概要版を発表し（Green, R. E. et al.：Science, 328：710-722, 2010），現代人ゲノムの1〜4％がネアンデルタール人ゲノムに由来するとした．この結果は，われわれの祖先とネアンデルタール人は敵対的関係にあり，平和的共存はなかったとする従来の定説に疑問を投げかけるものである．混入したゲノム領域は，ヨーロッパやアジアに住む現代人に認められるが，アフリカの一部の民族にはその痕跡が乏しい．この結果から，われわれの祖先がアフリカで枝分れした後アフリカを出て，一時期ユーラシア大陸の中東付近でネアンデルタール人と共存し，さらに大陸全体に広まっていったのではないかと推定している．

　また，ヒトゲノムの中で最も多様性に富むHLA領域を，ネアンデルタール人および類縁関係にありユーラシア大陸東部に分布していたデニソワ人と，さまざまな地域に住む現代人との間で比較し，ユーラシア大陸での共存を示唆する結果が発表されている（Abi-Rached, L. et al.：Science, 334：89-94, 2011）．

11章 遺伝子工学

さまざまな動物のゲノムを改変する技術が開発されている．マウスで特定の遺伝子を過剰に発現させたり，遺伝子を破壊してその機能を解析することは，ヒトの疾患を理解する上で欠かせないものとなっている．組織特異的に遺伝子を発現したり機能を破壊することや，発現の時期を限ることも可能である．さらに，ヒトの疾患と同じ変異を導入した疾患モデルマウスも作製されている．近年開発されたCRISPR-Cas9システムは，ES細胞を必要としない新たなゲノム改変技術として急速に普及し，遺伝子改変マウス作製の期間と労力を大幅に短縮するとともに，これまでES細胞が作製できなかった多様な動物種のゲノム編集を可能とした．また，ヒトの遺伝子を大型の家畜動物で発現させ，遺伝子組換えタンパク質を大量に低コストで得ることも実用化されている．さまざまな実験動物や家畜などでも遺伝子改変が行なわれ，その動物個々の特性を活かした解析がなされている．農薬や害虫に対する耐性遺伝子を発現する遺伝子組換え作物や，食料となる植物の種子や果実にウイルスタンパク質を発現させ，冷蔵庫や注射器を必要としないワクチンも開発されている．成体の細胞核を卵子に移植することにより，クローン動物を作製したり，体細胞由来のES細胞を樹立することも可能となっている．

1 遺伝子改変マウス

マウスは，遺伝学が発達しており，また生殖周期が短いことや飼育が容易であることから，遺伝子改変の効果を調べる研究によく用いられる．個体の中で外来性の遺伝子を過剰に発現するマウスをトランスジェニックマウスとよび，マウスが本来もっている特定の遺伝子を破壊したマウスをノックアウトマウスとよぶ．また，マウスの内在性の遺伝子を変異遺伝子で置換したマウスをノックインマウスとよぶ．本章では，マウスの研究方法を例として遺伝子改変技術について述べる．

2 トランスジェニックマウス

トランスジェニックマウスの作製方法

マウス卵子が受精した直後には，まだ精子由来の核と卵子由来の核は融合しておらず，それぞれ前核とよばれる．精子由来の雄性前核[※1]にマイクロピペットで遺伝子発現用のプラスミドDNAを注入することができる（図1A）．DNAを注入した受精卵を，ホルモン処理により偽妊娠状態にさせた雌マウスの卵管に移植すると，導入した遺伝子を発現するトランスジェニックマウスを高確率で作製する

[※1] 雄性前核の方がより大きく，また細胞表面に近いことから雄性前核に注入することが多い．

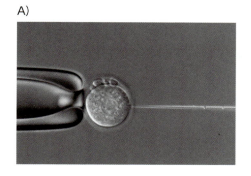
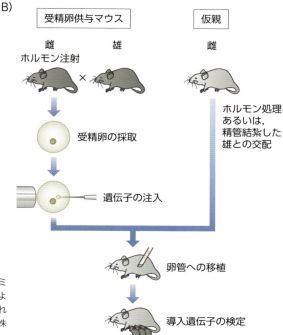

図1 トランスジェニックマウスの作製
A) 受精直後の精子前核に写真右側のガラス針でプラスミドDNAを微量注入し，B) この受精卵をホルモン処理により偽妊娠状態にさせた雌マウスの卵管に移植する．生まれたマウスには高確率で遺伝子が導入される（写真提供：株式会社フェニックスバイオ）．

ことができる（図1B）[1]．1982年に発表された，成長ホルモンを過剰に発現させることによって巨大化したジャイアントマウスは，遺伝子工学の威力をまざまざと見せつけた[2]（図2，写真はトランスジェニックラット）．

トランスジェニックマウスは，導入したい遺伝子を組込んだプラスミドDNA溶液に浸した精子を用いて受精させることによっても作製できる．また，ウイルスベクターを用いて8細胞期の胚細胞に遺伝子導入する方法や，遺伝子導入したES細胞を経由して作出することも可能である．

遺伝子発現部位の制御

外来遺伝子の発現系のプロモーターとして，全身の組織で機能するプロモーターを用いた場合には，外来遺伝子をほぼすべての組織で発現させることが可能である．また，神経特

図2 ヒト成長ホルモン遺伝子トランスジェニックラット
ヒト成長ホルモンを過剰に発現するラット（上）と，同齢の野生型ラット（下）（写真提供：株式会社フェニックスバイオ）．

異的なプロモーターや肝臓特異的なプロモーターを用いれば，特定の組織のみで遺伝子の発現を行なうことができる（図3）．下村脩博士（1928～）が単離したオワンクラゲ由来のGFP（green fluorescent protein）を発現するトランスジェニックマウスは，全身の組織が緑色の蛍光を発する．こうしたマウスに由来

する幹細胞を他のマウスに移植すると，その幹細胞の増殖や分化の過程をずっと追跡することができる．

"ヒト化"感染モデルマウス

ヒトのウイルスはマウスに感染しないものも多く，実験動物として簡便に利用できるマウスを用いた感染実験系が望まれている．小児麻痺の原因となるポリオウイルスは，ヒトと同じ霊長類であるサルには感染するが，マウスには感染しない．そのため，ポリオウイルスの病原性の研究や，ワクチンとして使用する弱毒性ポリオウイルスの品質検定などは，すべてサルを用いる必要があった．そこで，ヒト細胞のポリオウイルス受容体をマウスで発現させ，ヒトウイルスの感染を可能としたマウスが作製され，有用な動物実験モデルとなった（図4）[3]．

3 可逆的な遺伝子発現を可能とするマウス

導入した遺伝子の発現を可逆的に制御できれば，さまざまな研究に応用できる．同一個体で，遺伝子発現を誘導した状態と誘導しない状態とを比較することが可能となるからである．また特定の時期だけ遺伝子発現を誘導して，その効果をみることも可能となる．

遺伝子の発現誘導は，簡便な方法でできる

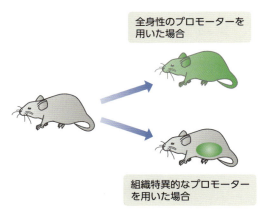

図3 プロモーターによるトランスジェニックマウスの遺伝子発現制御
導入する遺伝子発現系のプロモーターとして全身性のプロモーターと組織特異的なプロモーターとを使い分けることにより，遺伝子発現部位をコントロールすることができる（■：遺伝子発現部位）．

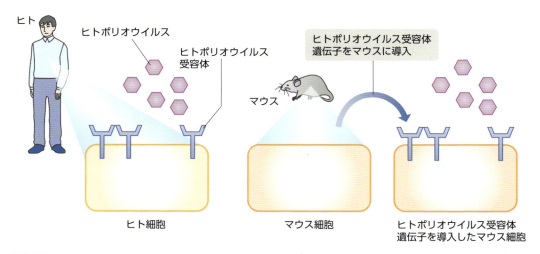

図4 ヒトポリオウイルス受容体遺伝子をマウスに導入する
ヒトポリオウイルスは霊長類に感染するがマウスには感染せず，マウスを実験動物として用いることができない．マウスにヒトポリオウイルス受容体遺伝子を導入すると，ウイルス感受性となり，さまざまな実験ができるようになる．

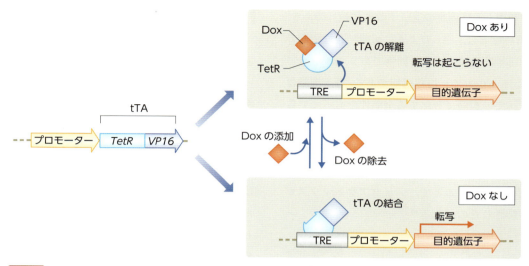

図5　テトラサイクリンによる遺伝子発現制御

tTAは，テトラサイクリンの誘導体であるドキシサイクリン（Dox ◆）が存在しない時には，プロモーター中のTRE（tetracycline response element）に結合し，転写活性化を行う．ドキシサイクリン存在下では，tTAはTREから解離し，転写は起こらない．マウスの給水中にドキシサイクリンを添加するかしないかで，遺伝子発現を変えることができる．

ことが望ましく，金属の解毒に働くメタロチオネイン遺伝子のプロモーターに外来遺伝子をつなぎ，給水中に亜鉛などの金属を添加して遺伝子発現を誘導する系がある．また，抗生物質テトラサイクリンの誘導体であるドキシサイクリンで遺伝子発現を制御するシステムも実用化されている．

図5に，その原理を示す．tTAは，大腸菌テトラサイクリン耐性オペロンのリプレッサー（TetR）のDNA結合領域とヘルペスウイルス由来の転写活性化因子VP16を融合させたタンパク質である．tTAは，テトラサイクリン応答性配列（TRE：tetracycline response element）をもつプロモーターに結合し，その転写活性を促進する．マウスに，tTA発現ユニットとTREプロモーターによって制御される発現ユニットをともに導入する．このマウスの給水中にドキシサイクリン（Dox）を添加すると，ドキシサイクリンが細胞膜を透過し，tTAと結合することによってtTAをTREをもつプロモーターから外す．その結果，転写は抑制される．給水中のドキシサイクリンを除去すれば，再び転写活性化が起きる．

このように，個体内で導入した遺伝子の可逆的な発現が可能となっている．tTA発現ユニットのプロモーターを全身性のものあるいは組織特異的なもの，と使い分けることも可能である．tTAとは逆に，ドキシサイクリン存在下でのみプロモーターに結合できるrtTAも開発されており，逆の制御も可能である．

4　ノックアウトマウス

ES細胞（embryonic stem cell：胚性幹細胞）

2007年度のノーベル医学生理学賞は，「ES細胞を用いた遺伝子改変マウスの作製技術」に対して授与された．鍵となった技術は，マウスES細胞の樹立[4]と，遺伝子相同組換え

を利用した体細胞の遺伝子改変技術[5]である．ES細胞とは，図6のように初期胚胚盤胞期の内部細胞塊に由来する細胞であり，*in vitro*で（シャーレ上で）培養可能である．ES細胞はすべての組織に分化する全能性をもっているので，ES細胞を用いてマウス個体を作製することが可能である．さらに，ES細胞内で標的遺伝子を相同組換えによって破壊し，このES細胞を用いることで，ノックアウトマウスが作製されたのである[6]．

ES細胞の遺伝子破壊と選別

ES細胞で，遺伝子を破壊するためには，図7に示したようなターゲティングベクターが用いられる．稀なイベントである相同組換えを起こした細胞を選別するため，正負二重の選択を行なう．破壊したい遺伝子のエキソンの大部分あるいは，5′側のエキソンを置換するように設計するため，ターゲティングベクターは，5′および3′側の遺伝子相同領域に挟まれた薬剤耐性遺伝子[※2]と，3′側相同領域に連結した細胞に対して毒性を与える遺伝子から構成される．毒性を与える遺伝子としては，ヘルペスウイルス由来のチミジンキナーゼ（*tk*）遺伝子やジフテリア毒素Aフラグメント（DT-A）などの遺伝子が用いられる．相同組換えを起こした細胞は，薬剤耐性となり薬剤を添加した培地の中で増殖することが可能となる．これが正の選択である．相同組換え以外の機構で染色体のランダムな位置にベクターが挿入された場合には，*tk*遺伝子や*DT-A*遺伝子も同時に導入されるため，そのような細胞は排除される．これが負の選択である．

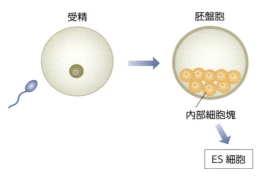

図6 ES細胞 （embryonic stem cell）
ES細胞（胚性幹細胞）は，初期胚の内部細胞塊に由来する細胞であり，すべての組織に分化できる能力をもっている．ES細胞はシャーレで培養可能であるため，培養中に遺伝子を改変したES細胞を用いてマウスを作製することができる．

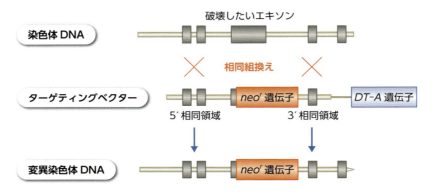

図7 相同組換えによる遺伝子の破壊
遺伝子組換えを起こすターゲティングベクターは，破壊したいエキソンの両側に相同な配列をもち，その中に薬剤耐性遺伝子をもっている．さらに3′下流域に，*DT-A*遺伝子などの負の選択のための遺伝子をもつ．真核細胞における相同組換えの頻度は低いので正負二重の選択法を用いて，相同組換えを起こした細胞を選択する．

※2　ネオマイシン耐性（*neo*^{r}）遺伝子，ハイグロマイシン耐性遺伝子，ピューロマイシン耐性遺伝子など．

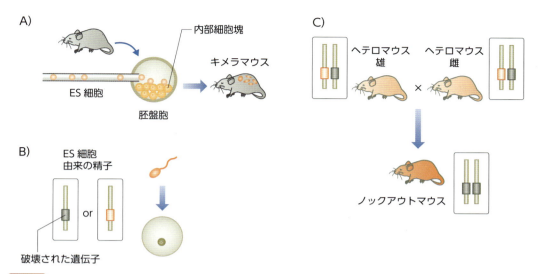

図8 ノックアウトマウス作製法
相同組換えによって遺伝子を破壊したES細胞を用いてキメラマウスを作製し（A），生まれたヘテロマウス同士を交配して，遺伝子が2つとも破壊されたノックアウトマウスを得る（B, C）．

　*tk*遺伝子を組込まれた細胞内では，チミジンキナーゼの作用によって抗ヘルペス薬であるアシクロビルはリン酸化され，さらに細胞内の代謝系によってアシクロビル-三リン酸へと変わる（10章7参照）．アシクロビル-三リン酸は強力なDNA複製阻害によって細胞毒性を発揮するので，アシクロビルを添加した培地中で排除される．*tk*遺伝子をもたない細胞ではアシクロビルはほとんど代謝されないので無毒である．*DT-A*遺伝子は，ジフテリア毒素Aフラグメントをコードし，その産物は，タンパク質合成系因子EF-2をADPリボシル化して不活性化する．細胞選択には特に薬剤を必要としないが，非相同組換えによって*DT-A*遺伝子をも取り込んだ細胞は，タンパク質合成ができずに死滅する．

　薬剤耐性遺伝子の発現には，その5′側にES細胞で発現可能なプロモーターを連結する場合と，標的遺伝子自体のプロモーターを利用する場合の2通りがある．標的遺伝子自体のプロモーターを利用する場合には，薬剤耐性遺伝子に加えてGFPやβ-ガラクトシダーゼのようなマーカーとなる遺伝子を組込めば，遺伝子破壊を行なうのと同時にその遺伝子の発現を発生期からモニターすることも可能である．

ノックアウトマウス作製法

　ゲノム中の2つの遺伝子をともに破壊したノックアウトマウスを得るには，図8に示した手順を踏む．まず組換えを起こしたES細胞を，発生中の胚盤胞に注入する（図8A）．ES細胞は全能性をもっているので，胚盤胞の内部細胞塊と混じり合い，生まれたマウスは，内部細胞塊由来の細胞と注入されたES細胞のどちらももつキメラマウスとなる．キメラ率の高いマウスでは，ES細胞は精巣にも入り込み，精子の一部はES細胞由来となる．ES細胞由来の精子は，ノックアウトすべき遺伝子が機能を失ったものと正常のものが1：1の

割合で存在する（図8B）．遺伝子が破壊された精子が受精してできたマウスでは，遺伝子の一方が破壊されている（図8C）．このマウスをヘテロマウスとよぶ．ヘテロマウスの雄と雌を交配することによって，次世代では両方のアレルともに破壊されたノックアウトマウスを1/4の割合で得ることができる．

順向遺伝学と逆向遺伝学

この方法で，現在までに多くの遺伝子についてノックアウトマウスが作製され，遺伝子破壊の効果が調べられている．この方法によれば，機能が明らかではない遺伝子についてもその機能を探る手がかりが得られる．従来の遺伝学は，まず変異体の形質が調べられ，その原因となる遺伝子変異を同定する手法がとられていた（図9A）．しかし，ノックアウトマウスの手法では，遺伝子変異を先に生じさせ，その形質を調べることが行なわれるので，従来の研究方法とは形質と遺伝子変異の関係が逆になっている（図9B）．そこで，従来の遺伝学を順向遺伝学（forward genetics），人工的に遺伝子変異を作製し，その効果を調べる手法を逆向遺伝学（reverse genetics）とよぶこともある．

5 コンディショナルノックアウトマウス

通常のノックアウトマウス作製では，すべての組織で遺伝子が破壊されているため，発生期に必要な遺伝子を破壊した場合には仔が誕生せず，したがって成体における遺伝子機能を調べることは不可能である．この問題を克服するため，特定の組織においてのみ，あるいは発生期を過ぎた後で遺伝子を破壊する

A）従来の遺伝学

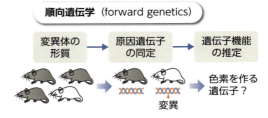

B）ノックアウトマウス（動物）を用いた遺伝学

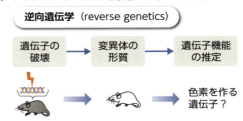

図9 順向遺伝学と逆向遺伝学
従来の遺伝学は，まず変異体の形質が調べられ，その原因となる遺伝子変異を同定する手法がとられていた．しかし，ノックアウトマウスの手法では，遺伝子変異を先に生じさせ，その形質を調べることが行なわれる．

方法が考案された．こうしたマウスをコンディショナルノックアウトマウスとよぶ．このマウスの作製方法を図10に示す．

Cre-loxP系

Cre組換え酵素は，バクテリオファージP1由来の組換え酵素であり，2つの*loxP*サイトに挟まれたDNA配列を切り出す活性がある（10章6参照）．まず，破壊したい遺伝子領域の両側に*loxP*配列を付加した配列を相同組換えで内在性の遺伝子と置換する．このマウスは，Creをもっていないので2つの*loxP*配列間で組換えが起こることはない．また，遺伝子発現には*loxP*は影響しないので，正常にmRNAが合成される．次にこのマウスを，特定の組織だけでCreが発現するように，組織特異的なプロモーターに*Cre*遺伝子を連結したトランスジェニックマウスと交配する．こ

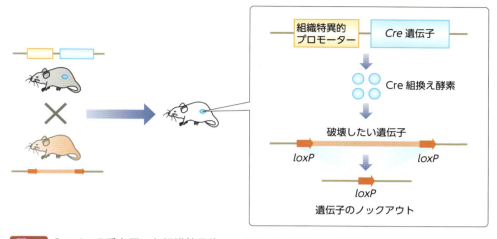

図10 *Cre-loxP*系を用いた組織特異的ノックアウトマウスの作製法

コンディショナルノックアウトの仕組み．組織特異的にCre組換え酵素を発現するマウスと，破壊したい遺伝子を*loxP*で挟んだマウスを交配すると，Creを発現する組織のみで，遺伝子が破壊される．

うしてつくられたマウスがコンディショナルノックアウトマウスである．つまり，掛け合わせたマウスは，組織特異的なCre発現を示すので，Creが発現している組織では組換えが起こり，*loxP*配列間の領域が切り出されるが，他の組織では組換えが生じない（図10）．その結果，発生期でCreの発現が起きない限りは，無事に仔が生まれてくるようになった．

その他のコンディショナルノックアウト

しかし，コンディショナルノックアウトマウスを用いてさえも一部の遺伝子は胎生致死となることがわかった．そこで，Creとエストロゲン受容体のエストロゲン結合領域とを融合させたタンパク質を発現するマウスも用いられるようになった．この融合タンパク質は，エストロゲンのアンタゴニストであるタモキシフェンを投与することによって，初めて活性を発揮するので，時期を限ってCreの活性化を誘導することができる．また，**本章3**

のドキシサイクリン誘導系との組合せによってCre活性を制御することも有効である．

6 ヒト疾患モデルマウス

ヒトの遺伝病には，常染色体上の一方のアレルの変異によって発症する優性遺伝病と，2つのアレルがともに損なわれたときに発症する劣性遺伝病とがある．また，伴性遺伝病では，X染色体上の遺伝子の変異によってその機能が失われている（**4章**参照）．

若年性発症のアルツハイマー病は，アミロイド前駆体タンパク質のプロセシングに関与する部位の変異やプロセシング酵素を構成するプレセニリンの変異によって生じる，優性の遺伝病である．これらの変異は1アミノ酸の置換をもたらすものである．変異タンパク質の個体内における機能を調べるには，変異した遺伝子を発現するトランスジェニックマウスを作製すればよい．しかし，トランスジェ

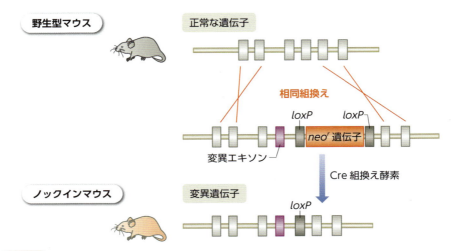

図11 ノックインマウスの作製法
ノックアウトマウスと同様にES細胞における相同組換えを用いるが，ノックアウトマウスの作製では薬剤耐性遺伝子はエキソン内部に挿入されるのに対し，ノックインマウスではイントロンに挿入される．ノックインマウスの紫色のエキソンは，疾患に特異的な変異をもっている．ノックインマウスをCre発現マウスと交配すると，変異エキソンとloxP以外は，全く同じ遺伝子構造をもつマウスを作製することができる．

ニックマウスでは，外来性のプロモーターを用いるため，遺伝子発現量や組織特異性が，疾患の状態とは異なっている．より疾患の状態を忠実に再現するためには，遺伝子発現の組織特異性を本来の遺伝子と同じにすることが望ましい．このため，正常な遺伝子を変異遺伝子で置換するノックインマウスが作製されている（図11）．

ノックインマウスを作製するには，ノックアウトマウス作製と同様に，変異エキソンをもつターゲティングベクターをES細胞に導入して，組換えES細胞を得る．この際に，薬剤耐性遺伝子（図ではneo^r）はイントロン内に挿入し，その両端にloxP配列を配置しておく．組換えES細胞を用いてマウスを作製し，さらにCre組換え酵素を発現するマウスと掛け合わせることで，薬剤耐性遺伝子が除去され，変異エキソンとloxP以外は，全く同一な遺伝子構造をもつノックインマウスが作製できる．ES細胞の段階でCreを発現するベクターやウイルスを感染させることによっても，同じ染色体構造をもつマウスを作製することができるが，操作ステップが増えるため，マウスの作製効率は低下する．

劣性や伴性の遺伝病のモデルマウスは，遺伝子を破壊したノックアウトマウスが疾患モデルマウスとなる．このように，ノックアウトマウスやノックインマウスは，ヒト疾患のモデルマウスとして疾患の原因解明や治療法の開発に役立っている．

7 CRISPR-Cas9システムを用いた遺伝子改変技術

2012年に，ゲノムを自由に改変することを可能とする画期的な新技術CRISPR-Cas9システムが発表された[7]．この系は，プラスミドやファージなどの外来性DNAに対する細菌の防御システムを利用したものである．

細菌は，ファージやプラスミドなど侵入し

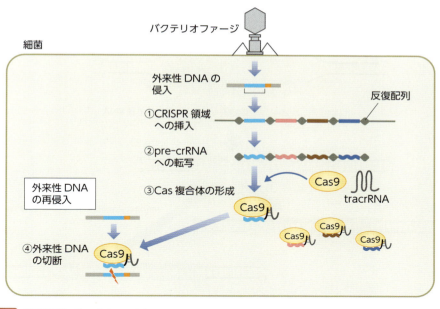

図12 CRISPR-Cas9 システム

細菌は，ファージやプラスミドなど侵入してきた外来性DNA配列の一部を切り出し，自身のゲノムのCRISPR (clustered regularly interspaced short palindromic repeats) 領域に挿入する（①）．挿入した配列からはRNAが転写され（②），切断された後にtracrRNAおよびCas9と複合体を作る（③）．この複合体は，再侵入してきた外来性DNAとRNA-DNAハイブリッド分子を形成し，DNA鎖はCas9ヌクレアーゼによって切断される（④）．

てきた外来性DNA配列の一部（25～40 bp）を切り出し，自身のゲノムのCRISPR (clustered regularly interspaced short palindromic repeats) 領域に挿入する（図12①）．挿入した配列からはRNA（pre-crRNA）が転写され（図12②），切断された後にtracrRNAおよびCas9と複合体を作る（図12③）．この複合体は，再侵入してきた外来性DNAとRNA-DNAハイブリッド分子を形成し，DNA鎖はCas9ヌクレアーゼによって切断される（図12④）．つまり，一度侵入を許した外来性DNAが再度侵入してきた際には，切断して防御するシステムであり，脊椎動物の獲得免疫系に似ている．細菌のもう1つの防御系は制限酵素であり，外来性DNAを切断するが，こちらは初回の侵入から機能する点で，自然免疫系に似ている．

DNAの配列特異的な切断が細菌のゲノムに限られたものであれば，多くの研究者の興味を惹くものではないが，RNA配列を自由に設計することにより，CRISPR-Cas9は細菌にとどまらず，原理的にすべての生物のゲノムを改変できることが示されたのである．

具体的には，Cas9が認識するPAM (protospacer adjacent motif：図13ではNGGの3塩基) 配列の上流20塩基と同じ配列をもち，その3′側にRNA二本鎖構造（tracrRNAとの結合を模倣したものでCas9の結合に必要）を付加したガイドRNAとCas9を細胞の中で発現させる．Cas9はガイドRNAに結合し，さらに標的DNAとDNA-RNAハイブリッド分子を形成して，DNA鎖がCas9により切断される．ガイドRNA配列は自由にデザインできるので，ゲノムの任意の位置を切断すること

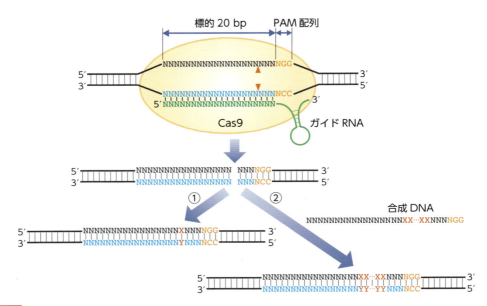

図13 CRISPR-Cas9システムを用いたゲノム改変

Cas9が認識するPAM配列の上流20塩基と同じ配列をもち，その3'側にRNA二本鎖構造を付加したガイドRNAとCas9を細胞の中で発現させる．Cas9はガイドRNAに結合し，ガイドRNAは標的DNAとDNA-RNA鎖を形成し，PAM配列から3塩基離れた部位（赤の矢頭）でDNA鎖が切断される．ガイドRNA配列は自由にデザインできるので，ゲノムの任意の位置をCas9によって切断することができる．切断されたDNA鎖は，修復機構によって連結されるが，この際に塩基の挿入／欠失が高頻度で生じる（①）．また，切断部位の両端の配列の間に数十塩基の配列を挿入した合成一本鎖DNAを用いると，相同組換えにより任意の配列をゲノムに導入することができる（②）．より長い配列を挿入するには，二本鎖DNAを用いる．

ができる．

切断されたDNA鎖は，修復機構によって連結されるが，この際に塩基の挿入／欠失が高頻度で生じ（図13①），効率よく遺伝子を破壊することが可能である．また，切断部位の両端の配列の間に数十塩基の配列を挿入した合成一本鎖DNAを用いると，相同組換えにより任意の配列をゲノムに導入することもできる（図13②）．GFPのcDNAのような，より長い配列を挿入するには，二本鎖DNAを用いる．

従来，ノックアウト動物の作製にはES細胞が必須であったが，動物種によっては，ES細胞の作製が困難なものもあった．実験動物として汎用されているラットでさえ，2008年になってようやくES細胞が作製された．しかし，CRISPR-Cas9システムを受精卵に導入すれば，高頻度で2つのアレルがともに変異したノックアウト動物を作製することが可能となった．すなわち，ES細胞の作製なしに，ノックアウト動物の作製が可能となったわけである．また，ES細胞を用いたノックアウト動物の作製では，まず一方のアレルに変異を導入し，さらに交配によってもう一方のアレルが変異した動物を作製していた．したがって，最低数カ月から1年の時間を要したが，CRISPR-Cas9システムを用いると，1カ月程度のごく短期間のうちに，ノックアウト動物の作製が可能となった．また，ES細胞における相同組換えの効率は極めて低く，たかだか0.1％程度であったが，CRISPR-Cas9システムでは数十％にも達するので，組換え体を容

易に得られるようになった．したがって，複数の遺伝子を同時にノックアウトすることもできる．また，特定の配列を置換することにより，遺伝性疾患の変異遺伝子を修復して正常な遺伝子に戻すことも可能であり，細胞レベルでは論文が多数報告されている．今後，こうしたゲノム編集とよばれる技術を活かした研究が飛躍的に発展することが期待される．また，DNA切断活性を失わせた変異型Cas9を用いて，さまざまな研究が展開されている（8章7, 8参照）．

8 マウスへのヒト染色体の導入

近年，がんの細胞表面抗原を標的とした抗体医薬品開発が盛んに行なわれている．マウスはモノクローナル抗体の作製が容易であるが，作製したマウス抗体を医薬品としてヒトに投与すると異物として認識されてしまうので，繰り返し投与することはできない．

また，マウスにヒトの抗体を作らせようとしても，抗体遺伝子領域の長さは1 Mb以上の巨大な領域であるので，通常のプラスミドを用いた遺伝子導入は不可能である．そこで，ヒトの抗体遺伝子領域を含むヒト染色体の一部をマウスES細胞に導入し，そのES細胞を用いてマウスが作製された[8]．こうして作製されたヒト抗体重鎖遺伝子を含む14番染色体断片を保持するマウス，ヒト抗体軽鎖遺伝子を含む2番染色体断片を保持するマウス，内在性マウス抗体重鎖遺伝子ノックアウトマウス，内在性マウス抗体軽鎖遺伝子ノックアウトマウスを順次交配することで，マウスの抗体を全く作らないヒト抗体産生マウスが作製された．このヒト抗体産生マウスに抗原を免疫すると，抗原特異的なヒトモノクローナル抗体を作製することができる．

完全なヒト抗体であるので，臨床応用が可能である．同様な目的で，人工染色体ベクターを用いて巨大なゲノム領域を導入する試みもなされており，この技術でヒト抗体遺伝子領域を導入したウシも作製されている[9]．

9 マウス以外の動植物への遺伝子導入

マウス以外にも，さまざまな動物でヒトの遺伝子を導入することがなされている．ヤギなどの大型動物で，乳腺細胞のβ-カゼイン遺伝子プロモーターの下流に発現させたいヒト遺伝子を連結し，乳汁中にヒトタンパク質を分泌させる技術が実用化されている．カゼインはミルクの主要な成分であるので，目的ヒトタンパク質も大量に合成されて精製も容易となる．また，大腸菌で遺伝子組換えによって産生したタンパク質には糖鎖が付加されないが，ヒトに近縁の哺乳動物やその培養細胞で産生すれば，ヒトに近い糖鎖が付加されることが期待される．この技術を活かし，多くの遺伝子組換え医薬品も生産されている（表1）．その例として，9章6で学んだ抗体医薬品や，インスリン，成長ホルモン，酵素，血液凝固因子，サイトカインなどがあげられる．また，遺伝子組換え技術で作製されるウイルスワクチンには，ワクチンに由来するウイルス感染の危険性がない．医薬品以外にも食品の製造に使用される酵素や，洗剤に用いられる酵素も遺伝子組換え技術を用いて作られている．

トランスジェニック植物の代表例は，農作物に除草剤耐性遺伝子や害虫抵抗性遺伝子を

表1　主な遺伝子組換え医薬品・製品

分類	成分	対象となる主な疾患
抗体	増殖因子受容体抗体，表面抗原に対する抗体，血管内皮細胞増殖因子受容体抗体など	がん，自己免疫疾患
ホルモン	インスリン	糖尿病
	成長ホルモン	低身長症
	ナトリウム利尿ペプチド	急性心不全
	グルカゴン	低血糖
酵素	TPA（組織プラスミノーゲン活性化因子）	心筋梗塞，脳梗塞
	グルコセレブロシダーゼ	ゴーシェ病
	α-グルコシダーゼ	糖原病2型
サイトカイン	エリスロポエチン	腎性貧血
	インターフェロン	ウイルス性肝炎，腎臓がん
	IL-2（インターロイキン-2）	腎臓がん
	G-CSF（顆粒球コロニー刺激因子）	好中球減少症
血液凝固因子	第Ⅶ因子，第Ⅷ因子，第Ⅸ因子	血友病
ワクチン	A型，B型肝炎ウイルスワクチン	ウイルス感染予防
	ヒトパピローマウイルスワクチン	ウイルス感染予防
食品	α-アミラーゼ	デンプン分解
	キモシン	チーズ製造
洗剤	リパーゼ，プロテアーゼ	汚れの分解

遺伝子組換え技術により，さまざまな医薬品や生物製剤が作られている．ホルモン，酵素，サイトカイン，血液凝固因子などは，疾患治療の上で不足している内在性因子を補うものであり，抗体，ワクチンなどは生体にないタンパク質により，治療効果や感染予防を狙うものである．詳細は本文を参照．

組込んだものである．現在では世界で生産されているダイズのほとんどは，遺伝子組換えダイズが占めている．その他，トウモロコシ，ジャガイモ，トマト，ナタネ，綿などがある．これらの作物以外にも，ビタミンAを増加させた「ゴールデンライス」，ウイルスワクチンとしてウイルスタンパク質を発現するコメ，などが作出されている．ワクチンを組込んだ食物は，消化されて腸管粘膜の免疫系細胞を刺激することによってその効果を発揮する．こうした食物ワクチンは，その保存に冷蔵庫を必要とせず，また注射器も不要であることから，特に発展途上国における公衆衛生に貢献することが期待されている．

カーネーションやバラにはさまざまな色があるが，紫や青い色の品種はなかった．青い色素（デルフィニジン）を合成するために必要なフラボノイド3′, 5′-水酸化酵素の遺伝子が欠損しているためである．そこで，さまざまな植物からフラボノイド3′, 5′-水酸化酵素遺伝子が取得され導入された．カーネーションにはペチュニアの，バラにはパンジーの遺伝子がうまく発現することがわかり，青色の花を咲かせる品種として商品化されている（図14）[10]．

図14 トランスジェニック植物（青いバラ）
サントリーの作った青いバラ「APPLAUSE™」．青い色素を合成するパンジーの遺伝子を組込んでいる（写真提供：サントリーフラワーズ株式会社）．

10 クローン動物

1997年に，成獣のヒツジの体細胞の核を受精卵の核と置き換えて作出されたクローンヒツジ，ドリーは，研究者だけでなく一般の人々にも大きな衝撃を与えた[11]．同じ遺伝情報をもつクローン動物の作製技術は，優秀な個体を増やすことが可能なことから，畜産の上で重要であろう．また，絶滅危惧種の保護にも応用できるだろう．体細胞核移植によるクローン動物作製は，死後動物からの体細胞でも可能となってきているので，将来の夢としてマンモスの復活などが実現するかもしれない．

体細胞の核を用いたクローン動物作製は，1966年に発表されたアフリカツメガエルの実験に遡ることができる[12]．オタマジャクシの腸上皮細胞の核を卵子に移植することで，成体のクローンカエルが作製できたのである．

この成果は，体細胞のゲノムは個体発生に必要な遺伝情報のすべてを保持していることを示した点で，大変重要な意義をもっている．哺乳動物では，1996年に，ヒツジ胎仔に由来する上皮細胞様の細胞の核を移植することで最初のクローンの作製が報告された[13]．ドリーの誕生はこの翌年にあたる．その後，哺乳動物クローンの作製は，マウス，ウシ，ヤギ，ブタ，ウマ，ラバなど多数の動物で報告されている．ラバはウマとロバの混血であるが，生殖で増やすことはできず，この方法でのみ個体を増やすことができる．なお競走馬については，自然交配で生まれたことが必須要件であるので，クローンウマが競馬場を疾走することは現在のところ不可能である．

核移植によるクローン動物作製の概略を図15に示す．核のドナー細胞は，成体組織の体細胞を培養したものを用い，受け手としてあらかじめ核を除去した卵子を用いる．ドナー細胞核の導入法は動物種によって異なるが，ドナー細胞と卵子を細胞融合させる方法，あるいは細胞膜に傷をつけたドナー細胞をマイクロピペットを用いて卵子に注入して電気刺激で融合させる方法などによって行なわれる．核を移植された卵子は，塩化ストロンチウム処理や電気刺激によって胚発生を開始させ，in vitro で胚盤胞期まで進行させた後に，代理母の子宮に移植する．

しかし，体細胞は分化した細胞であり，たとえ配偶子とゲノムが共通であってもDNAメチル化などのエピジェネティックな変化によって遺伝子発現パターンは大きく異なっている（8章参照）．核移植後の胚発生開始までのごく短期間に，こうしたエピジェネティックな変化が一度リセットされると考えられているが，その詳細なメカニズムの解明はこれ

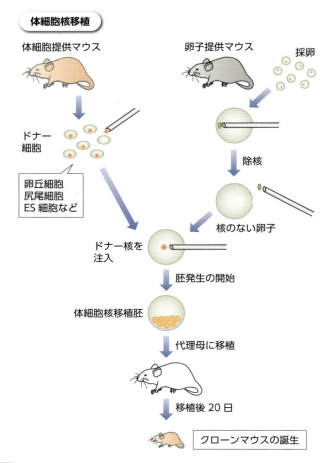

図15 クローンマウスの作製方法
成体組織の培養体細胞から単離した核を，あらかじめ核を除去した卵子に注入する．核を移植された卵子は，塩化ストロンチウム処理や電気刺激によって胚発生を開始させ，*in vitro* で胚盤胞期まで進行させた後に，代理母の子宮に移植する．

からの課題である．このリセットが完全ではないために，発生途中で停止する胚や，出産後すぐに死亡するクローン，成獣となっても免疫系に異常があったり，肥満となったりするクローンが報告されている．こうした性質は次世代には伝わらないことから，ゲノム変化によるものではなくあくまでもエピジェネティックなものと考えられている．iPS細胞が作製される過程においても，同様なエピジェネティックな変化が想定されている．

体細胞核移植胚からES細胞を樹立することも可能である（図16）．このES細胞は，ntES細胞とよばれ〔ntはnuclear transfer（核移植）を表す〕，通常のES細胞とは区別される．ntES細胞は，iPS細胞とは異なり，遺伝子導入をすることなく作製できる利点がある．

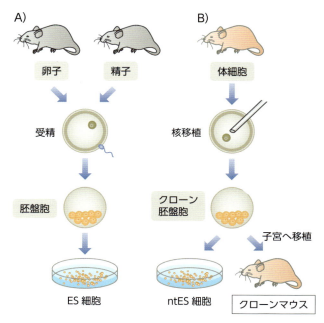

図16 核移植による体細胞からのES細胞の作製

A）通常のES細胞の作製法．B）体細胞から採取した核を卵子に移植し，発生を開始させる．発生途中の胚盤胞を代理母の子宮に移植すればクローン動物が作製できるが，胚盤胞の内部細胞塊からES細胞を単離することもできる．

■ 文献

1) Gordon, J. W. et al.：Genetic transformation of mouse embryos by microinjection of purified DNA. Proc. Natl. Acad. Sci. USA, 77：7380-7384, 1980
2) Palmiter, R. D. et al.：Dramatic growth of mice that develop from eggs microinjected with metallothionein-growth hormone fusion genes. Nature, 300：611-615, 1982
3) Koike, S. et al.：Transgenic mice susceptible to poliovirus. Proc. Natl. Acad. Sci. USA, 88：951-955, 1991
4) Evans, M. J. & Kaufman, M. H.：Establishment in culture of pluripotential cells from mouse embryos. Nature, 292：154-156, 1981
5) Smithies, O. et al.：Insertion of DNA sequences into the human chromosomal beta-globin locus by homologous recombination. Nature, 317：230-234, 1985
6) Mansour, S. L. et al.：Disruption of the proto-oncogene int-2 in mouse embryo-derived stem cells：a general strategy for targeting mutations to non-selectable genes. Nature, 336：348-352, 1988
7) Jinek, M. et al.：A programmable dual-RNA-guided DNA endonuclease in adaptive bacterial immunity. Science, 337：816-821, 2012
8) Tomizuka, K. et al.：Double trans-chromosomic mice：Maintenance of two individual human chromosome fragments containing Ig heavy and κ loci and expression of fully human antibodies. Proc. Natl. Acad. Sci. USA, 97：722-727, 2000
9) Kuroiwa, Y. et al.：Cloned transchromosomic calves producing human immunoglobulin. Nat. Biotechnol., 20：889-894, 2002
10) Tanaka, Y. et al.：Flower color modification by engineering of the flavonoid biosynthetic pathway：practical perspectives. Biosci. Biotechnol. Biochem., 74：1760-1769, 2010
11) Wilmut, I. et al.：Viable offspring derived from fetal and adult mammalian cells. Nature, 385：810-813, 1997
12) Gurdon, J. B. & Uehlinger, V.："Fertile" intestine nuclei. Nature, 210：1240-1241, 1966
13) Campbell, K. H. et al.：Sheep cloned by nuclear transfer from a cultured cell line. Nature, 380：64-66, 1996

■ 参考文献

14) 元木一宏，片岡之郎：ヒト染色体導入マウスを用いたヒト抗体作製とその臨床応用．医学のあゆみ，211：733-736, 2004
15) 山村研一：マウスリソースとノーベル賞．BioResource now!, Vol.4 No.1, 2008
16) 畑田出穂：概論 医学・生物学の研究スタイルがかわる！CRISPR/Casゲノム編集技術の革新性とその歴史的意義．実験医学，32：1690-1696, 2014
17) 田中良和：花の色のバイオテクノロジー—最近の進歩．蛋白質核酸酵素，53：1166-1172, 2008

Column　2つの卵子から雌が誕生！

　X染色体をもつ精子が卵子と受精すると正常に雌が発生するのに対し，2つの卵子ゲノムをもつ人工的な卵子を発生させた場合には，発生は途中で停止してしまう．この結果は，精子と卵子の中のゲノムが質的に異なることを示す．近年の研究から，この質的な差はゲノムインプリンティング（8章参照）という現象で説明できることが明らかにされた．

　2万個を超えるマウス常染色体上の遺伝子のほとんどは，精子と卵子由来の遺伝子の両方が発現している．ところが，一部（マウスでは80個程度）の遺伝子は，どちらか一方に由来する遺伝子のみが発現する．この現象をゲノムインプリンティングとよび，こうした制御を受ける遺伝子は，インプリンティング遺伝子とよばれる．そのメカニズムとして，ゲノム上の特定の領域がメチル化を受け，その近傍の遺伝子発現が制御されることが明らかにされている．メチル化は，精子および卵子の成熟過程に起こり，受精後に細胞が増殖してゲノムが複製されても，そのメチル化パターンは維持される．

　雌ゲノムのみからなる二母性胚では染色体数は正常であるが，80個近くの卵子由来のインプリンティング遺伝子は発現が過剰となる一方で，数個とされている父親由来のものは全く発現しないので，個体発生が進まないと考えられている．東京農業大学の河野友宏博士らの研究グループは，ゲノムインプリンティングが充分に起こっていない新生仔雌の卵子を採取し，さらにゲノムのメチル化に修正を加えて精子の代用とした．この卵子の核を成熟雌から採取した卵子内に導入することによって，受精時の精子と卵子の核の状態を再構築しようと試みた（図）．この再構築卵子を代理母マウスの子宮に移植したところ，371胚から2匹の新生仔が誕生したのである．著者らはこのマウスを「KAGUYA」と名付けている（Kono, T. et al.：Nature, 428：860-864, 2004）．同グループは，さらにインプリンティング遺伝子のメチル化領域の制御を行なうことで，正常な個体の出産率を著しく高めることにも成功している．

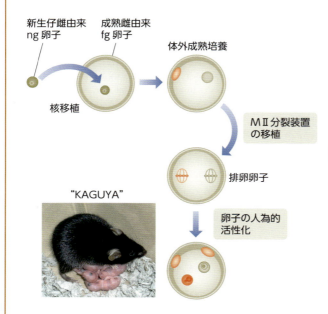

図　二母性マウスKAGUYA

卵子特有のDNAメチル化が起きていない新生仔雌由来の卵子（ng卵子）の核を成熟雌由来の卵子（fg卵子）に移植し，培養後人為的な活性化によって卵成熟を行なわせた．形成されたMⅡ分裂装置（ng卵子およびfg卵子由来の染色体を含む）を排卵卵子へ移植し，胚発生を開始させた．これを代理母マウスに移植し，2つの卵子に由来する二母性マウス（KAGUYA）が誕生した（写真提供：河野友宏博士）．

12章 ゲノム創薬と予防医学

ゲノム解読から得られた知見をもとに創薬をめざすアプローチが盛んに行なわれている．トランスクリプトームやプロテオームを，がんと正常組織で比較することによって，診断マーカーや分子標的薬も開発されている．疾患特異的に多くのmiRNAの増減が認められ，疾患発症の要因ともなっていることから，miRNAを対象とした核酸創薬も始められている．また，変異が生じた異常なエキソンをスキップする治療法も開発されている．本章の前半ではそれらの概略を解説し，後半では，ゲノム医学に基づく予防医学について，*MTHFR*遺伝子多型と葉酸摂取，糖尿病感受性遺伝子と生活習慣改善による予防について述べる．

1 ゲノム創薬とは

　ゲノム創薬とは，ゲノム医学から得られる知見を創薬に活かすことである．ヒトゲノムが解読されて，遺伝子の配列が明らかにされた結果，生命科学の多くの分野において飛躍的な発展がみられた．創薬の分野もその1つである．多くの疾患では，ヒトゲノム中の特定の遺伝子が変異し，疾患が発症すると考えられる．遺伝子の変異によってトランスクリプトーム（7章参照）が変化し，プロテオームも変わることから，細胞の性質が正常の状態から異なるものとなる（図1）．ゲノム医学は，ゲノム，トランスクリプトームおよびプロテオームをその対象としており，ゲノム医学を基盤とした創薬にもさまざまなアプローチがとられている．トランスクリプトームの変化によって，疾患特異的なmRNAが発現したり，逆に正常細胞でみられるmRNA発現が失われたりする．このような変化を補正する試みが始まっている．また，疾患特異的なmRNAがコードするタンパク質は，疾患の原因であればその治療標的となるし，また疾患の診断マーカーとして有用である．

　抗がん剤の開発を例にとり，考えてみよう．がんは遺伝子変異（6章参照）やエピジェネティックな変化（8章参照）が蓄積した結果生じるものである．このような変異の結果，がんのトランスクリプトームは正常組織と異なる．がんで発現が亢進している遺伝子を網羅的に同定することができ，そのような遺伝子の産物はがん治療における標的タンパク質として，また診断マーカーとして有用である．

2 がんの診断マーカー

　トランスクリプトームの比較により，肝臓がんマーカーとしてグリピカン-3（Glypican-3）

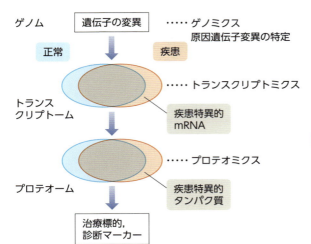

図1　ゲノム創薬の概念

遺伝子の変異がかかわる疾患について，原因遺伝子変異のゲノミクスによる特定，疾患特異的なmRNAやタンパク質の検出を通じて，疾患の原因にアプローチすることができる．疾患特異的なmRNAのパターンを補正することは疾患の治療につながる．また，疾患特異的なタンパク質は，治療標的や診断マーカーとなる．

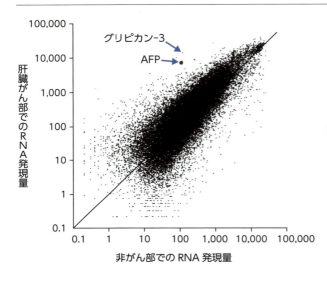

図2　肝臓がんにおけるグリピカン-3の高発現

肝臓がんおよび肝臓非がん部における遺伝子発現をcDNAマイクロアレイにより比較した．横軸および縦軸は，非がん部および肝臓がんでの発現量を示す．両試料で同じ発現量を示す遺伝子は，原点から伸びる角度45度の直線上にのる．肝臓がんで発現の高い遺伝子は，直線より上部に位置する．AFPは肝臓がん診断マーカーであるα-フェトプロテインを示す（資料提供：児玉龍彦博士）．

が同定されている．図2は，cDNAマイクロアレイ（7章参照）を用いて，肝臓がんと正常肝臓組織におけるmRNA発現の差を検定したものである．横軸は，正常組織におけるmRNA発現量を示し，縦軸は肝臓がんでのmRNA発現量を示す．ある遺伝子の発現が，がんと正常組織で同じ程度であれば，角度45度の直線上にプロットされる．肝臓がんで発現が亢進している遺伝子は，この直線から上方にずれた位置にプロットされる．矢印で示した点は，肝臓がんの診断マーカーとして広く用いられているα-フェトプロテイン（AFP：*α-fetoprotein*）遺伝子を示している．AFP以外にもう1つ，直線からはるか上方の位置にプロットされるものがみつかった．この遺伝子がグリピカン-3である．

その後の研究から，グリピカン-3は細胞膜上に存在するタンパク質であり，N末端領域がプロテアーゼにより切断されて，血清中にも存在することがわかった．このグリピカン-3タンパク質の断片は，正常対照群では，ほとんど認められないことから，肝臓がんの診断

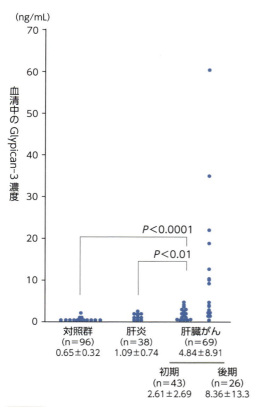

図3 肝臓がんマーカーとしてのグリピカン-3

肝臓がん患者（初期がんおよび後期がん）血清中のグリピカン-3濃度を，肝炎および対照群と比較した（文献1より引用）．

マーカーとして有用である（図3）[1]．一部の肝臓がんでは，AFPあるいはグリピカン-3の一方のみが陽性であり，両マーカーを併用すれば，発見率の向上が期待される．また，細胞膜上に残存するC末端側領域に対するモノクローナル抗体は，補体依存的に細胞傷害性を示すことから，肝臓がん治療における有用性が示唆される．現在は，第Ⅱ相の国際共同治験が実施されている．

3 がんの発症とmiRNA

7章で，1つのmiRNAが多種類のmRNA量の翻訳や分解を調節することをみてきた．この調節を介して，miRNAは発生プログラム，細胞の増殖や分化などにおいて重要な役割を果たしている．一方，miRNAによるトランスクリプトームやプロテオームの制御に破綻が生じると，さまざまな疾患の原因となることも示されている．最も研究が進められているがんの発症においても，多数のmiRNAの増減があり，そのパターンはがんが発症した臓器や遺伝子変異に固有のものであることが明らかとなった．こうしたmiRNAの増減を打ち消すような核酸創薬の試みも始められている．

がんの発症原因として，前がん遺伝子の変異による活性化とがん抑制遺伝子の変異による機能喪失が，主要な要因であることを**6章**で学んだ．これらの遺伝子変異以外にも，それぞれのがんに特徴的に染色体の一部の領域が欠失することが知られている．欠失した領域には，がんの発症を抑制する機能をもつ遺伝子が存在すると考えられ，実際にがん抑制遺伝子がこうした欠失領域に存在することも示されている．この領域をさらに詳しく調べてみると，がん抑制遺伝子以外に，多くのmiRNAをコードする領域が発見された．

白血病・リンパ腫とmiRNA

この分野の研究に先鞭をつけたのは，クローチェ博士（Carlo M. Croce, 1944～）の研究グループである[2~4]．彼らは，慢性リンパ球性白血病（CLL：chronic lymphocytic leukemia）の原因を探る過程で，患者に共通な染色体13q14領域の欠失をみつけた．この領域に存在しているタンパク質をコードする遺伝子の発現量は変化しておらず，白血病の原因とは考えられなかった．しかし，その領域

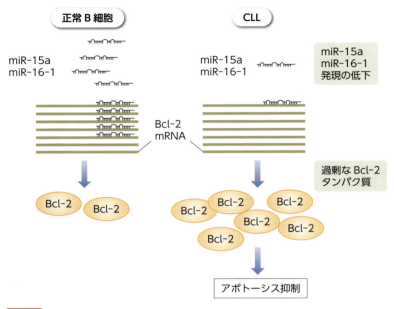

図4 miR-15aおよびmiR-16-1の発現低下によるアポトーシス抑制

CLLでは正常B細胞に比べて，miR-15aおよびmiR-16-1の発現量が低下している．その結果，Bcl-2タンパク質が過剰となり，アポトーシスを抑制する．

にはmiR-15aおよびmiR-16-1という2つのmiRNA遺伝子が存在していた．染色体欠失は，いずれも2つのmiRNA遺伝子を含むものであった．61例のCLL症例を調べたところ，その70％でmiR-15aとmiR-16-1の発現が低下していた．この結果は，CLLの発症にmiRNAの発現低下が関与していることを強く示唆した[2]．

この結果を受けて同グループは，さまざまながんにおいて染色体の欠失，増幅，転座が生じている領域を調べたところ，これらの領域の中には，調べた186種のmiRNAのうち半数以上の98種のmiRNA遺伝子が存在することを見出した．実際に，染色体欠失が生じた領域に存在している3つのmiRNAを調べたところ，その発現はいずれも低下していた[3]．

CLLと同じB細胞性腫瘍である濾胞性リンパ腫において，染色体転座により*bcl-2*遺伝子が免疫グロブリン重鎖遺伝子プロモーターと融合しており，その結果Bcl-2タンパク質が高い発現量を示している．Bcl-2は，アポトーシスによる細胞死を抑制する機能があることから，Bcl-2の高発現が濾胞性リンパ腫発症の一因と考えられている．CLLにおいても同様にBcl-2タンパク質の高発現が認められるが，*bcl-2*遺伝子領域の染色体転座は認められていない．そこで，miR-15aおよびmiR-16-1の標的mRNAを検索したところ，Bcl-2 mRNAがその標的の1つであり，翻訳過程を阻害することによってBcl-2タンパク質量を抑制していることが明らかとなった．CLLでは，miR-15aおよびmiR-16-1量が低下することから，その抑制から逸脱しBcl-2タンパク質が高発現すると考えられた（図4）．これらの結果は，miRNAの発現低下が発がんの一因であることを示唆している．

一方で，B細胞リンパ腫やCLLにおいては，miR-155の発現が亢進していることがわかった．そこで，B細胞内でmiR-155を過剰に発現するマウスを作製したところ，ヒトと類似のリンパ腫を発症した[5]．この結果は，miRNAが単独でがんの発症を促すことを示したものであり，大きなインパクトを与えた．miR-155の標的としてSHIP1（Src homology-2 domain-containing inositol 5-phosphatase 1）およびアポトーシス促進因子TP53INP1（tumor protein p53-induced nuclear protein 1）が同定されている．

miRNAの発現異常は多くのがんに認められる

肺がんや乳がんなど多くの固形がんでは，let-7ファミリーmiRNA（互いに類似した配列をもつ7つのmiRNA）の量の低下がみられ，その結果前がん遺伝子産物であるRasおよびMycの発現量が増加している．赤芽球症（赤血球の前駆細胞ががん化したもの）では，miR-221とmiR-222の発現量が低下する結果，チロシンキナーゼ受容体c-Kitが高発現している．乳がんでも同じmiR-221とmiR-222の発現が低下し，その標的であるエストロゲン受容体の発現が亢進し，乳がん細胞はエストロゲン依存性の増殖を示す．

がん抑制遺伝子の遺伝子変異や欠失による機能喪失も発がんの一因であるが（6章参照），miRNAの高発現によるがん抑制遺伝子の発現抑制が多くのがんで示されている．6種のmiRNAを発現するmiR-17-92クラスターは多くのヒト腫瘍で高発現しているが，この領域を過剰に発現するマウスはリンパ腫を発症する．その標的は，PTENとされている．赤芽球症や乳がんで発現が低下する

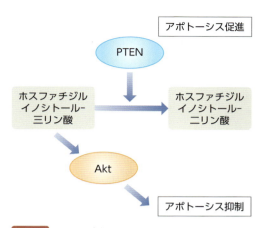

図5　*PTEN*遺伝子欠損によるアポトーシス抑制

ホスファチジルイノシトール-三リン酸は，Aktキナーゼ活性化を介してアポトーシスを抑制する．PTENはホスファチジルイノシトール-三リン酸を脱リン酸化する酵素であり，Akt不活性化を介してアポトーシスを促進する作用がある．多くのがんで*PTEN*遺伝子の欠損が知られている．

miR-221とmiR-222は，CLL，肝臓がん，甲状腺がんでは逆に発現が亢進している．これらの組織における標的は，同じくPTENである．PTENは，ホスファチジルイノシトール-三リン酸を脱リン酸化する．ホスファチジルイノシトール-三リン酸は，アポトーシスの抑制に必要なAktキナーゼの活性化に必要であり，PTENにはAktの不活性化を介してアポトーシスを促進する機能がある（図5）．*PTEN*遺伝子は，多くのがんで欠失しており，PTENの発現減少もがん化の要因となると考えられる．がんで増減が知られているmiRNAの一部とその標的mRNAを表1にまとめた[6]．

腫瘍とmiRNAの発現パターン

こうした研究を受けて，miRNAの数を増やし，さまざまながんでmiRNAの発現パターンが比較された．すると，それぞれのがんに固有のmiRNAの発現パターンが認められ，そのグループ分けは病理学的な所見とよく一致

表1 がんで増減のみられるmiRNAとその発がんへの関与

がんの種類	miRNA	発現量	標的mRNA	タンパク質の機能
CLL	miR-15a miR-16-1	低下	Bcl-2	前がん遺伝子産物 アポトーシスの抑制
肺がん 乳がん	let-7ファミリー	低下	Ras, Myc	前がん遺伝子産物 細胞増殖の促進
赤芽球症	miR-221 miR-222	低下	c-Kit	前がん遺伝子産物 チロシンキナーゼ受容体をコードし、細胞増殖を促進
乳がん	miR-221 miR-222	低下	エストロゲン受容体	エストロゲン受容体による乳がん細胞の増殖促進
B細胞リンパ腫 CLL	miR-155	高発現	SHIP1, TP53INP1	5'-イノシトールホスファターゼ、アポトーシス促進因子
多くの固形がん	miR-17-92クラスター	高発現	PTEN	ホスファチジルイノシトール-三リン酸ホスファターゼ（アポトーシス促進）
CLL 肝臓がん 甲状腺がん	miR-221 miR-222	高発現	PTEN	ホスファチジルイノシトール-三リン酸ホスファターゼ（アポトーシス促進）

さまざまながんで、miRNAの発現量の変化がみられる。そのうち、発がんの要因と考えられるものの一部について、その標的mRNA、タンパク質産物の機能をまとめた。

していた．さらに詳しく調べると、前がん遺伝子やがん抑制遺伝子の産物が関与するシグナル伝達系が特定のmiRNAの発現を制御すること、逆にmiRNAが前がん遺伝子の発現を調節することもわかってきており、細胞の増殖や細胞死は、これらの遺伝子がコードするmRNA、タンパク質、およびmiRNAをはじめとする種々のノンコーディング（non-coding）RNAが形成する複雑なネットワークによって制御されていることが示されている．

4 RNA技術に基づく創薬

がん以外にも、さまざまな疾患において特定のmRNAやmiRNAの増減が発症に関与することが明らかにされている．このような状況から、RNAを対象とした創薬研究が盛んに実施されている．疾患で発現が亢進しているmRNAに対しては、その発現を抑制するmiRNA、siRNA、あるいはmRNAと相補的な配列をもつ一本鎖オリゴヌクレオチド（アンチセンスオリゴヌクレオチド）を導入する戦略がとられている．

疾患で減少しているmiRNAはmiRNAの前駆体を導入することにより、また増加しているmiRNAは相補的な配列をもつオリゴヌクレオチドを導入することにより、異常なmiRNA発現を修正する．現段階では、miRNAを抑制する方が先行しており、臨床試験での成功例も報告されている．

ナンセンス変異が原因となっている疾患には、変異が生じたエキソンへのスプライシングを抑制するオリゴヌクレオチドを導入することにより変異エキソンをスキップさせ、疾患を治療する臨床試験が実施されている．ま

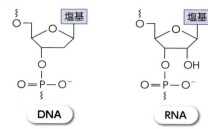

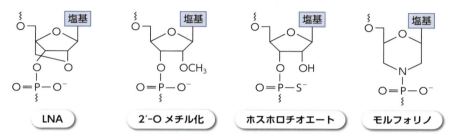

図6　miRNAを対象とした核酸創薬における核酸安定化のための化学修飾
miRNAの増減を補正するための合成オリゴヌクレオチドが創薬の対象となっている．生体内での安定化のため，さまざまな化学修飾法が考案されている．LNAは，locked nucleic acidの略称である．ホスホジエステル結合のリン酸基の酸素原子を硫黄原子で置換しホスホロチオエートとしたものや，RNAのリボースの代わりにモルフォリン環を骨格とするモルフォリノオリゴも用いられる．この他，オリゴヌクレオチドの5′端にポリエチレングリコールを結合させたり，脂質リポソームへの封入，コラーゲン他の材料と複合体を形成させるなどの工夫が考案されている．

た，抗体のように特定の物質に結合するRNAが開発されている．これらの核酸医薬品を生体内で安定に保つためのさまざまな工夫がなされており，また特定の組織に導入する技術の開発も進められている．

現在までに，2種のアンチセンスオリゴヌクレオチドおよびVEGF結合性RNAが，医薬品としてアメリカ食品医薬品局から認可されている．また，アメリカ国立衛生研究所が公開している臨床試験データベース（https://clinicaltrials.gov/ct2/home）には，siRNA（臨床試験数39），アンチセンスオリゴヌクレオチド（同136），miRNA（同296），エキソンスキップ（同20）に基づく合計491もの臨床試験が掲載されている．

核酸医薬品の安定化と組織への導入

オリゴヌクレオチド，siRNAやmiRNAなどの核酸医薬品を静脈注射により投与した場合，主に肝臓や腎臓に取り込まれるが，他にも脳を除くほとんどの臓器に取り込まれることが示されている．しかし，投与された核酸は肝臓で代謝され，腎臓から体外に排泄されてしまう．そこで，5′端にポリエチレングリコールやペプチドを付加し，生体内での半減期を延ばす方法が考案されている．また，徐々に血中に放出させるための工夫として，脂質リポソームに封入すること，アテロコラーゲン，ヒドロキシアパタイト，ゼラチンなどと複合体を形成させることなどが考案されている．これらの封入体や複合体は，核酸の細胞への取り込みも促進する．組織特異的に発現

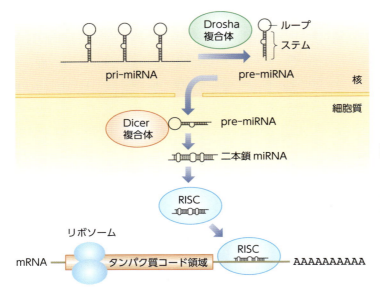

図7 miRNAの合成経路

miRNAはmiRNA遺伝子からpri-miRNAとして転写され，核内でDrosha複合体によって切り出されてpre-miRNAとなる．pre-miRNAは細胞質へ移行し，Dicer複合体により，二本鎖miRNAとなる．RISC複合体に取り込まれた二本鎖miRNAのうち一方が残り，mRNAの3'非翻訳領域に結合する（7章図10を再掲）．

する受容体のリガンドを結合させた核酸は，選択的にその組織へと送達される．例えば，低密度リポタンパク質（LDL：low-density lipoprotein）を結合させたsiRNAは主に肝臓に，高密度リポタンパク質（HDL：high-density lipoprotein）を結合させたsiRNAは肝臓，腸，腎臓などに効率よく取り込まれる．

核酸が生体内でヌクレアーゼにより分解されるのを防ぐため，リボースの2'ヒドロキシ基をメチル化したりLNA（locked nucleic acid）という構造に変えたりする工夫もなされている（図6）．LNAは，相補鎖結合の熱的安定性を高めるメリットもある．また，ホスホジエステル結合のリン酸基の酸素原子を硫黄原子で置換しホスホロチオエートとしたものや，RNAのリボースの代わりにモルフォリン環を骨格とするモルフォリノオリゴも用いられる．

RNAサイレンシングに基づく創薬

特定の疾患で増加しているmRNAを抑制するには，そのRNAを標的とするmiRNA，siRNA，アンチセンスオリゴヌクレオチドを導入する戦略がとられる．これら低分子核酸によるmRNA抑制を総称して，RNAサイレンシングという．アンチセンスオリゴヌクレオチドの医薬品として，ヒト免疫不全症患者のサイトメガロウイルス性網膜炎の治療薬Fomivirsen（Isis Pharmaceuticals社）が1998年にアメリカで認可され，2013年には同社の家族性高コレステロール血症治療薬Mipomersenが認可されている．

図7としてmiRNA生合成過程の概略（7章図10）を再掲した．miRNAを細胞内で発現させるには，pri-miRNA，pre-miRNA，あるいはRISC複合体に取り込まれる前の二本鎖miRNAを細胞内に導入すればよい（RISC複合体に取り込まれている成熟miRNAは，一本鎖の状態で細胞内に導入してもRISC複合体に取り込まれない）．このうち，pri-miRNAを効率よく発現させるにはウイルスベクターが必要となり，遺伝子治療と同じ問題が生じ

る（10章参照）．したがって，ヘアピン型の pre-miRNA あるいは，pre-miRNA が Dicer によって切断されて生じる二本鎖 miRNA の導入が現実的である．ヒト細胞に内在性のものではないが，抑制すべき mRNA に対する siRNA を設計し，組織に導入することも創薬の上で有力な選択肢の1つである．siRNA も miRNA と同様な機構で RISC 複合体に取り込まれるが，miRNA と mRNA との相補性は不完全であるのに対し（7章図9, 10参照），siRNA は mRNA と完全な相補性を示す．

がんにおける異常な miRNA 発現として，前立腺がんでは，miR-16 の発現低下ががんの悪性化に関与している．ヒト前立腺がんのマウス骨転移モデルに，miR-16 の前駆体〔アメリカ Ambion 社（現 Thermo Fisher Scientific 社）〕を静脈より投与したところ，骨転移したがん細胞が消失することが示されている[7]．この研究以外にも，前述のように多くの臨床試験が実施されている．

miRNA の発現抑制

miRNA の抑制には，miRNA と相補的な配列をもつオリゴヌクレオチドを細胞内に導入し，本来 mRNA と結合すべき RISC 複合体と結合させる方法がとられている．抗体と同じように特異的に結合してその活性を中和するイメージから anti-miR とよばれたり，アンタゴニストの意味から antagomiR などともよばれる．1つの miRNA が多様な mRNA を制御し，また1つの mRNA が複数の miRNA によって調節されることから，ある miRNA の人為的な増減はさまざまな影響をおよぼすことが考えられる．その中には，予期せぬ副作用もあるかもしれないので，臨床試験は慎重に実施されねばならない．

miR-122 抑制による C 型肝炎治療

miR-122 は肝臓で高発現しており，脂質代謝を制御する遺伝子群の mRNA を標的としている．LNA およびホスホロチオエート修飾をした miR-122 に対する相補性オリゴヌクレオチドを，アフリカミドリザルに3回静脈注射（10 mg/kg）したところ，血中コレステロール値が顕著に低下した．また miR-122 は，C 型肝炎ウイルスゲノム RNA の5′端に結合し，その分解を抑制することでウイルス RNA 複製を著しく増強することが知られている．そこで，同様な修飾を施した miR-122 に対する相補性オリゴヌクレオチドを，ウイルス感染させたチンパンジーに静脈注射（5 mg/kg，週1回計10週）したところ，ウイルス RNA 量は，1/100 から 1/1,000 に低下し，血中コレステロールも約半分となる結果が得られている[8]．

これらの結果を受けて，miR-122 を標的とした核酸医薬品 Miravirsen が開発され，臨床試験がなされている．その結果，投与量に依存した良好な効果が得られ，1日に体重1 kg あたり 7 mg の Miravirsen を皮下注射により29日間投与された群の9名では，血中ウイルス量が平均で 1/1,000 に低下し，そのうち4名では14週経過後もウイルスは検出されなかった[9]．

5 エキソンスキップによる筋ジストロフィー治療

デュシェンヌ型筋ジストロフィーは，X 染色体 p21 領域に存在するジストロフィン（*dystrophin*）遺伝子の異常に起因する（5章3参照）．患者の一部では，特定のエキソンが欠失しており，タンパク質合成の読み取り枠がずれて停止してしまう．ジストロフィンは，79

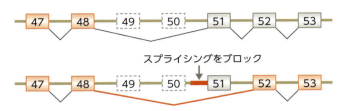

図8 エキソンスキップによるデュシェンヌ型筋ジストロフィーの治療
エキソン49および50を欠失している患者では，エキソン48から51へのスプライシングが生じ，エキソン51以下のタンパク質は合成されない．エキソン51をスキップすれば，エキソン48から52へのスプライシングが生じ，エキソン49〜51のみを欠失したタンパク質が合成される．

ものエキソンからなる巨大タンパク質であるので，特定のエキソンをスキップしてもタンパク質合成の読み取り枠が変わらなければ，大部分の機能は回復できることが期待される．

図8は，エキソン49および50を欠失した患者の治療法を示したものである．2つのエキソンが欠失しているため，エキソン48から51へのスプライシングが起きるが，タンパク質合成の読み取り枠が変わるため，エキソン51以下は翻訳されず短い異常タンパク質が生じる．エキソン51へのスプライシングを規定する配列に相補的なアンチセンスオリゴヌクレオチド（Drisapersen）を導入した細胞では，エキソン51をスキップしたエキソン48から52へのスプライシングが生じ，タンパク質は本来のC末端まで続く．したがって，エキソン49〜51のみを欠くジストロフィンが産生される．エキソン51のスキップ療法が有効である患者の割合は，わが国では約11％である．

Drisapersenの動物実験での効果を確認した後，実際にデュシェンヌ型筋ジストロフィー患者に，相補的なオリゴヌクレオチドが皮下注射で投与された．その結果，投与された組織では，ジストロフィンの発現が回復していた．また，投与開始後25週で測定した6分間歩行距離は，週1回6 mg/kgで投与された18名の患者群では投与開始前に比べ31.5 m伸びたのに対し，対照群では3.6 m減少していた[10]．エキソンスキップ療法は，ナンセンス変異やフレームシフト変異が生じたエキソンにも有効である．エキソン51以外にも，エキソン44や53を対象とした臨床試験が実施されている．わが国でデュシェンヌ型について多い福山型筋ジストロフィーについてもエキソンスキップ療法の開発が行なわれている．

6 ゲノム情報に基づく予防医学

9章で，個人に合わせた医療について，遺伝子多型の観点からみてきた．医薬品の適量が個人により異なるように，栄養摂取も個人に合わせた指導をすることができる．また，ゲノムのさまざまな多型は，疾患へのかかりやすさを規定しているが，かかりやすい疾患をあらかじめ把握し予防することが可能である．

ホモシステインと心血管疾患

疫学的に，血清のホモシステイン濃度と心血管疾患（狭心症，心筋梗塞，脳梗塞など）の発症率との間に相関性が認められることが示されている．ホモシステインはメチオニンの代謝産物である．高濃度のホモシステインは，これらの疾患の発症前に認められ，他の

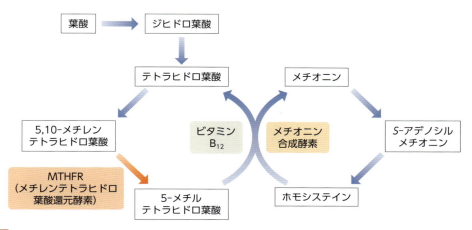

図9　葉酸・ホモシステインの代謝経路
葉酸の代謝産物である5-メチルテトラヒドロ葉酸は，メチル基供与体としてホモシステインからメチオニンへの合成に必要である．5-メチルテトラヒドロ葉酸合成を触媒するメチレンテトラヒドロ葉酸還元酵素（MTHFR）には遺伝子多型が存在する．血清ホモシステイン濃度と葉酸とは負の相関があり，高ホモシステイン濃度は，葉酸欠乏状態を表すマーカーとなる．

リスク要因とは独立の要因とされている．血清ホモシステイン濃度が，5μM上昇すると，狭心症や心筋梗塞などの冠動脈疾患の発症率が60％高まる．このような背景から，血清ホモシステイン濃度を10μM以下に保つことが推奨されている．

ホモシステインは，メチオニン合成酵素により5-メチルテトラヒドロ葉酸のメチル基を転移することで，再メチル化されてメチオニンとなる（図9）．この反応にはビタミンB_{12}が補酵素として機能する．5-メチルテトラヒドロ葉酸は，食物として摂取した葉酸（ビタミンB_9ともよばれる）を代謝することで合成される．葉酸摂取量が多ければ，5-メチルテトラヒドロ葉酸量も高まることから，ホモシステイン濃度は低下する．図には示していないが，ホモシステインはまた，ビタミンB_6を補酵素とするセリンとの反応でシステインへと代謝される．このようにホモシステイン濃度は，葉酸，ビタミンB_6，B_{12}の摂取量に大きく左右される．したがって，血清ホモシステイン濃度は，葉酸およびビタミンB_{12}濃度と逆相関の関係にあり[11, 12]，葉酸やビタミンB_{12}欠乏状態を表すよいマーカーと考えられている．ビタミンB_6とも同様な関係がみられるがその程度は弱い．ちなみに，葉酸はブロッコリーやホウレンソウなどの野菜に多く含まれている．

葉酸誘導体である5,10-メチレンテトラヒドロ葉酸は，メチル基供与体としてdUMP（デオキシウリジル酸）からdTMP（デオキシチミジル酸）への合成に必須である．したがって，細胞の増殖を規定する要因となる．また，CpGアイランド（8章参照）のメチル化においてメチル基供与体として機能するS-アデノシルメチオニンは，メチオニン誘導体である（図9）．葉酸が欠乏すると，ホモシステインからメチオニンへの再生が不充分となり，S-アデノシルメチオニンの濃度も低下する．したがって，葉酸はエピジェネティックな制御にも重要であると考えられる．

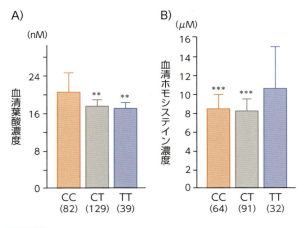

図10 MTHFR遺伝子多型と血清葉酸およびホモシステイン濃度

A）女子学生（平均年齢21歳）250名について，MTHFR遺伝子多型別（CC, CT, TT）に，血清葉酸濃度を測定した．B）対象を葉酸の推奨摂取量を充足している被験者に限っても，TTアレルをもつ人の血清ホモシステイン濃度は，危険領域に達していた．カッコ内の数字は，遺伝子多型別の人数である．＊＊：$P < 0.01$，＊＊＊：$P < 0.001$（文献11, 12をもとに作成）．

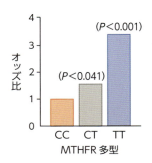

図11 MTHFR遺伝子多型ごとの脳梗塞発症の危険率

脳梗塞患者群（325名）および対照者群（325名）のMTHFR遺伝子多型を調べ，Tアレルのヘテロあるいはホモ接合型が，脳梗塞患者群で対照者群の何倍存在しているか（オッズ比）を算定した．オッズ比は，その疾患の起こりやすさを示す指標となる（文献14をもとに作成）．

MTHFR遺伝子多型と血清ホモシステイン濃度

ホモシステイン濃度に影響するもう1つの要因がある．5-メチルテトラヒドロ葉酸合成の律速段階は，直前のステップであるメチレンテトラヒドロ葉酸還元酵素（MTHFR：methylenetetrahydrofolate reductase）による5, 10-メチレンテトラヒドロ葉酸の還元反応である（図9）．MTHFR遺伝子には，677番目の塩基がCからTへと変化する（C677T）多型が知られている．この多型によって酵素の構造が不安定になることから，活性が70％低下する[13]．Tアレルを1つもつ人は，酵素活性が65％に低下し，2つもつ人は，30％にまで低下する．MTHFR酵素活性の低下は，5-メチルテトラヒドロ葉酸の低下につながり，その結果Tアレルを2つもつ人の血清葉酸濃度は低いこと，ホモシステイン濃度は有意に高いことが示されている（図10）[11, 12]．厚生労働省の葉酸摂取目標値は，1日あたり240μgであるが，若年女性を対象とした調査の結果では，たとえこの推奨摂取量を満たしていても，Tアレルを2つもつ人では血清ホモシステイン濃度が危険領域とされる10μMを超えていた．日本人の中で，Tアレルのホモ接合体は約15％存在する．

血清ホモシステイン濃度は，脳梗塞のリスクファクターであることから，日本人における脳梗塞とMTHFR遺伝子多型との強い関連が報告されている（図11）[14]．TTホモ接合型は，CCホモ接合型に対し3倍以上の発症率を示している．しかし，Tアレルを2つもつ人でも，葉酸摂取量を増加させることで，血清ホモシステイン濃度が下がることが示されている[15]．図12はその効果を示したものである．1 mgの葉酸をサプリメントとして補うことで，血清ホモシステイン濃度が有意に低下することが示された．特に，もともと血清ホ

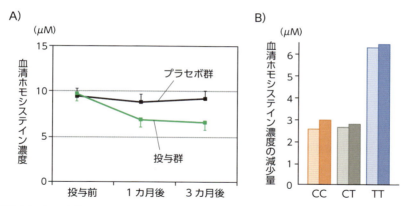

図12 葉酸補充による血清ホモシステイン濃度の低下と *MTHFR* 遺伝子多型

A) 健康な中年男性210名(平均年齢45.8歳,平均BMI = 23.7)を2群に分け,葉酸サプリメントを1日あたり1 mg投与した群とプラセボ群とで,血清ホモシステイン濃度を経時的に測定した.B) 血清ホモシステイン濃度の減少を,*MTHFR* 遺伝子多型別に比較した. ▢▢▢ は1カ月後,▢▢▢ は3カ月後の減少量である(文献15より引用).

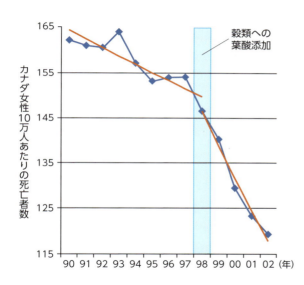

図13 葉酸添加前後の脳梗塞死亡率の変化

カナダ女性の死亡率を年度ごとにプロットした.直線は,データから算出した予想値の変化を示す.1998年の葉酸強化後に,死亡率の減少が加速していることがわかる(文献16より引用).

モシステイン濃度が高かったTアレルのホモ接合体の人で最も効果が高い.

葉酸添加とその効果

アメリカおよびカナダでは,このような状況から葉酸を1日400 μg摂取することを推奨してきたが,それでも実際に栄養摂取調査を行なうと葉酸摂取が不充分であり,血清ホモシステイン濃度も高い値であった.そこで国策として,1998年から穀類100 gあたり140 μgの葉酸の添加を義務づけた.その結果は明白であった.葉酸添加前の5年間の平均値と比較すると,血清葉酸濃度は約2倍となり,ホモシステイン濃度は,20%近く低下した.脳卒中による死亡者数は劇的な改善を示している(図13)[16].

2009年に行なわれた研究で,血清のビタミンB_6,ビタミンB_{12},葉酸およびホモシステイン濃度と一塩基多型との関連がゲノムワイドに解析された[17].ビタミンB_6,B_{12}および

葉酸に，それぞれ1つずつ血清濃度と強い相関を示す一塩基多型がみつかった．ビタミンB_6はアルカリホスファターゼ，B_{12}はフコシルトランスフェラーゼ，葉酸は以前から知られていた*MTHFR*遺伝子多型（C677T）であった．アルカリホスファターゼの関与は，ビタミンB_6のリン酸化誘導体であるピリドキサールリン酸のアルカリホスファターゼによる加水分解が，ビタミンB_6の血中からのクリアランスに機能しているためと考えられる．フコシルトランスフェラーゼは，ヘリコバクター・ピロリの感染に必要な糖鎖合成を行なうので，フコシルトランスフェラーゼ遺伝子多型とピロリ菌に対する感染しやすさとの関連が示されているが，ビタミンB_{12}の吸収には，胃から分泌される糖タンパク質とビタミンB_{12}との結合が必要である．ピロリ菌感染の結果，糖タンパク質の合成が減少し，ビタミンB_{12}の吸収が抑制されると考えられている．その他には，強い相関を示す多型が得られなかったことから，これらの3因子が，それぞれの血清濃度を規定していると考えられる．したがって，葉酸およびホモシステイン濃度を考慮する場合，*MTHFR*遺伝子多型（C677T）が重要となる．

さかど葉酸プロジェクト

こうした結果を受け，女子栄養大学の香川靖雄博士を中心とする研究チームは，キャンパスのある埼玉県坂戸市と協力してユニークな活動を展開している．はじめに学生の希望者を募り，*MTHFR*遺伝子多型を調べてその結果を告知し，Tアレルホモ接合体の学生には野菜摂取と必要に応じてサプリメントによる補充を指導した．その結果，遺伝子多型を告知された学生のホモシステイン濃度の減少

図14 葉酸強化食パン
坂戸市は，女子栄養大学と共同で，市民の葉酸摂取の充足を目標として，講習会や葉酸添加食品の開発に取り組んでいる．写真は，株式会社サンメリーが開発した「さかど葉酸ブレッド」である．6枚切りの食パン1枚で，葉酸150μgが摂取できる（写真提供：株式会社サンメリー）．

は，告知されなかった学生に比べて著しかったという．遺伝子多型の認識が，食事改善に対する大きな動機となったと考えられる[12]．

さらに2006年からは，坂戸市の一般市民を対象として「さかど葉酸プロジェクト」を展開している．プロジェクトの一環として，市民健康講座「食と認知症予防講習会」を行なうとともに，市民の血清葉酸およびホモシステイン濃度の測定，遺伝子多型の告知，遺伝子多型に基づく緑色野菜摂取を中心とした栄養指導などを総合的に行なったものである．その結果，アメリカにおける葉酸強化穀物の効果と同様に，血清葉酸およびホモシステイン濃度に著しい改善がみられ，その改善は，遺伝子型告知者で特に顕著であった．坂戸市では，さらなる改善をめざし，葉酸を強化し

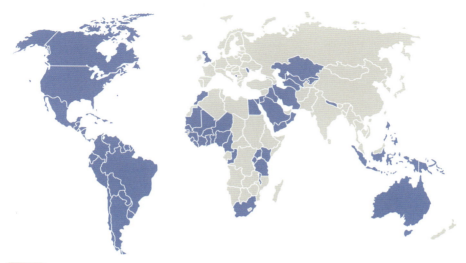

図15 穀類への葉酸添加を実施している国々
Food Fortification Initiative（http://www.ffinetwork.org）に掲載されているデータを引用した．2015年7月現在，世界83カ国で穀類への葉酸添加が義務化されている（■色で示す）．

たさまざまな食品の開発を行ない，市民が無理なく葉酸を充分量摂取できるように活動している（図14）．特筆すべきことは，プロジェクトの展開以来，同市の介護給付費および医療費の支出が大幅に減少したことである．市が想定した支出と実際の支出額との差は，平成18および19年度あわせて22億円にも達するという．こうした試みがさらに拡がることを期待したい．

世界各国の状況

このような穀物への栄養素の添加をWHO（World Health Organization）のガイドラインに沿って積極的に推進しているFood Fortification Initiativeという国際団体が存在する（http://www.ffinetwork.org）．主な添加物は，鉄，葉酸，亜鉛，ビタミンB_{12}およびビタミンAである．この団体の資料によれば，前述のアメリカ，カナダ以外にも世界で83カ国もの国が葉酸を穀物に添加している（図15）．同じ団体によれば，世界平均で，1年間に個人に対する葉酸強化費用は，0.1〜0.5ドルであり，その結果1人あたり23ドルの医療費削減が可能であるとしている．

赤ちゃんのビタミン

葉酸はまた，赤ちゃんのビタミンともよばれており，その不足は発生期に重篤な異常を生じるリスクを高める．その1つである神経管閉鎖障害は，胎児の神経管が正常に癒合しない結果発症する先天性の疾患である．主に腰椎，仙椎に発生し，その部位から下方の運動機能と知覚が麻痺したり，合併症として脳に異常を生じたり，さらに膀胱や直腸の機能にも大きく影響をおよぼすことがある．神経管閉鎖障害発症に対する遺伝子多型の影響として，*MTHFR*遺伝子のTアレルは危険因子の1つである．

主要国の発症率の推移をみると，欧米各国が顕著に減少傾向にあるのに対し，わが国の

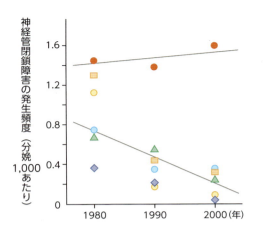

図16 国別にみた神経管閉鎖障害の発生頻度の経年変化

1980年，1990年，2000年における1,000分娩あたりの神経管閉鎖障害の発生頻度を示す．諸外国における発生頻度が激減しているのに対し，日本では発生率が高止まりの傾向にある（文献18をもとに作成）．

み減少せず，その結果主要国で最も発症率が高くなっている（図16）[18]．発症率減少の理由として，主要国が穀類などへの葉酸添加を積極的に推進したこと，葉酸サプリメントの重要性を啓発したこと，超音波検査などの出生前診断が標準的医療に組込まれたこと，があげられる．これに対し，わが国は厚生労働省による葉酸摂取の推奨のみである．

神経管閉鎖が起きるのは，妊娠のごく初期であり，妊娠が判明してから葉酸のサプリメントを服用しても遅いとされている．したがって，厚生労働省の推奨も，妊娠の可能性がある女性が葉酸を必要量摂取することが重要であるとしている．しかし，妊娠可能期の女性に対するアンケート結果では，葉酸の必要性を知っている人の割合は短大生で9％，一般女性市民で17％に過ぎず，医療に携わる看護師でも23％である．神経管閉鎖障害は重篤な疾患であり，その予防のため，より啓発活動が必要であり，諸外国のように穀類への葉酸添加も解決策の1つとして考えられる．

遺伝子多型に基づく糖尿病介入予防

5章で学んだように，糖尿病発症に関する感受性遺伝子が多数同定されている．これらの中で最も発症に寄与すると考えられている一塩基多型が，$TCF7L2$ 遺伝子多型である．そこで，糖尿病予備群と考えられる肥満者3,548名を4年間追跡し，生活習慣改善指導による予防介入の効果を調べた[19]．参加者の平均年齢は51歳であり，平均のBMIは34，ウエストは105 cmといずれも高値であり，空腹時血糖値，グルコース負荷試験ともに健康人より高い値を示した．

$TCF7L2$ 遺伝子多型（rs7903146）のリスクアレル（Tアレル）を2つもつ参加者の中で予防措置を行なわなかった者は，4年間の観察期間で約半数が糖尿病を発症し，リスクアレルを1つもつ者およびリスクアレルをもたない者の発症率はともに約30％であった（図17）．これに対し，積極的に生活習慣を改善する指導を受けた参加者では，リスクアレルによる発症率の差は認められなくなり，いずれのアレルをもつ者でも発症率は20％以下となった．生活習慣の改善とは，健康的な低カロリーと低脂肪食により体重を少なくとも7％減らすこと，週に少なくとも2時間半の急歩を行なうことである．この結果は，たとえ疾患になりや

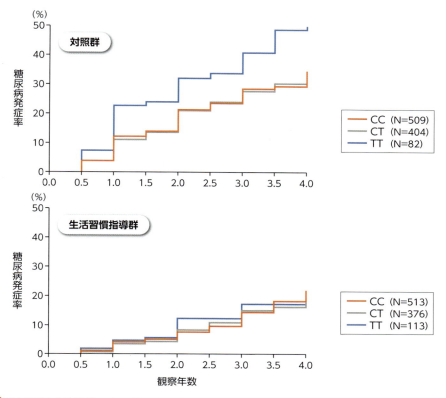

図17 生活習慣改善指導による糖尿病発症予防

TCF7L2遺伝子多型（rs7903146）のリスクアレル（Tアレル）を2つもつ参加者の中で予防措置を行なわなかった者は，4年間の観察期間で約半数が糖尿病を発症し，リスクアレルを1つもつ者およびリスクアレルをもたない者の発症率はともに約30％であった（対照群）．これに対し，生活習慣改善指導を受けた参加者では，リスクアレルによる発症率の差は認められなくなり，いずれのアレルをもつ者でも発症率は20％以下となった．文献19をもとに作成．

すい体質でも，生活習慣の改善を行なうことで発症を予防できることを明確に示している．

現在，ゲノム多型を含むさまざまなバイオマーカーが盛んに研究され，疾患の発症予測がより正確にできるようになってきている．疾患になりやすい人を発症前に見つけ出し，疾患の予防をすることこそ，これからの医療の理想とするところであろう．

■ 文献

1) Hippo, Y. et al.：Identification of soluble NH2-terminal fragment of glypican-3 as a serological marker for early-stage hepatocellular carcinoma. Cancer Res., 64：2418-2423, 2004
2) Calin, G. A. et al.：Frequent deletions and down-regulation of micro- RNA genes miR15 and miR16 at 13q14 in chronic lymphocytic leukemia. Proc. Natl. Acad. Sci. USA, 99：15524-15529, 2002
3) Calin, G. A. et al.：Human microRNA genes are frequently located at fragile sites and genomic regions involved in cancers. Proc. Natl. Acad. Sci. USA, 101：2999-3004, 2004
4) Croce, C. M.：Causes and consequences of microRNA dysregulation in cancer. Nat. Rev. Genet., 10：704-714, 2009
5) Costinean, S. et al.：Pre-B cell proliferation and lymphoblastic leukemia/high-grade lymphoma in E(mu)-miR155 transgenic mice. Proc. Natl. Acad. Sci. USA, 103：7024-7029, 2006

6) Ling, H. et al.: MicroRNAs and other non-coding RNAs as targets for anticancer drug development. Nat. Rev. Drug Discov., 12: 847-865, 2013
7) Takeshita, F. et al.: Systemic delivery of synthetic microRNA-16 inhibits the growth of metastatic prostate tumors via downregulation of multiple cell-cycle genes. Mol. Ther., 18: 181-187, 2010
8) Lanford, R. E. et al.: Therapeutic silencing of microRNA-122 in primates with chronic hepatitis C virus infection. Science, 327: 198-201, 2010
9) Janssen, H. L. et al.: Treatment of HCV infection by targeting microRNA. N. Engl. J. Med., 368: 1685-1694, 2013
10) Voit, T. et al.: Safety and efficacy of drisapersen for the treatment of Duchenne muscular dystrophy (DEMAND II): an exploratory, randomised, placebo-controlled phase 2 study. Lancet Neurol., 13: 987-996, 2014
11) Hiraoka, M. et al.: Gene-nutrient and gene-gene interactions of controlled folate intake by Japanese women. Biochem. Biophys. Res. Commun., 316: 1210-1216, 2004
12) 平岡真美, 他：葉酸代謝関連酵素遺伝子多型に基づくテーラーメード栄養学－さかど葉酸プロジェクト－. ビタミン, 83: 264-274, 2009
13) Frosst, P. et al.: A candidate genetic risk factor for vascular disease: a common mutation in methylenetetrahydrofolate reductase. Nat. Genet., 10: 111-113, 1995
14) Morita, H. et al.: Methylenetetrahydrofolate reductase gene polymorphism and ischemic stroke in Japanese. Arterioscler. Thromb. Vasc. Biol., 18: 1465-1469, 1998
15) Miyaki, K. et al.: Assessment of tailor-made prevention of atherosclerosis with folic acid supplementation: randomized, double-blind, placebo-controlled trials in each MTHFR C677T genotype. J. Hum. Genet., 50: 241-248, 2005
16) Yang, Q. et al.: Improvement in stroke mortality in Canada and the United States, 1990 to 2002. Circulation, 113: 1335-1343, 2006
17) Tanaka, T. et al.: Genome-wide association study of vitamin B6, vitamin B12, folate, and homocysteine blood concentrations. Am. J. Hum. Genet., 84: 477-482, 2009
18) 大井静雄：二分脊椎の発生病態と予防および総合医療に関する研究. 小児の脳神経, 33: 1-12, 2008
19) Florez, J. C. et al.: TCF7L2 polymorphisms and progression to diabetes in the Diabetes Prevention Program. N. Engl. J. Med., 355: 241-250, 2006

■ 参考文献

20) 長田啓隆, 高橋隆：microRNA発現異常と発癌. 実験医学, 29: 200-205, 2011
21) Reilly, R. et al.: MTHFR 677TT genotype and disease risk: is there a modulating role for B-vitamins? Proc. Nutr. Soc., 73: 47-56, 2014

あとがき

　本書は，2011年に出版した『よくわかるゲノム医学』の大幅改訂版である．前書は，幸いなことに，変化の激しいゲノム医学をわかりやすくまとめた教科書として，ご好評をいただいた．ほぼ4年が経ち，前書でも恐れていたように，記載が古くなった部分が目立ってきた．本書では，あらためて最近のゲノム研究の進展を踏まえて全体の見直しを行ない，Up-to-dateな内容に改めることとした．前書同様，医学全体に大きな影響を与えつつあるゲノム医学の入門書あるいは教科書として，活用していただければ幸いである．

　前書でも書いたが，強調しておきたいことは，ゲノム医学という医学の1分野ができつつあるわけではないことである．ゲノム医学は大きな潮流としてすべての医学領域に浸透しつつある．医学研究も実際の医療もゲノムを基盤とするものに変化しつつあるのである．ここ4年のトレンドは，臨床サンプルを用いたゲノム配列解析が劇的に進んだことである．特に，がん，遺伝病の分野でそれが著しい．数十人から数百人規模の個人ゲノム配列解析ができるようになったことを背景に，医学の各分野で，治療ターゲットとなる遺伝子変異や臨床的に診断価値の高い遺伝的なリスク因子を明らかにしようという研究が進んでいる．残念ながら，わが国ではゲノム解析を含んだ臨床研究やコホート研究を大規模に行なうことが遅れているが，諸外国では，これらの成果を医療の現場に応用し，どの程度の有用性があるかを検証するゲノム医療のプロジェクトも始まっている．4年前には可能性として書いていたことの一部が，現実に医療の現場に登場しつつあるわけである．今年初めには，米国でこのような動きを一層推進しようと，オバマ大統領により「Precision medicine initiative」計画が発表された．

　一方，医療分野，研究分野の盛り上がりを反映し，ゲノム医学に関連した話題もこの4年間で多く見聞きするようになってきている．例えば，数年前に大きな話題となったダウン症の出生前診断も，母体血液中の胎児のゲノム配列解析ができるようになってはじめて可能となった診断法である．女優のアンジェリーナ・ジョリーさんの予防的乳房摘出手術の話題は，普段，医療や医学に興味のない人々にも，遺伝子検査の存在と重要性を認識させ，大きなインパクトを世界中に与えた．昨年には，ネットビジネスの大手のDeNA社が，医療機関を通さず，直接，消費者に遺伝子解析サービスを提供する子会社のMYCODEを立ち上げ，「遺伝子解析は占いか」といった論争も起こり，大きな話題になった．

　このように医学研究や医療の現場を越えて，一般の社会の中でゲノム医学がその存在感を増しているということが言える．ただ，ゲノム医学の分野は技術革新も速く，プロジェクトで得られる研究成果も膨大で，まさに日進月歩であり，理解しやすいとは到底言えない状況である．実際，様々な論争の一部はゲノム解析の特性が理解されていないために起こっている部分もあるのである．本書がそのような理解を進める一助になれば幸いである．

2015年11月

著者・監修者を代表して
菅野純夫

索 引

数字

Ⅰ型糖尿病	96
1倍体	12, 49
Ⅱ型糖尿病	78, 96
2倍体	12
3′非翻訳領域	17
5-メチルテトラヒドロ葉酸	215
5′非翻訳領域	17
1000ゲノムプロジェクト	34, 45

欧文

A

AAV (adenoassociated virus)	184
Abl	111
ADA (adenosine deaminase)	178
ADA欠損症	178
AFP	206
Akt	209
ALDH	55
*ALDH2*遺伝子	62
*ALK*遺伝子	111
allele	53
αトロポミオシン遺伝子	26
α-フェトプロテイン (α-fetoprotein)	206
*AMY1*遺伝子	46
antagomiR	213
anti-miR	213
anti-oncogene	112
APC (adenomatous polyposis coli)	115
association study	77
AUC (area under curve)	156

B

B-Raf	111
Bcl-2	208
Bcr	111
βグロビン	48
BSP (bisulfite sequencing PCR)	150
bイオン	132

C

c-onc	105
C-value	30
CAGリピート病	88
Cas9	197
*CCL3L1*遺伝子	45
cDNA (complementary DNA)	119
cDNAライブラリ	119
cetuximab	167
CGHアレイ法	41
chiasma	58
ChIP-seq法	150
CLL (chronic lymphocytic leukemia)	207
CNP (copy number polymorphism)	33
CNV (copy number variation)	32
coding gene	20
common disease common variant 仮説	77
common disease rare variant 仮説	80
CpGアイランド	144
Cre-loxP	183, 194
Cre組換え酵素	183, 194
CRISPR-Cas9	151, 196
crizotinib	165
CYP2C19	156
CYP2D6	159
cytochrome P450	155
C型肝炎	162, 213

D

| *de novo* メチル化 | 145 |
| Dicer複合体 | 129 |

DNA methyltransferase	146
DNAのメチル化	143
DNAマイクロアレイ	120
DNAメチル化酵素	146
DNAメチル化酵素1	153
DNMT	146
DNMT1	153
DNMT阻害剤	152
Drisapersen	214
Drosha複合体	129
*Dscam*遺伝子	121
DT-A	192
DTC遺伝学的検査	170, 172
duplicon	24
dystrophin	89

E

E2F	114
EGF受容体	109
EJ細胞	107
*EML4*遺伝子	111
enChIP-seq	152
ESE (exonic splicing enhancer)	124
ES細胞 (embryonic stem cell)	191
*ex vivo*導入法	178

F

*FMR1*遺伝子	89
Fomivirsen	212
forward genetics	194
Freeman-Sheldon症候群	94
fukutin	93

G

gefitinib	165
genome	12
GFP (green fluorescent protein)	189
Glypican-3	205
GWAS (genome wide association study)	78, 95

H

| *Ha-ras*遺伝子 | 107 |

HAT（histone acetyltransferase） 148
HDAC（histone deacetylase） 148
HDAC阻害剤 152
HER2（human epidermal growth factor receptor 2） 167
HIV（human immunodeficiency virus） 45, 177
HLA（human leukocyte antigen） 163
hnRNPタンパク質ファミリー 124
*huntingtin*遺伝子 87
hybridization 36

I

IL-28B 162
IMAC 135
imatinib 166
In/Del 32
iPS細胞 142
ITR（inverted terminal repeat） 180

L

lapatinib 167
LC-MS（liquid chromatography–mass spectrometry） 132
Li-Fraumeni症候群 114
*lin-4*遺伝子 127
*lin-14*遺伝子 127
LINE 22
LNA（locked nucleic acid） 212
loxP 194
LTR（long terminal repeat） 106, 175
lyonization 130

M

MHC 96
Mipomersen 212
miR-15a 208
miR-16-1 208
miR-122 213
miR-155 209
Miravirsen 213
miRNA（microRNA） 127, 207
miRNA生合成過程 212
MTHFR（methylenetetrahydrofolate reductase） 216
Myc 111
*MYH3*遺伝子 94

N・O

N-アセチルガラクトサミン 51
NAHR（non-allelic homologous recombination） 38
ncRNA（non-coding RNA） 127
neurofibromin 114
NIH3T3細胞 107
non-coding gene 21
Nova 125
ntES細胞 202
oncogene 103, 108

P

p53 114
*p53*遺伝子導入 182
Paffected 92
PAM（proto-spacer adjacent motif） 197
Pexcess 92
PGx検査 172
piRNA（PIWI-interacting RNA） 127
PMF（peptide mass fingerprinting）法 131
Pnormal 92
pre-crRNA 197
pre-miRNA 129
pri-miRNA 128
proteome 119
proto-oncogene 108
PTEN 114, 209

R

Raf 111
Ras 110
Rb（*retinoblastoma*）遺伝子 113
reverse genetics 194
RFLP（restriction fragment length polymorphism） 74
ribozyme 124
RISC複合体 129
RNA-seq 121
RNA sequencing 121
RNAサイレンシング 212
RSV（Rous sarcoma virus） 103

S

seed配列 129
segmental duplication 24
SHIP1 209
SILAC 135
SINE 22
siRNA（small interfering RNA） 127, 213
Smad4 114
SN-38 160
SN-38グルクロニド 160
SNP（single nucleotide polymorphism） 31, 33
SNPアレイ法 37, 41, 76
SNV（single nucleotide variation） 31
spliceosome 124
splicing enhancer 124
splicing silencer 124
src 104
SRタンパク質ファミリー 124
Stopコドン 15
SUMO化 134, 136
susceptibility gene 77
SV（structural variation） 38

T

*TCF7L2*遺伝子多型 220
TP53INP1 209
tracrRNA 197
transcriptome 118
transformation 106
trastuzumab 167
TRE（tetracycline response element） 191
tTA 191
tumor suppressor gene 112
two-hit theory 112

U～W

UDPグルクロン酸転移酵素
　　　　　　　　　　　　159
UGT　　　　　　　　　　159
UGT1A1　　　　　　　　159
v-onc　　　　　　　　　105
whole genome epigenetics　143

X・Y

XIC (X-inactivation center) … 130
Xist遺伝子　　　　　　　130
X染色体の不活性化　　　130
X染色体連鎖重症免疫不全症
　　　　　　　　　　　　178
yイオン　　　　　　　　132

和　文

あ行

アイソフォーム　　　　　121
アシクロビル　　　　184, 193
アセチル化　　　　　　　148
アセトアルデヒド　　55, 62
アデノウイルス　　　　　180
アデノウイルスベクター　180
アデノシンデアミナーゼ　178
アデノ随伴ウイルス　　　184
アベリー　　　　　　　　106
アミラーゼ　　　　　　　 46
アルコールデヒドロゲナーゼ
　　　　　　　　　　　　 55
アルツハイマー病　　　　195
アルデヒドデヒドロゲナーゼ
　　　　　　　　　　　　 55
アルデヒドデヒドロゲナーゼ
　遺伝子　　　　　　　　 74
アレル　　　　　　　　　 53
アレル頻度　　　　　　　 61
アンチセンス
　オリゴヌクレオチド　　210
鋳型鎖　　　　　　　　　 14
維持メチル化　　　　　　145
一塩基多型　　　　　31, 33
一塩基多型の解析法　　　 36
一塩基変異　　　　　　　 31

一次転写産物　　　　　　124
一卵性双生児　　　　　　139
遺伝学的検査　　　　170, 171
遺伝子組換え医薬品　　　199
遺伝子検査　　　　　　　170
遺伝子診断　　　　　　　170
遺伝子数　　　　　　　　 20
遺伝子重複　　　　　　　 48
遺伝子治療　　　　　　　174
遺伝子の構造　　　　　　 15
遺伝要因　　　　　　　　 65
イマチニブ　　　　　　　166
イレッサ　　　　　　　　165
インターフェロン　　　　162
イントロン　　　　　　　 16
インプリンティング遺伝子　204
ウイルスワクチン　　　　199
ウェクスラー　　　　　　 84
エキソーム解析　　　76, 94
エキソン　　　　　　　　 16
エキソンスキップ　　　　213
エピゲノム　　　　　　　150
エピゲノム編集　　　　　152
エピジェネティクス　　　140
エピジェネティックな治療薬
　　　　　　　　　　　　152
エピジェネティックな変化　141
塩基配列解析装置　　　　 17
塩酸イリノテカン　　　　160
お酒の強さ　　　　　　　 55
オメプラゾール　　　　　156

か行

開始コドン　　　　　　　 15
ガイドRNA　　　　　　　197
核酸創薬　　　　　　　　207
家族性大腸腺腫症　　　　115
ガラクトース　　　　　　 53
カルバマゼピン　　　　　163
がん　　　　　　　　　　103
がん遺伝子　　　　　103, 108
環境要因　　　　　　　　 65
がん原遺伝子　　　　　　108
がん原性　　　　　　　　103
感受性遺伝子　　　　　　 77
肝臓がんマーカー　　　　205

冠動脈疾患　　　　　　　 95
がんの診断マーカー　　　205
がん抑制遺伝子　　　　　112
がん抑制遺伝子産物　　　113
関連解析　　　　　　　　 77
キアズマ　　　　　　　　 58
擬似常染色体領域　　　　 57
キメラマウス　　　　　　193
逆位　　　　　　　　　　 39
逆向遺伝学　　　　　　　194
キャップ構造　　　　　　 16
急性骨髄性白血病　　　　116
共優性　　　　　　　　　 54
筋ジストロフィー　　　　 89
グゼラ　　　　　　　　　 84
クヌドソン　　　　　　　112
組換え　　　　　　　　　 58
組換え率　　　　　　　　 59
クリゾチニブ　　　　　　165
クリック　　　　　　　　 12
グリピカン-3　　　　　　205
グルクロン酸抱合　　　　159
グルタミンの繰り返し数　 87
クローン動物　　　　142, 201
クローン病　　　　　　　 96
クロマチン　　　　　　　145
クロマチンリモデリング
　　　　　　　　　　145, 148
形質転換　　　　　　　　106
血液型　　　　　　　　　 50
ゲノム　　　　　　　　　 12
ゲノムインプリンティング
　　　　　　　　　　146, 204
ゲノムサイズ　　　　　21, 30
ゲノム刷り込み現象　　　146
ゲノム創薬　　　　　　　205
ゲノム編集　　　　　151, 199
ゲノムワイド関連解析　　 78
ゲフィチニブ　　　　　　165
減数分裂　　　　　　　　 49
コアヒストン　　　　　　147
抗腫瘍遺伝子　　　　　　112
構造多型　　　　　　　　 38
抗体医薬品　　　　　　　164
コード鎖　　　　　　　　 14
国際HapMapプロジェクト … 76

用語	ページ
コデイン	159
コドン	15
コドン表	15
コピー数多型	33
コピー数多型の解析法	40
コピー数変異	32
コンディショナルノックアウトマウス	194
コンパニオン診断	166

さ行

用語	ページ
サイレント変異	35
さかど葉酸プロジェクト	218
サザンブロッティング	75
サルコグリカン複合体	90
散在反復配列	22
シークエンサー	17
ジストログリカン複合体	90
ジストロフィン遺伝子	89
次世代シークエンサー	28, 121, 150
疾患遺伝子	66
疾患感受性遺伝子	95
質量分析	132
シトクロムP450	155
ジフテリア毒素Aフラグメント	192
姉妹染色体	57
終止コドン	15
集団遺伝学	61
縦列反復配列	22
受精	50
主要組織適合遺伝子複合体	96
純系	61
順向遺伝学	194
常染色体	12, 49
常染色体優性疾患	66
常染色体劣性疾患	66
シングルセル解析	152
神経管閉鎖障害	219
心血管疾患	214
診断マーカー	205
浸透率	66
スティーブンス・ジョンソン症候群	163
スプライシング	16
スプライシング促進配列	124
スプライシングの多様性	121
スプライシング抑制配列	124
スプライソソーム	124
制限酵素DNA断片長多型	74
脆弱X症候群	89
精神疾患	153
性染色体	12, 49
セツキシマブ	167
接触阻害	106
セレラジェノミクス社	17
前がん遺伝子	108
前がん遺伝子産物	108
染色体	50
染色体の乗換え	57
染色分体	57
選択的スプライシング	26, 121
センチモルガン	60
先天性代謝異常症	71
セントラルドグマ	13
双極性障害	95
相同染色体	57
挿入/欠失	39
挿入変異	177

た行

用語	ページ
ターゲティングベクター	192
体細胞遺伝子検査	170, 171
大腸がん	115, 167
対立遺伝子	53
多因子疾患	66, 77
多型	53
多段階発がん	114
脱メチル化	145
脱メチル化剤	143
タモキシフェン	159
単一遺伝子疾患	65, 66
チミジンキナーゼ	184
チミジンキナーゼ遺伝子	192
チロシンキナーゼ	109
チロシンキナーゼ型受容体	109
チンパンジーゲノム	22
低分子阻害薬	163
テトラサイクリン	191
テトラサイクリン応答性配列	191
デュシェンヌ型筋ジストロフィー	89, 213
転座	111
転写	14
転写終結部位	16
転写抑制	144
糖鎖修飾	26
糖尿病介入予防	220
糖尿病感受性遺伝子	99
ドキシサイクリン	191
独立の法則	56
ドライバー変異	116
トラスツズマブ	167
トランスクリプトーム	118
トランスジェニック植物	199
トランスジェニックマウス	188
ドリー	201
トリプレットリピート病	88

な行

用語	ページ
内部細胞塊	192
ナンセンス変異	35
二価染色体	57
乳がん	167
ヌクレオソーム	147
ネアンデルタール人	187
ノックアウトマウス	188, 192
ノックアウトマウス作製法	193
ノックインマウス	188, 196
乗換え	57
ノンコーディングRNA	127

は行

用語	ページ
バーキットリンパ腫	111
ハーディ・ワインベルグの法則	63
肺がん	111, 165
配偶子	49
バイサルファイト・シークエンス	150
倍数体	49
胚性幹細胞	191
ハイブリダイゼーション	36
パッケージング細胞	176
パッケージングシグナル	176
発症リスク	100

パッセンジャー変異 …… 116	ヘテロクロマチン …… 20, 130	モルガン …… 60
半数体 …… 12, 49	ヘテロ接合 …… 53	モルフォリノオリゴ …… 212
伴性遺伝 …… 69	ヘテロマウス …… 194	
伴性遺伝性疾患 …… 69	ヘミメチル化DNA …… 146	**や行**
ハンチントン病 …… 84, 171	ヘモグロビン …… 48	薬剤耐性遺伝子 …… 192
非アレル間相同組換え …… 38	ヘリコバクター・ピロリ除菌	薬物代謝 …… 155
ヒストンアセチル化酵素 …… 148	…… 156	薬物濃度 …… 154
ヒストンオクタマー …… 147	変異 …… 53	ユークロマチン …… 20
ヒストン脱アセチル化酵素 …… 148	変異原性 …… 103	優性 …… 53
ヒストンタンパク質 …… 147	ベンター博士のゲノム …… 37	優性の法則 …… 50
ヒストンテール …… 148	保因者 …… 67	優劣の法則 …… 50
ヒストンのメチル化 …… 148	ホールゲノム	ユビキチン …… 136
ビタミンB_{12} …… 215	エピジェネティクス …… 143	ユビキチン化 …… 150
ヒトゲノム解読 …… 17	ポジショナルクローニング …… 73	葉酸 …… 215
ヒトゲノム概要版 …… 19	ホスホロチオエート …… 212	予防医学 …… 214
ヒトゲノムサイズ …… 19	ホモシステイン …… 214	
ヒトゲノムの構造 …… 20	ホモ接合 …… 53	**ら行**
ヒトゲノムの多様性 …… 27, 31	ポリA付加シグナル …… 16	ライオニゼーション …… 130
ヒトゲノムプロジェクト …… 17	ポリオウイルス …… 190	ラウス肉腫ウイルス …… 103
ヒト抗体産生マウス …… 199	ポリグルタミン病 …… 88	ラパチニブ …… 167
ヒト疾患モデルマウス …… 195	ポリユビキチン化 …… 136	リーフラウメニ症候群 …… 114
ヒト免疫不全症ウイルス	本態性高血圧 …… 96	リウマチ …… 96
…… 45, 177	翻訳 …… 14	リスクアレル …… 101
ヒトモノクローナル抗体 …… 199	翻訳開始部位の多様性 …… 122	リバビリン …… 162
表現促進現象 …… 89	翻訳後修飾 …… 27, 134	リボザイム …… 124
病原体遺伝子検査 …… 170		リンカーヒストン …… 147
ファーマコゲノミクス検査 …… 172	**ま行**	リン酸化 …… 27, 149
フィラデルフィア染色体 …… 111	マーカー …… 84	リン酸化の定量 …… 134
フクチン …… 93	マイクロサテライトDNA …… 31, 75	リン酸化ペプチド …… 134
福山型先天性筋ジストロフィー	マイクロサテライト多型 …… 72	レクチン …… 136
…… 92	マウス白血病ウイルス …… 175	劣性 …… 53
フレームシフト変異 …… 36	慢性骨髄性白血病 …… 111, 166	レトロウイルス …… 175
プローブ …… 85	慢性リンパ球性白血病 …… 207	レトロウイルスベクター …… 176
プロテアーゼ消化 …… 131	ミスセンス変異 …… 35	レトロトランスポゾン …… 93
プロテオーム …… 119	ミニサテライトDNA …… 31, 75	連鎖 …… 57, 59
プロテオミクス …… 131	メチル化阻害剤 …… 143	連鎖解析 …… 72
プロドラッグ …… 159	メチレンテトラヒドロ	レンチウイルス …… 177
プロモーター …… 15	葉酸還元酵素 …… 216	濾胞性リンパ腫 …… 208
分子標的薬 …… 163	メンデル …… 49	
分節重複 …… 24	メンデルの実験 …… 61	**わ行**
分離の法則 …… 53	メンデルの法則 …… 50	ワトソン …… 12
ベッカー型筋ジストロフィー …… 90	網膜芽細胞腫 …… 112	ワトソン博士のゲノム …… 37

監修者プロフィール

菅野 純夫（すがの　すみお）

1978年，東京医科歯科大学医学部卒業．同年，東京大学医学系研究科入学．東京大学医科学研究所にてがんウイルスの研究．'84〜'87年，米ロックフェラー大学花房秀三郎研究室に留学，cDNAの可能性に気がつく．'90年頃からゲノム研究にcDNA研究で参加．2004年より，東京大学大学院新領域創成科学研究科．現在，新型シークエンサーを使ったトランスクリプトーム研究を進めている．

著者プロフィール

服部 成介（はっとり　せいすけ）

1981年3月 東京大学理学系大学院修了 理学博士．東京大学教養学部，国立精神・神経センター神経研究所，東京大学医科学研究所勤務を経て，2006年より北里大学薬学部生化学講座教授．専門は生化学，プロテオミクス，細胞生物学．著書に『絵ときシグナル伝達入門』（2002年4月）および同改訂版（2010年4月）（いずれも羊土社）．趣味：将棋，和食料理，釣り，堆肥作り．

水島-菅野 純子（みずしま-すがの　じゅんこ）

工学院大学先進工学部生命化学科特任教授，東京大学大学院非常勤講師．1980年お茶の水女子大学理学部卒業，'85年東京大学大学院理学系研究科博士課程修了．理学博士．ロックフェラー大学ポスドク，東京大学医科学研究所助手，北里大学准教授などを経て2009年より現職．専門はゲノム医科学．遺伝情報の発現機構の解析，特にトランスクリプトーム解析を行なっており，発生，分化，がん化等の機構を明らかにしたいと考えている．大学の授業，市民講座を通して多くの人々に生命科学や医療について関心をもっていただく取り組みも行なっている．

よくわかるゲノム医学　改訂第2版
ヒトゲノムの基本から個別化医療まで

2011年12月 1日　第1版第1刷発行	監　修	菅野純夫
2015年 2月20日　第1版第4刷発行	著　者	服部成介
2016年 1月10日　第2版第1刷発行		水島－菅野純子
2022年 2月15日　第2版第4刷発行	発行人	一戸裕子
	発行所	株式会社 羊 土 社
		〒101-0052
		東京都千代田区神田小川町2-5-1
		TEL　　03（5282）1211
		FAX　　03（5282）1212
© YODOSHA CO., LTD. 2016		E-mail　eigyo@yodosha.co.jp
Printed in Japan		URL　　www.yodosha.co.jp/
ISBN978-4-7581-2066-1	印刷所	株式会社 加藤文明社印刷所

本書に掲載する著作物の複製権，上映権，譲渡権，公衆送信権（送信可能化権を含む）は（株）羊土社が保有します．
本書を無断で複製する行為（コピー，スキャン，デジタルデータ化など）は，著作権法上での限られた例外（「私的使用のための複製」など）を除き禁じられています．研究活動，診療を含み業務上使用する目的で上記の行為を行うことは大学，病院，企業などにおける内部的な利用であっても，私的使用には該当せず，違法です．また私的使用のためであっても，代行業者等の第三者に依頼して上記の行為を行うことは違法となります．

JCOPY ＜（社）出版者著作権管理機構　委託出版物＞
本書の無断複写は著作権法上での例外を除き禁じられています．複写される場合は，そのつど事前に，（社）出版者著作権管理機構（TEL 03-5244-5088, FAX 03-5244-5089, e-mail：info@jcopy.or.jp）の許諾を得てください．

乱丁，落丁，印刷の不具合はお取り替えいたします．小社までご連絡ください．

羊土社　発行書籍

教科書・サブテキスト

基礎から学ぶ生物学・細胞生物学　第4版

和田　勝／著　髙田耕司／編集協力
定価 3,520円（本体 3,200円＋税10％）　B5判　349頁　ISBN 978-4-7581-2108-8

大学・専門学校で初めて生物学を学ぶ人向けの定番教科書．免疫，神経，発生の章を中心に，さらに理解しやすい内容に改訂．復習に役立つ章末問題や，紙でαヘリックスをつくるなど手を動かして学ぶ演習も充実．

基礎からしっかり学ぶ生化学

山口雄輝／編著　成田　央／著
定価 3,190円（本体 2,900円＋税10％）　B5判　245頁　ISBN 978-4-7581-2050-0

理工系ではじめて学ぶ生化学として最適な入門教科書．翻訳教科書に準じたスタンダードな章構成で，生化学の基礎を丁寧に解説．暗記ではない，生化学の知識・考え方がしっかり身につく．理解が深まる章末問題も収録．

基礎から学ぶ遺伝子工学　第2版

田村隆明／著
定価 3,740円（本体 3,400円＋税10％）　B5判　270頁　ISBN 978-4-7581-2083-8

豊富なカラーイラストで遺伝子工学のしくみを基礎から丁寧に解説．組換え実験に入る前に押さえておきたい知識が無理なく身につく．次世代シークエンサーやゲノム編集など近年の進展技術を追加．章末問題＆解答付き．

現代生命科学　第3版

東京大学生命科学教科書編集委員会／編
定価 3,080円（本体 2,800円＋税10％）　B5判　198頁　ISBN 978-4-7581-2103-3

東大発，トピックを軸に教養としての生命科学が学べる決定版テキストが改訂！高大接続を重視し，日本学術会議の報告書「高等学校の生物教育における重要用語の選定について（改訂）」を参考に用語を更新！

理系総合のための生命科学　第5版　分子・細胞・個体から知る"生命"のしくみ

東京大学生命科学教科書編集委員会／編
定価 4,180円（本体 3,800円＋税10％）　B5判　343頁　ISBN 978-4-7581-2102-6

細胞のしくみから発生や生態系，がんまで生命科学全般の理解に必要な知識を凝縮．高大接続を重視し，日本学術会議の報告書「高等学校の生物教育における重要用語の選定について（改訂）」を参考に用語を更新．

FLASH薬理学

丸山　敬／著
定価 3,520円（本体 3,200円＋税10％）　B5判　375頁　ISBN 978-4-7581-2089-0

薬理学の要点を簡潔にまとめた，詳しすぎず易しすぎないちょうどよい教科書．通読も拾い読みもしやすく，WEB特典の解答付きの応用問題で重要事項の復習ができます．医学生や看護・医療系学生がまず読むべき1冊！

はじめの一歩の薬理学　第2版

石井邦雄，坂本謙司／著
定価 3,190 円（本体 2,900 円＋税 10％）　B5判　310 頁　ISBN 978-4-7581-2094-4

身近な薬が「どうして効くのか」を丁寧に解説した薬理定番テキスト．カラーイラストで捉える機序は記憶に残ると評判．「感覚器」「感染症」「抗癌剤」など独立・整理し，医療の現場とよりリンクさせやすくなりました．

はじめの一歩の病理学　第2版

深山正久／編
定価 3,190 円（本体 2,900 円＋税 10％）　B5判　279 頁　ISBN 978-4-7581-2084-5

病理学の「総論」に重点をおいた内容構成だから，病気の種類や成り立ちの全体像がしっかり掴める．改訂により，近年重要視されている代謝障害や老年症候群の記述を強化．看護など医療系学生の教科書として最適．

薬学生・薬剤師のためのヒューマニズム

日本ファーマシューティカルコミュニケーション学会／監，
後藤惠子／責任編集，有田悦子，井手口直子，後藤惠子／編
定価 3,740 円（本体 3,400 円＋税 10％）　B5判　247 頁　ISBN 978-4-7581-0927-7

薬学教育モデル・コアカリキュラムに対応した教科書が登場！到達目標をおさえたわかりやすい解説に加え，参加型学習のシナリオやCBT・国試対策にも使える演習問題を収録．すべての薬学生・薬剤師必携の一冊．

新ビジュアル薬剤師実務シリーズ
上　薬剤師業務の基本［知識・態度］第3版

薬局管理から服薬指導、リスクマネジメント、薬学的管理、OTC医薬品、病棟業務まで

上村直樹，平井みどり／編
定価 4,180 円（本体 3,800 円＋税 10％）　B5判　324 頁　ISBN 978-4-7581-0937-6

写真や図が豊富でわかりやすいと好評の教科書シリーズを改訂！改訂薬学教育モデル・コアカリキュラムに完全対応しており薬学生に最適．CBT対策に役立つ演習問題つき！

新ビジュアル薬剤師実務シリーズ
下　調剤業務の基本［技能］第3版

処方箋受付から調剤、監査までの病院・薬局の実務、在宅医療

上村直樹，平井みどり／編
定価 4,070 円（本体 3,700 円＋税 10％）　B5判　279 頁　ISBN 978-4-7581-0938-3

写真が豊富でわかりやすいと大好評の教科書シリーズを改訂！改訂薬学教育モデル・コアカリキュラムに対応，CBT対策に役立つ演習問題つき！Webで動画も見られます！

マンガでわかるゲノム医学　ゲノムって何？を知って健康と医療に役立てる！

水島-菅野純子／著　サキマイコ／イラスト
定価 2,420 円（本体 2,200 円＋税 10％）　A5判　221 頁　ISBN 978-4-7581-2087-6

かわいいキャラクター「ゲノっち」と一緒に，生命の設計図＝ゲノムと遺伝情報に基づいた最新医学について学ぼう！非専門家でも読みこなせる「マンガ」パートと，研究者・医療者向けの「解説」パートの2部構成．